U0169517

阅读　你的生活

亚平宁的韧性

Al Dente

A History of Food in Italy

意大利饮食史

[意] 法比奥 · 帕拉塞科利 —— 著
Fabio Parasecoli
孙超群 —————— 译

中国人民大学出版社
· 北 京 ·

Al Dente
A History of Food in Italy

译者序

书架上摆放着一本安娜·帕福德（Anna Pavord）的《植物的故事》，大概有十年之久了。早已忘记是在什么情况下购入的，今天突然来了翻看的兴致，竟然还看到了一位校友的名字——比萨大学的卢卡·吉尼（Luca Ghini），他于16世纪中期在比萨建立了欧洲第一座植物园。通向这座植物园的路牌，许多年前我在那里读书时是见过的，是一块嵌在墙上的白色大理石，刻着黑色的拉丁字母。我竟然从不知道它背后有如此幽深的历史，竟然在南欧的灿烂阳光下无数次骑车经过，却从没有停下来好奇地张望一番。

今天在书中的不期而遇，再次把尘封的亚平宁岁月带到眼前——不是那种山呼海啸的记忆奔涌，而是老朋友巧遇时的会心一笑，为自己在彼时彼地度过的时光而庆幸。

一千个人心中有一千个哈姆雷特，大概每个在意大利生活过的人心中都有各自珍藏的印象。作为一个有些腼腆的非典型留学生，除了认真听课和完成小组作业，对于热络地去接触本地人，我颇有点为难，只是循着自己的方式辨认和寻找着之前在西方历史和各色游记中读到的若隐若现的意大利。记得租住的百年老房

子里描花的穹顶、掉漆的百叶窗扇，每每推开窗就闻到巷子里点心店四溢的香气；去当地的歌剧院看芭蕾舞演出，开场前等待落座的老太太们盘发一丝不乱，珍珠耳环在暗夜里微微发亮；市中心依旧保留着凹凸的石板路，似乎还有城邦贵族的马车来往的痕迹；中央邮局的布置仿若哈利·波特电影中的古灵阁银行，街市两边在圣诞节前夕早早挂起彩旗和星星天使造型的灯……似乎历史从未走远，而我只是意外跌进了梦境。

如果有同学上课因迟到而没有座位了，可以随性地靠着讲台席地而坐。跟教授们约时间答疑，往往会被问到很多关于中国的有趣问题。吃饭常在大学食堂，就是地道的本地菜了。对于诚实的中国胃，很难说样样都好吃，但确实大部分菜肴都有着食材淳朴的本味。印象比较深的是豌豆汤，浓浓的奶油汤带着豌豆的清爽甘甜；还有培根裹的肉卷，每每出现在餐台上连意大利同学都喜上眉梢；各种形状各种味道的意大利面再寻常不过，反觉得剥开家常面包的硬壳，用软白带韧的里芯去蘸着金黄的橄榄油菜汁入口更令人回味。不能错过的当然还有阿诺河边的冰激凌店，意大利语为 Gelateria，源自意式冰激凌的专有名称 Gelato。鉴于世界上的冰激凌只有 Gelato 傲娇地拥有自己的专属姓名，因此在意大利的城市旅行中，去各个古老悠久或全意冰激凌大赛中获奖的冰激凌店打卡，也是颇有意思的一节。比如去首都罗马，一行人抱着地图，专程绕到万神殿附近的百年老店 Giolitti 去尝尝历史的滋味；去小城圣吉米亚诺，也要不辞辛苦地爬到这个依山而建的镇子最高处，去找寻巷子里获得某年全意冰激凌大赛冠军的

Dondoli。比萨的这家则开在市中心最古老的桥边，透明的玻璃柜台里铺满五颜六色的冰激凌，像打翻了夏天的调色盘。店铺小巧，只能买了出去站在太阳地里边聊边吃。该店似乎也并不属于名声在外的那种，但胜在滋味地道、价格公道，每每有值得庆祝的事情，朋友们仍是要团团围住，从请客的人手中毫不客气地挨个接过来，人手一支，各自大嚼。我最喜欢的搭配是酸甜的莓果加浓郁的榛子，既有清爽甜美，又有醇厚香浓，看似有点矛盾，到味蕾上却也和谐无比，一支下肚，烦恼尽消。还记得室友最爱的是开心果味，还有人最爱薄荷味，有人最爱香草味——记得他们最爱的味道，便也记得一起吃冰激凌时那一张张笑脸，一帧帧无忧无虑的青春。

曾经梦到从比萨小小的火车站走向斜塔，明明只有二十分钟的路，却怎么也到达不了，就像动过多少次念头，却再也没有回到过意大利。遗憾是有的，但并不深，许是觉得人生漫长，机缘未明；许是常常听着风琴版的《重归苏莲托》，翻译着一本接一本跟意大利有关的书籍，内心感觉并未真正远离。看着报章上的消息从欧债危机到难民潮，到一届届走马灯似的政府，再到疫情的无情蔓延，也曾暗自为这个国家祈祷；又看到那些被隔离的意大利居民在自家阳台顶开起了遥相呼应的音乐会，便忍俊不禁，这跟网络热传的意军士兵在“二战”前线的战壕里坚持煮意大利面，不是异曲同工之妙吗？

等到本书翻译完毕，心中了悟更添一层。不管是亚平宁亘古不变的阳光还是地中海蔚蓝深沉的波浪，这块土地经历了太多沧

桑巨变，战争、瘟疫、饥荒带来的人间惨剧曾经轮番上演，但此地的人民一直凭借骨子里的坚韧和乐观顽强地生活至今，并时刻不忘创造和享受美好的乐趣，美食、音乐、时装、足球，不一而足。意大利人固然有各种几乎已成为刻板印象的缺点，但并不妨碍他们以自己的方式继续面对现代世界的挑战，迎接生活赐予的安排，延续这片古罗马的热土上或辉煌或落寞的传说。一如个体命运中遭遇的幽深曲折的过往，不论他人如何评价，最终也要自己去消解、承受和抗争。

谨以此文纪念在意大利度过的岁月。

才疏学浅，不当之处望读者赐教为幸。

孙超群

2021 年 4 月于南京

导言　意大利饮食：在神话和刻板印象之外

任何一张地图上都没有这个地方；真实的地点是从来不登上地图的。

——赫尔曼·梅尔维尔 (Herman Melville)，《白鲸》（*Moby Dick*）

提拉米苏、意大利面、比萨，这些无处不在的意式菜肴几乎已经成了令人疲倦的刻板印象，尽管全世界的消费者并不完全了解其起源，但这并不妨碍意大利菜毫无疑问地跻身世界美味之列。意大利饮食的影响力和吸引力不仅体现在厨房，也体现在流行文化中。一本讲述美国美食近年发展的书籍以《芝麻菜与美国：我们如何成为美食之国》（*The United States of Arugula: How We Became a Gourmet Nation*）为标题，将一抹时尚（现已无处不在）的意大利绿①作为世界主义和烹饪创新的象征[1]。过去三十年意大利美食获得了显赫的地位和名望，在

① 该书封面上自由女神手持一束绿色的芝麻菜（原产地中海地区）。——译者注。本书脚注均为译者注，尾注为原作者注，以下不再一一注明。

形状不同寻常的意大利面，如利古里亚大区的特罗菲耶面，吸引着全世界的美食爱好者

家庭式餐馆、冰激凌店和比萨店可以很容易地找到它们，全球大都市那些最负盛名的营业场所中也不乏高档意大利餐馆的身影，它们赢得了美食评论家和老顾客们的衷心赞美。电视节目和杂志上随处可见意大利菜谱，都宣称自己如何地道，烹饪专业人士也要仰赖自身的意大利血统成为名人。旅行者随着意大利美食引领的新风潮涌向其发源地——意大利。他们在那里寻觅尚未被世人熟知的传统食品，参观人迹罕至的村庄和农场，品尝风味独特的地方特产。他们下榻在乡村别墅中，跟随世界知名的厨师上烹饪课，或者探访夫妻店式的小馆子以享用“地道”的当地美

食。游客们如此大费周章，到底意欲何为？意大利饮食是如何演变成今天这个样子的？为何在全世界有这么多追随者？那些似乎无穷无尽的意大利地方美食又从何而来？那些令人眼花缭乱甚至眩晕的各式葡萄酒、奶酪、面包、蔬菜和萨拉米香肠又是如何做出来的？

意大利饮食神话

当人们发现我来自意大利时，通常会问："你最喜欢的意大利餐馆是哪一家？"紧接着便是："你每天都做饭吗？"这种认为我与美味佳肴必然有着深厚渊源的预设表明了一种普遍的观念，即意大利人在饮食和享受餐桌乐趣方面确有过人之处。整个世界似乎都深爱着意大利美食，以至于许多人倾向于将其视为一种超越时间的精致传统，仿佛与那些塑造出这个（在另外一些人看来）支离破碎的饮食体系的历史事件无关。美食家因为意大利饮食无穷无尽的多样性、引逗味蕾的吸引力和总是能组合出新奇口感的能力而着迷。旅行者常常对意式的用餐环境和热情的招待氛围感到惊喜，最终将浪漫主义的健康观念投射到菜肴和食材上，用自身的美好欲念进一步丰富了意大利饮食。作家们也在尽其所能将意大利饮食神话发扬光大。除食谱外，非虚构类作品如弗朗西斯·梅耶斯（Frances Mayes）的《托斯卡纳艳阳下》（*Under the Tuscan Sun*）在进一步巩固人们对意大利饮食的固有期待和偏

见一事上明显发挥了作用。尽管梅耶斯本人也指出“外国人很容易理想化、浪漫化、刻板印象化和过分简化当地人”，但她本人的作品恰恰就体现了这一点[2]。

托斯卡纳的进餐节奏可能会让人们感到困惑，但是在户外享用了长时间的午餐后，最清晰的念头就是午睡。在一天的中间躺倒三个小时的合理性在此处体现得淋漓

托斯卡纳的风景，在意大利乡村文化和饮食神话的形象塑造中扮演了重要角色

尽致……我对天堂的想象就是和埃德共进两个小时的午餐，我相信他前世曾是意大利人。他已经开始习惯于像意大利人一样打手势和挥手，这是我以前没见他做过的。他原本喜欢在家里做饭，但在意大利，他更加沉浸其中。[3]

受周边环境以及不可避免的语言环境的影响，梅耶斯故事中的外国主人公们逐渐改变了自己的生活方式。时间似乎失去了重量和刚性，融进了悠长的午餐和闲适的休憩之中，这在当地人看来，与比画不停的手势和烹饪天赋一样，都是生活的必需品。

特级初榨橄榄油的“坏名声”

特级初榨橄榄油无疑是最受欢迎的意大利产品之一，也是地中海饮食的象征。每种橄榄的大小、口味和生长期都不同，从而产生了丰富多样的当地品种。随着橄榄的文化价值和经济价值日益受到重视，近年来橄榄油品尝师的职业也得到了公众的认可，有经验的消费者意识到种植地区、栽培品种和收获时间等都会对橄榄油的品质产生影响。产量低、难于购买、价格昂贵，这些特点使特级初榨橄榄油取得了空前的成功。尽管如此，在日常使用中大多数消费者仍会购买大规模生产的橄榄油，因为他们对价格的敏感甚于质量。

特级初榨橄榄油因其独特色泽和商业价值而被称为“液态黄金”，一直是农业和贸易政策的重点保护对象，这些政策旨在维护橄榄油的纯正来源和高质量。但实际上，橄榄油行业的掺假行为由来已久。橄榄油根据提纯方法、口味和油酸含量的不同分为不同等级，其中特级初榨橄榄油的酸度低于0.8%，具有完美的口感。许多生产商抱怨这些评价分级的措施不足以限制廉价“祛味”橄榄油——也就是那些经过

利古里亚大区的塔加斯卡橄榄是用来生产高端特级橄榄油的知名品种

化学提纯消除生产过程中的不良气味的油——的销售。

但是，橄榄油的问题并不仅限于分级措施方面。制造商用其他植物油，包括用榛子油，替代特级初榨橄榄油装瓶出售给国内外市场。他们利用无须在标签上注明原产地的法律漏洞，将来自地中海其他地区（尤其是土耳其和突尼斯）的橄榄油在意大利装瓶，然后以"意大利特级初榨橄榄油"的名称出售。打击假冒伪劣橄榄油是一场艰苦的战斗，但意大利政府和那些优质生产商已准备好为保护意大利特级初榨橄榄油的形象和质量而战。毕竟，没有人希望被"假黄金"欺骗。

美食回忆录的文体在大众文化中已经广为流行，一般会写到异乡人抵达意大利后的旅行冒险和内心变化，并通过美食及其他各种热闹嘈杂的乐趣与真实的自我建立起新的感性联结。当然，意大利并不是唯一的世外桃源。从斐济群岛到东南亚，任何具有异国情调的地方似乎都可以为自我发现和改变人生的灵感提供必要的背景。在饮食方面，文学作品的重点通常放在法国南部（最好是普罗旺斯），但首选仍是意大利，具体而言，托斯卡纳地区的可能性更大。这类作品具有深厚的渊源，可以追溯到福斯特的《看得见风景的房间》（*A Room with a View*）等经典作品，该书中一位年轻而又压抑的英国女性试图通过投入意大利的怀抱来逃脱英国社会带给她的种种不快。通常是某个外国旅行者（往往是女性）对自己的生活现状倍感沮丧，试图来到意大利寻求生存意义的终极答案——常常是通过与食物、休闲乐趣和人生欲望建

立起全新的关系。这类主题在回忆录中很普遍，在杂志文章中以及越来越多的由书籍改编的电影中亦不鲜见，如《托斯卡纳艳阳下》、《美食、祈祷和恋爱》（*Eat，Pray，Love*），以及原创的电影剧本如《湖边一月》（*A Month by the Lake*）、《给朱丽叶的信》（*Letters to Juliet*）、《美好的一年》（*A Good Year*）和《在罗马》（*When in Rome*），在最后这部影片中主人公觉得罗马的喷泉还不够多，而决定建造一座新的喷泉……

在这些文艺作品中，我们会经常发现自己身处田园牧歌般的情境：作为一个虽然遥远但仍在接受范围内的异域他乡，意大利有时被看作有些落后而又迷人的地方。此地没有现代生活的混乱喧嚣，物质生产不再是头等大事，生活悠闲甜美。到访者们希望在这里与自然和自我重建联系，同时重新发现食物可以作为享受，而不是引起焦虑和增加体重的罪魁。在这种叙事中，意大利人似乎扮演着源自18世纪欧洲文化的“高贵的野蛮人”的角色，这种角色被定义为拥有“健康、节俭、自由精神和身心活力”的特质：他们热爱美德、敬畏上帝，与邻为善、与友亲厚，忠于所生活的世界；他们会在富贵中保持克制，在逆境中表现坚毅，勇于说出真相，憎恶溜须拍马[4]。然而，正如文化评论家爱德华·萨义德（Edward Said）在他关于西方殖民者如何看待东方文化的论述中所强调的那样，将这些特质投射在与己不同的、具有异国情调的人群上常常有着模棱两可的意味：一方面，很容易感受到现代人对自身已无法企及而当地人视若寻常的自然状态的嫉妒；另一方面则是掩饰不住的优越感，就如梅耶斯书中的这段话所流露出来的：

番茄、欧芹和大蒜是最常见的意大利食材，被广泛认为是地中海饮食的象征

我们与意大利人有多少相似之处？恐怕并不多。我们太苍白了，不会一边说话一边自然地打着手势，不会掌握每个人同时都在说话的技巧……一场足球比赛结束后，我们也不会加大汽车油门满街鸣喇叭，或者骑着小摩托车，一圈圈绕着广场转。至于意大利的政治，我们就更是摸不着头脑了。[5]

地中海渊源

意大利美食不仅被认为可以“再造灵魂”，对身体也有诸多好处，以至于人们对地中海饮食的欣赏已成广泛共识[6]。几个世纪以来，包括意大利在内的整个地中海地区都在与食物短缺、战争、异族入侵和气候条件时常不利等状况做斗争。由于获取肉类、乳制品和脂肪的机会有限，这一地区的人养成了主要食用谷物、豆类和蔬菜的饮食习惯，因地理位置、文化背景和社会政治状况的不同而略有差异[7]。直到 20 世纪 50 年代末意大利“经济奇迹”以后，大多数意大利人才终于能够获取更加丰富多样的饮食，尽管这通常意味着与传统生活方式及烹饪习惯的割裂。我们将在后文看到，新的包装和储存技术、工业化大规模生产以及更复杂的运输和分销系统，给意大利人的饮食和看待饮食的方式带来了深刻的变化。由于这些划时代的变化正在影响意大利甚至南欧地区的饮食，因此世界其他地区似乎也开始意识到，地中海地区的人原本为抵抗饥饿而形成的饮食习惯，实际上构成了一种健康的饮食模式。“二战”后，受到洛克菲勒基金会赞助的美国流行病学家勒兰德·阿尔博夫（Leland Allbaugh）曾对希腊克里特岛的居民饮食进行了深入的田野调查，以评估战争对当地粮食安全的影响。但直到安塞尔·凯斯（Ancel Keys）① 的工作开展以后，地中海地区人们的饮食与健康状况之间的相关性才变得清晰起来（尽管他们仍然很贫穷）。20 世纪 50 年代初期，凯斯曾在那不勒斯生活，他注意到，当地人尽管贫穷，但心脏病发生率很低，预期寿命相对较长，这一发现后来在七个不同国家进行的研究中得

① 美国生理学家，明尼苏达大学教授。

到进一步证实。20 世纪 60 年代由欧洲原子能共同体委托进行的另一项研究的结果，再次强调了饮食模式与心脏病发生率之间的相关性。但直到 20 世纪 80 年代，美国和北欧的民众才了解到这些发现，当时安塞尔·凯斯及其同事公布了他们的七国调查工作的结果。1993 年，美国农业部发布了“膳食指南金字塔”，以视觉图表的方式对美国人的饮食给出建议。世界卫生组织和“传统方式保留与交流基金会”（Oldways Preservation & Exchange Trust）在哈佛大学公共卫生学院（位于波士顿）内组织的一次会议上，展示了一座地中海膳食金字塔。该基金会是一个与橄榄油和葡萄酒行业有关的组织 [8]。从此媒体便对地中海饮食情有独钟，这种饮食方式不仅推崇健康美味的食物，而且有利于减肥，尤其是在与积极的生活方式搭配进行的情况下。

除健康方面外，还有必要将地中海饮食视为一种文化模式，因其已经深刻影响了包括美国人在内的许多外国人对南欧（主要是意大利）食物的态度。地中海饮食究竟指什么？媒体的意见并不一致：到底是一种文化和历史的结构，还是特定的食物选择，或者，从更科学的角度而言的一组营养素 [9]？这三个方面其实都出现在了杂志和大众文学中，但如果重点放在营养素以及特定的食物选择上，留给具体营养模式与它所根源的社会文化之间联系的，就更没有多少空间了。

经摩洛哥、意大利、西班牙和希腊提案，联合国教科文组织于 2010 年将地中海饮食列入“非物质文化遗产名录”，地中海饮食的定义变得更加复杂了。除去公认的理由，即“长久以来世代相传的价值和品质”，官方文件还提到地中海饮食实际上是一种仍在不断发展的饮食传统，例如，它指出了“饮食制作技术、知识与意义的传播，除去非正式的和传统的方式（家庭中的参与和模仿、菜市场中的口头交流等）外，还有一些新的方式”[10]。因此，这份文件认可了持续传承的饮食经验中的动态因素，认同了固有的跨文化交流的习俗，两者共同构筑了地中海的文化空间。

但该文件没有指明组成该地区多样化文化的人群有哪些，是只有土生土长的本地人，还是包括移民？这个问题并非多余，因为地中海沿岸的欧洲国家中，相当多比例的人口对来自南方世界的移民表现出越来越多的不安。地中海饮食进入“非遗”名录的提案国之一摩洛哥，就是南欧大量移民的来源国，该国的参与表现出了联合国教科文组织的包容性，旨在实现跨文化对话和社会融合的精神。但在大多数支持该倡议的国家中，跟移民问题相关的政策通常是由保守派制定的，他们更关注那些对当地传统生活方式产生了实质威胁的方面，如习俗、文化、宗教、服装和饮食等。在全球化力量裹挟之下，与饮食相关的文化遗产会被认为过于弱势而无法独自坚守。在这种特定情况下，全球化的制约因素与新的饮食模式之间的对等关系是相当直接的，后者基于快餐、高糖高脂饮食以及大规模生产的食品等。

无论如何，要确定怎样才算是地中海饮食，在文化传统、具体菜式甚至是营养等方面均不容易，因为饮食模式一直在随着时间和空间的变化而变。随着人们对食品的关注日益增加，重点已经从日常饮食转移到烹饪艺术，这尤其吸引那些一直在寻找最地道的食材并乐于采用外国食谱以标榜自身的小众品位的读者。实际上，在包括发展中国家在内的世界许多地区，怎样获取经济上可负担的健康食品是一个严重问题：并非每个人都有经济能力和文化品位将地中海的食材和烹饪方式加入自己的日常饮食中。此外，食材供应的限制也是一个问题，大概任何尝试在外国烹饪意大利菜的人都非常了解这一点。美味的番茄、新鲜的香草以及罗马涅西葫芦和花椰菜之类的特色食材很难找到，而且价格不菲。作为一个罗马人，我一直在努力寻找简单的食材如嫩洋蓟和蚕豆来做维亚罗拉意大利面，这道典型的春季主食需要用到新鲜的豌

蚕豆自古罗马时期就开始在意大利种植，是维亚罗拉意大利面的食材之一

豆、洋蓟和蚕豆，这些食材在罗马周围地区的春季时节常见且便宜。此外，某些特产的过度神秘感会导致或多或少的故意误导和赝品传播。特级初榨橄榄油就是一个很好的例子。许多烹饪流派都将橄榄油视作能够治疗多种疾病的灵丹妙药，它通常被描述为纯天然的，其制造过程中涉及的所有技术则被悉数隐藏。特级初榨橄榄油的推广和销售中广泛存在的欺诈行为，使得消费者可能会在广告诱骗之下购买根本无法实现其承诺的食品 [11]。关于地中海饮食的科学理论直到 20 世纪 70 年代才开始在意大利流行，先是在营养学家群体中，后来扩展到媒体上。20 世纪 80 年代后期，由于人们越来越关注个人形象和减肥问题，各种各样的饮食方式才开始受到人们的追捧，地中海饮食也才成为常见的流行话题。

旧传统的新发掘

意大利人似乎很乐意接受与无害的饮食神话和人们对意大利食物的刻板印象共存，部分是出于真诚的自豪和对烹饪习俗的热爱，部分则是出于享受着全世界对本民族文化遗产的赞叹而不愿自拔，还有一部分原因是这实在是门好生意。例如 2011 年夏天在《纽约客》（*The New Yorker*）上刊登的一则帕尔马奶酪广告：

帕尔马奶酪：源自天然，手工制作

帕尔马奶酪是意大利太师级工匠与自然母亲合作的

成果。空气、土壤、温度和湿度与制作匠人的手法有着同样大的影响，这使得品尝帕尔马奶酪的每一口所带来的感官享受与体验到的百年生产工艺一样令人愉悦。24个月或更长的发酵时间（发酵时间是所有奶酪中最长的）使得该奶酪具有略微结晶的质地，并在舌尖融化成浓郁的黄油和水果风味。这款汇聚匠心、手工制作的奶酪，专奉给对人与自然共同创造的珍品情有独钟的顾客。[12]

卡苏马苏奶酪，产自撒丁岛

除了将在第八章中讨论的欧盟“受保护的原产地名称”（Protected Designation of Origin，PDO）外，该奶酪广告还带有意大利农林部和食品推广贸易机构“美味意大利”（Buonitalia，该机构的宣传口号是“纯正意大利风味”）的徽标。整则广告围绕着这款奶酪的“天然/制作”这一内生性的矛盾特点，一方面强调其有益健康以及与生产所处的自然环境的联系，另一方面也指出了其制造工艺所涉及的技能。广告理念突出了产品与自然和文化的密切关系，并描绘了二者之间积极互动的结果。广告中还出现了其他要素，即生产者对所制作食物的热情和投入，以及把一切放心交给时间的悠然自得。将奶酪发酵至完美所需的是延续数百年的传统，时间的影响在最终获取的食物中清晰可见。在意大利，时光仿佛也变慢了，这为许多后工业社会中的消费者在面对又爱又恨的现代“快生活”时提供了一剂完美解药。

意大利食品近来取得成功的部分原因还在于在烹饪界、流行文化和媒体中日渐重要的“纯正”“传统”“地道”“当地”“手工”等理念。在对食物来源和安全性的担忧下，这些表达说明人们希望获得的食品不仅来源清晰可靠，而且还与特定的人以及他们的技能和生活息息相关。尽管大规模工业化食品是优质和方便易得的，但越来越多的高端消费者愿意为他们认为质量更高、口味更好的食品支付溢价。由于食材稀有、加工耗时长或者掌握技艺的工匠较少，许多美味佳肴都是限量供应的。精明的市场营销人士已经意识到了这一点，于是他们向美食爱好者介绍制造商充满个人色彩的故事、食品生产所遵循的传统以及匠人们为力求卓越而做出的奉献——意大利食品正是在很多方面都可以很好地满足这些需求。尽管饮食的工业化发展在世界其他地区开始较早，已经有较长的历史，但许多打上“地道”和“正宗”标签的传统菜肴仍然在意大利幸存了下来（尽管也并不容易），如凤尾鱼油，一种通过过滤凤尾鱼和盐发酵所产生的液体而获得的酱汁；卡苏马苏奶酪，因蛆虫的消化作用而软化的撒丁岛的山羊奶酪（这种奶酪内的脂肪已被分解）。因为人们对传统食品重新激发出兴趣，这些地方特产的销售蒸蒸日上。由于大部分意大利人口分布在农村，因此与当地生产相关的传统一直保持到20世纪50年代后期。当时意大利人大规模地从农村进入城市，从南部迁移到中部和北部，常有村庄被整座废弃，从事农业活动被认为是贫困落后的。“二战”后人们都迫切希望成为现代人，部分是由于媒体（尤其是电视）的影响力日益增强，他们怀着极大的热情拥抱新工业产品。

直到近年，由于对传统和手工艺产品的重新认可，经营小农场或生产高档葡萄酒的工作才变得受人尊敬，有时甚至令人艳羡（这显然并不是指大规模的农业生产，这一行业目前多由非法移民从事）。但这也并不意味着现在的地方特产的制造过程、风味甚至外观都与50年前相同。许多企业与时俱进地发展，满足多种多样的需求，以抓住前所未有的机会。正如我们将在第八章所看到的，由于针对葡萄酒和一些食品的地理标志法规的颁布实施，食品特点的定义变得复杂。在确保质量与延续传统的同时，生产参数和标准也有可能限制进一步的发展。这些特色食品是否已免

于灭绝的厄运，躲过了全球化的冲击和企业的贪婪，还是只能成为博物馆的展品？谁来决定产品的“地道”或“正宗”的标准，其背后又有着怎样的政治和经济利益的博弈？从文化的角度来看，将传统食品提升到更高的地位意味着什么？将如何影响这些食品在普通人日常生活中的使用，如何影响它们在原产地的可及性？

正如学者基姆布莱特（Barbara Kirshenblatt-Gimblett）指出的，文化遗产可以看作“一种存在于当下，但需要追溯过去的文化生产方式……是一类不断增值的产业……为输出的需要而制造出的当地特色”[13]。这句话意味着，饮食传统不仅包括已有的、被动地等待被发现或被保留的食品及烹饪方式，还包括那些通过我们的观察和定义，并以我们已知的形式建立起来的。这种情况可归类于霍布斯鲍姆（Eric Hobsbawm）所定义的“被发明的传统”，“对新情况的回应要么参照旧的情形，要么通过接近强制性的重复来建立自己的过去”[14]。近来对饮食传统的重新发现和诠释可以理解为当代世界主义的一种表现形式，牢固地植根于全球货物、思想、实践、资本和人员流动中。复兴（甚至复活）烹饪传统不仅是为了发掘过去，也是为了改善当下，并确保参与全球旅游和消费的社群拥有更美好的未来。从经济学的角度来看，国际宣传和曝光率的增加扩大了对传统产品的需求，提高了定价，否则这些产品将不复存在。国际组织“慢食运动”（Slow Food）协会发起了被称为“卫戍”（presidia）① 的地方性活动，其网站宣

① 该项目创立于1999年，是“慢食运动”为一群小规模生产者建立的，目的是将那些独立的个体生产者团结在一起，使他们能与关注和欣赏他们的优质食品的其他市场建立联系，以解决生产者的困境。

意大利皮埃蒙特的葡萄园，生产高端葡萄酒现在被认为是受人尊敬的，有时甚至是令人艳羡的农业活动

称目的在于“支持濒临灭绝的高质量生产，保护独特的地区环境和生态系统，恢复传统的加工方法，保护本土繁殖和本地植物多样性”[15]。通过实施一系列社会性行动、媒体宣传和政策干预，“慢食运动”协会证明了这些方式的有效性。来自翁布里亚大区特莱维的风味浓郁的黑芹、来自弗留利－威尼斯·朱利亚大区的野生菊苣和来自普利亚的托雷卡纳的皇后番茄，由于被引入了“卫戍”体系而获得了全意知名度。

托斯卡纳大区的科隆纳塔镇出产的腌猪油，其传统制作方法是在附近采石场的大理石桶中进行陈化腌制，由于1996年欧盟颁布的新食品安全法规，曾面临停产的风险。幸得“慢食运动”协会从中协调以及随后的公众参与使得法规做出让步，允许传统

科隆纳塔镇的腌猪油

产品维持了原本险些被禁止的做法[16]。虽然在烹饪传统的复兴和推广中，经济可行性、烹饪技艺和日用性处于中心位置，但也取决于别处的消费者和游客是否愿意为此掏钱。如今，腌猪油的特色食谱广受欢迎，而在科隆纳塔镇举办的夏季节日也围绕着这种美味的腌制猪油展开，吸引了来自世界各地的游客，刺激了当地与传统产品相关的各种活动的开展。

回溯历史

对生产或进口意大利食品的专业人士，或者需要撰写和发表意大利饮食故事选题的作家和记者而言，可能很难与相关的过度宣传或者刻板印象保持批判性的距离，更不消说在消费者和读者本身已经跃跃欲试的情况下。我在罗马出生和长大，并且在意大利美食和美酒流行杂志《大红虾》(*Gambero Rosso*)工作了很多年，因此有机会见证这些年意大利饮食的变迁。多年来我逐渐意识到，只要乐意发掘，仍有很多内容值得探索。然而，我也对“不变的传统”这一概念越来越感到疑虑。当谈到意大利美食时，有必要将历史投射到烹饪的浪漫情境中以还原最初的场景。这些现今在意大利种植、生产和消费的食物来自哪里？它们是一直存在于亚平宁半岛，还是被人为（是谁？何时？）带到意大利的乡间和城市的？意大利的烹饪传统是否一直如此多样、丰富和本地化？它们在过去如何随着时间演变，将来又会如何继续？哪些因素导致或伴随了这些发展？

这些是我在本书中要解决的一些问题。在研究过程中，我查阅了不同的资料来源，使用了多种研究方法，探索了各类相关领域，包括农业科学、环境研究、生物学、营养学、经济学、商业、法律、市场营销、政治学、后殖民研究、性别研究、文化研究、社会学、人类学、设计学、建筑学、科技领域、媒体领域和传播学等。饮食问题牵涉到许多全球性社会、经济和政治问题的核心，同时使我们与文化的具体的和物质的方面保持着联系。毕

竟，我们所食用的东西会变成身体的一部分，并影响我们思考的方式。生产、购买、烹饪、消费和处置的食物内容以及所使用的方式，一直都对个体本身和群体成员产生着巨大的影响。

饮食文化有其自身的生命和逻辑，不能仅仅归结于外部因素。正如阿尔贝托·卡帕蒂（Alberto Capatti）和马西莫·蒙塔纳里（Massimo Montanari）在《意大利美食：一部文化史》（*Italian Cuisine*：*A Cultural History*）一书中所论述的那样，了解菜肴、烹饪技术和烹饪风格发展背后的动力以及配料使用的变化非常重要，这些都是饮食发展自我延续的内部逻辑。

> 饮食的历史不能被削减到无关紧要的程度：它与日常物质生活所涉及的科技、日常生活习惯和必需品以及味觉形式之间的联系，比其他任何事物都更为紧密。[17]

参考这两位作家的方法，本书还将着眼于美食学，也就是历史进程中人们思考、谈论和看待食物的方式。我们将看到在希腊和西西里岛城市中如何出现第一批美食评论、中世纪和文艺复兴时期的作者如何将不同种类的食物及其对身体的影响概念化，以及在意大利统一后罗马涅商人佩莱格里诺·阿尔图西（Pellegrino Artusi）如何使用新的语言谈论烹饪。但这些都还不足以评估意大利复杂的饮食历史，考察生产、分配和消费等经济问题的文化方面也至关重要。历史学家彼得·加恩西（Peter Garnsey）敏锐地指出：

> 在食品和经济领域存在两个问题：第一，有利于食品生产的条件如何，即自然环境、农业技术水平、土地所有权和土地资源在人口中的分布；第二，市场机制和社会制度能在多大程度上促进食品生产充裕和匮乏地区之间的物质流通。[18]

如果未曾考察意大利的特殊政治历史背景，包括数百年来曾在这一区域内定居的民族及其对物质文化的影响，就不可能完全掌握意大利饮食经济学如何随着时间而变化。在整本书中，我们将看到几个世纪以来发生的变化如何促进了意大利烹饪的多样化构成，食材、特产和习俗在定义菜肴的本土身份方面仍然发挥着显著作用。

另外，仅靠来自历史的信息也不足以诠释当下或者读者们游览意大利时可能看到的东西。身处异国他乡，尽管我们认为自己拥有一些了解当地的工具，但总会遇到层出不穷的物件、符号或手势需要解释。我们不想冒险经历一个不同的现实，总是试图通过自己脑海中固有的含义和期望来理解新的环境，而非通过新的现实所提供的信息。这种方式会造成很多信息的遗失。我们在餐厅菜单上看到的那些菜肴，它们的起源和意义是什么？为什么菜单是现在我们所看到的设计形式，而不按照开胃菜（或头盘）、主菜和甜点的顺序？餐厅是一直存在的事物吗？它们一直都是如此，还是随着时间发生着变化？哪些人曾在餐厅里用餐？人们在哪里购买食物？市场存在了多久，一直都是眼前的组织形式吗？

利奥马乔列，五渔村。五渔村是利古里亚大区沿海的五个村庄，意大利最有名的旅游目的地之一

我们现在能够买到的食物，过去也是这样吗？

游客们常被意大利的乡村风光打动，从奶牛悠闲吃草的高山牧场到沃野千里的波河平原，从亚平宁山脉周围起伏的绿色丘陵到地中海沿岸的迷人果园，这一切都使人感受到自然的美丽平和。我每次前往位于格兰萨索山坡的祖父母家，都会被山峰的锯齿状轮廓、丘陵周围错落有致的田野和果园，甚至草木的清香气味感动。此处的人和环境已经相互适应了数百年，这般和谐与传统交织的田园梦境令人陶醉。得益于城市居民新激发的兴趣，村民们将一些乡间建筑改造成乡村观光住宿场所以维持生计，我们可以轻松租用乡村别墅，也可以在农场中寻得一个舒适的房间，而无须操心它们最终结局如何。乡村的牧场、树林和运河都有足够的故事告诉那些耐心倾听的人，塑造它们的本地人有着怎样的生活和传统。这些故事关于财富和贫穷、喜悦和生存、个人和村落，尽管有些情节似乎经常蒙着静默的面纱，但在他们种植、制造、出售、食用甚至扔掉的食物上还是留下了深刻的印记。我希

洋蓟在罗马的传统烹饪中扮演着重要角色

望本书中的故事和知识能增加读者们对意大利的丰富特色美食的兴趣、深入了解它们的愿望和享受的乐趣。

我们将展开意大利的历史之旅，从史前起源一直巡游到近年的发展，我们将着眼于这一过程中塑造了意大利饮食生产、消费和观念的大事件。每章重点讨论一个特定时期及其文化、政治、生产力和技术因素，这些因素决定了新农作物和菜肴的引进，塑造了多种多样的地域景观，并逐步建立了意大利人独特的烹饪、饮食和看待饮食的方式。最后三章将评估当前状况以及全球化对意大利本地人和新移民人口消费的影响。

维亚罗拉意大利面

4 人份

用料：3 颗洋蓟，榨柠檬汁，2 汤匙特级初榨橄榄油，一整个去皮大蒜，300 克（10 盎司）去壳蚕豆，300 克（10 盎司）去壳豌豆，450 克（1 磅）螺丝面，2 汤匙切碎的新鲜欧芹，磨碎的罗马诺奶酪，黑胡椒粉，盐。

做法：将洋蓟去除内部绒毛并清洗干净，切成薄片，放入水中并挤入一些柠檬汁。将洋蓟用特级初榨橄榄油和大蒜在锅中炒约 15 分钟。加入去壳的蚕豆和豌豆、2 汤匙水、盐、胡椒粉。盖上盖子，将锅中食材煮至软而不糊，同时，将螺丝面在盐水锅中煮熟，沥干水分，然后将面放入蔬菜锅中一起翻炒。上菜时，撒上磨碎的罗马诺奶酪和切碎的新鲜欧芹。

科隆纳塔腌猪油大虾烤吐司

这是传统罗马意式烤面包的创新菜式，原始版本通常只用大蒜、盐和橄榄油调味。

4 人份

用料：大虾 4 只，乡村面包 4 片，科隆纳塔腌猪油 4 片，特级初榨橄榄油，盐。

做法：将大虾在烧滚的盐水中焯熟，去皮。烘烤面包，并加盐和几滴橄榄油调味。然后在每片面包上放一片腌猪油，再放上一只大虾即可。

最后，我们将通过探索意大利饮食文化的一个重要方面来结束我们的旅程，即乡土观念（campanilismo）。这个术语指的是居民们（那些依恋着家乡钟楼[①]的人）对自己生活的地方感受到的热爱、自豪和依恋，就如听到本镇的钟声远扬时所感受到的那样。这些元素在当地烹饪特色的发展中起什么作用？如何影响了意大利人看待自身与食物的关系？几个世纪以来，意大利的大城小镇都喜欢夸耀自己区域内饮食的独特之处（食材通常来源于周围地区），但也有其他曾根植于乡村文化的风俗，正随着乡村持

① 钟楼及周围的广场通常是意大利小城镇生活的中心。

续的变化而改变甚至消失。自 20 世纪 70 年代开始划分和建设大区行政机构后，意大利人逐渐根据地区传统来看待自己的饮食方式、食材和菜肴。我必须承认自己与罗马特色的菜肴有着深刻的情感联系，比如：小牛肠，用小牛犊的小肠制成结，再用番茄酱煮熟；意式烤面包，面包片上用各种配料调味并烘烤；炸洋蓟，用罗马犹太人的传统做法炸到十分酥脆；维亚罗拉意大利面，让罗马市民感受到他们与周围乡村的联系。有些菜式能用特殊的方式让我始终记得自己的家族来自阿布鲁佐大区，特别是口感有些粗糙的吉他弦通心粉（其木制的制作工具看起来像是一种奇怪的竖琴）和意式薄饼（像是搭配肉汤食用的可丽饼，但滋味更浓郁）。

虽已尽我所能，但或许本书在介绍意大利美食方面仍然只能触及皮毛，且我相信自己的怀疑是合理的。而这正是意大利美食独特而引人入胜的原因：只要一直探索，我们就永远不会感到无聊，且会常常在转角处遇到惊喜。

祝好胃口！

目 录

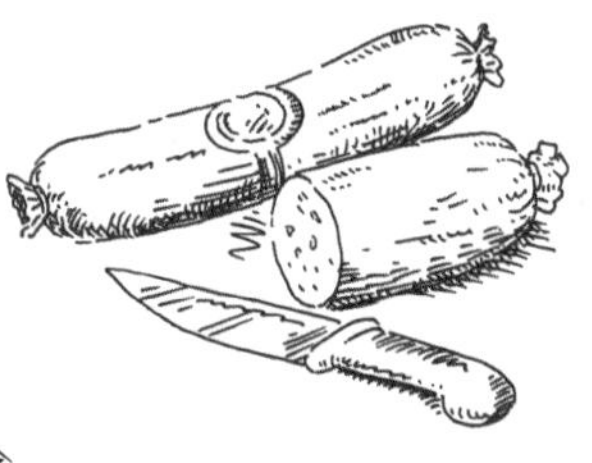

Al Dente

A History of Food in Italy

第一章

地中海之滨

意大利饮食的多样性无疑是其具备国际吸引力的理由之一，地域传统、工业和手工产品、菜品和食材的搭配，总能带来新的惊喜和发现。我们或许想当然地认为像小麦、橄榄和葡萄这样的农作物一直都是意大利美食的主要内容之一，然而考古学和历史学研究的结论似乎并不如此。种种迹象表明，农业的发展是一系列漫长而复杂的历史事件的结果。实际上，尽管拥有丰富而悠久的烹饪传统，但这片如今被我们称为“意大利”的土地在古代世界的饮食文化中发挥作用的时间相对较晚。要了解这一切，我们需要先将目光移向地中海沿岸的其他地区。

起　源

地中海地区的农业其实起源于我们现在所说的中东，更确切地说是历史学家称为“新月沃土”的地区，即今天的伊拉克的底格里斯河和幼发拉底河平原地区与伊朗的西部山区，到土耳其、

叙利亚、黎巴嫩和以色列东南部。考古研究人员认为正是在这一地区，自一万三千年前到一万年前的最后一次冰期末期，当地人开始了从狩猎、采集到放牧和种植的过渡[1]。肥沃的新月形土地上长满了各种各样的树木以及野生谷物与豆类，生活着许多易于驯化的小型动物，例如野牛（牛的祖先）、绵羊、山羊、猪和兔子等。该地区的第一批农作物是小麦的前身二粒小麦和一粒小麦，以及黑麦、大麦和豆类，如豌豆、小扁豆、苦味野豌豆和鹰嘴豆。橄榄树和葡萄树之类的植物在后来才被种植，因为它们需要稳定的人群投入大量的工作和时间来养护[2]。

渐渐地，农业技术和许多来自新月沃土地带的种植成功的农作物开始自东向西传播，到达地中海地区或更远处。随之而来的还有一些专用的农具如斧头、锄头、磨石、研钵和杵等，陶土容器也传播开来，大型定居村庄越来越多见。尚不清楚是土著居民模仿了他们所看到的邻人所为，还是农业跟随着人口的迁移而扩散，因为从扩散的速度（某些学者计算为每年 0.6～1.1 千米）来看似乎有这种可能[3]。人群一方面沿着多瑙河向欧洲中部和北部推进，另一方面沿着地中海的北岸前进，农业的发展使得沿途的罂粟、灯笼草和燕麦等农作物被驯化。尽管有些学者认为新石器时代的农业是从北部进入意大利的，但从公元前 6 000 年开始意大利南部沿海地区就已经存在小麦、大麦和豆类的耕作，到公元前 5 000 年已经在意大利中部出现，这暗示着海洋文化从土耳其经希腊，再到亚得里亚海东部沿海地区的传入途径[4]。

新石器时代的居民占据了今天意大利的领土，这些人虽然仍然进行狩猎和觅食，但他们也懂得如何耕种和放牧，特别是聚集在村庄附近的地区。有限的农业技术迫使他们只能在临时的空地上从事耕种活动，这些空地通常通过焚烧植物来获得，同时获得的还有草木灰的肥力[5]。但这种形式只能在原本就适宜耕种的地形上进行，且能耕种的时间较短，人口需要经常性地迁徙。这一过程作为人类与环境之间长期且仍在持续的社会和文化互动的开端，逐步塑造了现在意大利的地形景观[6]。饲养绵羊、山羊、牛和猪（可能由野猪驯化而来）也成为重要的活动[7]。这些基本的农业活动后来被新一波迁入人口学习，他们通常被称为印欧人种，是半游牧民族，最初居住在中亚和东欧之间的广阔地带，种植大麦和小麦等农作物并饲养牲畜。印欧人种可能还包括希腊迈锡尼人的祖先和安纳托利亚赫梯人的祖先，在将马匹驯化并发明了两轮战车之后[8]，该部落从公元前 24 世纪开始进入欧洲和地中海地区。

在亚平宁半岛的北部和波河平原，定居者们建立了一些村庄，考古学家推断这些村庄在 12 世纪被突然废弃了。这些村庄被称为特拉马拉（Terramare，意即深色的“肥沃土壤”），通过对土堆的研究发现，当地农民一直在附近的田野上施肥直到公元 19 世纪。虽然当时的农业文明仍主要基于狩猎、青铜技术、放牧和农业种植（主要是谷物），但常常需要在周边进行大量的森林砍伐[9]。许多定居点的考古发现表明人们已经使用了各种技术来获取天然溪流的水源，或者人工开凿和管理水井、沟渠等灌溉用水[10]。

本地定居者与新来的印欧人种移民之间的联系尚不清楚。我们所知的是印欧部落渗透到意大利地区，吸收或者有时是取代了先前的居民。新移民使用类似的语言，具有共同的文化特征，包括放牧技术和有限的农业种植。他们的部落在半岛上分布得非常分散，例如意大利东北部的威内蒂人、意大利中部和南部的奥斯科－翁布里亚人、马尔凯地区沿海的皮肯人、拉齐奥地区的拉丁人和今天普利亚地区的伊比格人[11]。奥索尼亚人先是定居在坎帕尼亚地区，然后到达卡拉布里亚和西西里岛，与原本存在于此的本地人融合在一起，创造出一种原始的平等主义的文化。从考古遗迹来看，这种文化似乎是基于大麦的种植、牧羊、狩猎和采集野葡萄等当地植物的活动[12]。从公元前 8 世纪开始来到意大利南部沿海地区的希腊殖民者们会统称自己是“意大利奥尼”（Italioi，可能源自 italòs 一词，意为幼小的牛犊）。

考古学家有清晰的证据证明，直到公元前 1500 年，许多地区特别是撒丁岛和西西里岛，与希腊半岛和地中海东部海岸一直保持着稳定的联系[13]。目前尚不清楚与地中海东部的联系是否影响了努拉吉文明的发展，该文明以“努拉吉”（Nuraghi，指的是撒丁岛上建于公元前 1800 年至公元前 900 年的巨大圆锥形石塔）得名。这些看似具有安全保障功能的建筑还显示出家庭的财富水准，遗迹内部一些畜牧业及谷物的生长和加工的痕迹表明其还有家用的功能[14]。

出土的陶器和青铜武器表明，意大利是各条海上长途运输线的组成部分，沿途的村庄首领们渴望通过展示各种豪华和具有异国情调的物品来赚钱，并增强自己的力量。当时最先进的交换形式如贸易、朝贡、外交礼物甚至宗教祭品，都依靠水上运输，因为它比陆上运输更为简单和便宜[15]。许多新的农业技术和农作物逐步出现在意大利，可能也是这些商品交流以及随之而来的人口迁移的副产品。实际上在公元前12世纪左右，意大利受到了新一波移民人口的影响，他们被统称为“海洋民族”，其中一些生活在地中海东部，威胁着埃及，并摧毁了赫梯文明和迈锡尼文明。在埃及文字中，这个民族被称为“第勒尼人”（Trsh，也许就是希腊人所称的Tyrrhenoi或者Tyrsenoi）、“撒丁岛人”（Shrdn）或“舍克利斯人”（Shkrsh，希腊资料中记载的生活在西西里的一个民族）[16]。

伊特鲁里亚人

海洋民族人口迁徙之后的四个世纪发生了什么，我们不得而知，但公元前10世纪至公元前3世纪的伊特鲁里亚人、腓尼基人和希腊人之间为争夺海上商业路线的控制权所进行的种种争斗表明，意大利确立了自身作为地中海贸易支点的地位。正如历史学家费尔南德·布罗代尔（Fernand Braudel）所指出的，“由于城市的活跃、航海和金属加工技术的发展、贸易推动以及市场力量”的共同作用，上述几个民族在那时都很强大[17]。经过各自不同的路径和模式，这些来自发达社会的殖民者在亚平宁半岛这块

已经被一波又一波的移民占领和改造过的土地上生根，而之前的每一次占领都为该地区的食材和烹饪文化带来了新的元素。尽管很难说清楚究竟是谁引入了哪种粮食作物、食材、农业技术、烹饪传统和社会习俗，但不可否认的是，这些先后在亚平宁半岛上定居的人口及相互之间的互动交流，是未来所有发展的基础。由此可以看出，从古代开始意大利就不是一个统一的整体，而是一片零散割裂的区域，孕育出了与包括饮食文化在内的自身习俗息息相关的文明矩阵。意大利的乡土观念和本地传统的持续存在似乎与这种原始多样性遥相呼应。

伊特鲁里亚人曾定居在今天的托斯卡纳南部和拉齐奥北部地区，其中卡尔勒和塔尔奎尼亚是最古老的两座城镇，距大海不远。多年以来考古学家一直无法破译这两地的语言，它是用腓尼基字母（现代西方字母的基础）衍生的文字写成的。尽管有很多实物的遗迹（如墓葬、建筑等），但伊特鲁里亚文明一直笼罩着一层神秘的面纱，直到语言学家成功地破译了当地的铭文和文献。该语言与爱琴海的莱姆诺斯岛语言的相似性也引起了人们的注意[18]。学者们还发现该语言与当今土耳其西部使用的吕底亚语也颇为相似[19]。通过对伊特鲁里亚人骨骼的线粒体 DNA 分析发现，相似的基因痕迹也出现在地中海东部的精英阶层 DNA 中。锡耶纳附近穆尔洛镇当代居民 DNA 的分析显示了相似的结果[20]。托斯卡纳牛与近东牛之间基因库的遗传相似性也得到证实[21]。一些研究人员认为，伊特鲁里亚人可以看作第勒尼民族的一支，他们是在公元前 12 世纪被法老拉美西斯三世赶出埃及后定居意大利的海洋民族之一，与希腊文献中提到的 Tyrrhenoi 或 Tyrsenoi 吻合。但其实灿烂的伊特鲁里亚文明最早也只能追溯到公元前 8 世纪末，这倒为另一种主张该文明本地起源，或至少是已有的印欧部落吸收了近东移民而来的理论提供了可信度[22]。新移民的到来标志着从火葬向精英墓葬的过渡，这些巨大的坟墓揭示了许多日常生活、宴会和饮食习惯的细节。该文化展示出中东的若干元素，如使用腓尼基字母、检视献祭动物的肝脏以占卜未来、使用用餐沙发、某些宴会习惯、在金饰中使用金银细丝装饰以及对奢华的喜好等[23]。

无论起源如何，伊特鲁里亚人深受腓尼基人在地中海西部的影响，也吸收了很多希腊的元素——希腊从公元前 8 世纪开始就已成为地区的文化强国，并将其文化向邻国传播。谷物的品种增多，城镇周围的耕地扩展，维伊奥、塔尔奎尼亚和沃尔泰拉这样的城镇发展起来，表明公元前 7 世纪伊特鲁里亚人的土地生产殖民规模扩大。随着人口的增加和剩余农产品的出现，大片土地开始集中受部分精英的控制，他们雇用了与之后的农奴没有太大不同的农民为自己耕种[24]。到公元前 6 世纪，伊特鲁里亚变成了真正的海洋和陆地强国，势力扩展到托斯卡纳和亚平宁山脉的大部分地区，在从坎帕尼亚到波河平原的地区也建立了管辖权威。伊特鲁里亚人开始与阿尔卑斯山另一侧的凯尔特人进行贸易，交易金属、奴隶和盐等物资，留下了明显的贸易遗迹[25]。

伊特鲁里亚城市精英阶层显然拥有控制政治生活和土地使用的特权，他们从未建立统一的国家，而是以类似松散联邦的形式运作，确保当地的独立性。像希腊人一样，伊特鲁里亚人引入了“休耕”制度：为了提高土地的亩产量并保护土地免受自发植被的侵害，在耕地收获并闲置几个月后开放为牧场，放牧的过程又使土地重新获得了肥料。与其他古意大利地区使用的刀耕火种的原始方法相比，休耕制度使土地具有很高的生产力，将耕地划分为特定区域的遗迹也反映出了存在于复杂社会结构中的私有制。水井的开挖促进了生产力的提高，在某些情况下也利用人工渠系统来分配泉水和溪流的自然水源。

也许是出于对伊特鲁里亚繁荣的嫉妒，周边居民认为他们是堕落、浪费的民族。在公元前1世纪，西西里的希腊历史学家狄奥多罗斯·西库路斯（Diodorus Siculus）将伊特鲁里亚人描述为狂热追求奢华的人，每天在装饰着银器的餐桌旁吃两顿饭。在狄奥多罗斯看来，伊特鲁里亚人因为沉溺于宴饮取乐，已经失去了其祖先面对敌人时的勇猛[26]。拉丁诗人卡图卢斯（Catullus）在诗作中提到的obesus Etruscus和维吉尔（Virgil）提到的pinguis Tyrrhenus，都暗含着“胖伊特鲁里亚人”[27]的意思。伊特鲁里亚人的宴会方式首次为人所知，是由于一个出土于蒙特斯卡达约的公元前7世纪的花瓶，画面中一个男人坐在三腿圆桌后面的宝座上，女侍者站在他旁边[28]。公元前6世纪的伊特鲁里亚坟墓，内壁的壁画上常见宴会场面，画中的宾客们正在吃喝享受，或独自一人，或两人一起，坐卧皆有，明显受到了希腊文化的影响[29]。然而与希腊不同的是，女性也可以参加宴会，有时用毯子和配偶围在一起[30]。女性一般负责烹饪，在

“豹之墓”（Tomb of the Leopards）内的宴会场景，来自塔尔奎尼亚的伊特鲁里亚大墓，位于拉丁姆地区

由仆人准备食物的贵族家庭中，女性也仍要监督饭菜和宴会的组织[31]。

根据文献资料、考古发现和遗留的画作，我们可以收集到一些有关伊特鲁里亚人生产、消费和交易的物品信息[32]。然而，一如通常的情况，下层阶级的生活和饮食习惯的相关记录总是缺乏的。大麦、小麦、单粒小麦、斯佩耳特小麦和小米共同构成主食来源，这些作物通常被磨成粗面粉，再制成稀粥或扁平的面包。面包用热石头或烤箱制成，罗马人后来采用了这一做法并称其为“特拉克塔”（tracta）。伊特鲁里亚人还食用大量蔬菜和豆类，例如豌豆、鹰嘴豆、小扁豆和蚕豆，尤其是放在汤中食用。猪肉和

鸡肉也可供选择，但除了节日大餐外不常食用，而且很少有人负担得起。绵羊和牛是更有用的家畜，牛肉几乎只供精英阶层消费。伊特鲁里亚人还吃栗子、榛子、无花果、橄榄和葡萄，并开始使用一些药用植物，例如龙胆和缬草[33]，至今这些药草在意大利仍然很受欢迎。

在公元前 6 世纪，伊特鲁里亚人开始有意加入地中海的贸易路线，希望将其商品出口到地中海西部地区。他们最早的殖民地之一是卡普阿，离那不勒斯地区的小镇库迈不远。当时的罗马坐落在台伯河边，围绕台伯岛发展，原本可能是作为南部卡普阿殖民地与更北的伊特鲁里亚城镇之间的贸易通行点而发展起来的。伊特鲁里亚贸易的扩张导致与其他在地中海区域进行海上贸易的民族（腓尼基人和希腊人）[34]产生摩擦。

腓尼基人

腓尼基人出现在意大利最早的证明是发现于撒丁岛的一些铭文碎片，可追溯到公元前 9 世纪初，表明他们在海洋民族命运剧变后就与撒丁岛有过接触[35]。起初，腓尼基人在如今的黎巴嫩沿海的一条狭长地带上发展起自己的文化和城镇，这些中心城市包括比布鲁斯、提尔和西顿，在公元前 10 世纪至公元前 7 世纪之间进行了全面扩张。腓尼基领土内几乎没有农业用地，这从另一个方面促进了当地手工业的发展，如制作玻璃、珠宝和著名的紫色织物——用的是从海蜗牛壳中提取的物质来进行染色。在各民族的海员和商人在新市场中寻求获利机会和原材料的同时，腓尼基人通过遍布地中海的商业网络传播自己生产的奢侈品。腓尼基人对控制遥远的领土并不感兴趣，而是致力于在地中海沿岸以及直布罗陀海峡外的西班牙大西洋沿岸建立贸易基地。

尽管可能从公元前 11 世纪开始腓尼基人就会偶尔出现在这一地区，但直到公元前 8 世纪他们才在撒丁岛建立了稳定的定居点，如诺拉、苏尔奇、毕西亚和卡利亚里，以及西西里岛西北部的巴勒莫、利利巴厄姆（今马尔萨拉）和莫特亚（特拉帕尼附近）。这些定居点都位于东西贯穿地中海的那些重要而又快捷的路线上，将腓尼基本土与西班牙连接起来，途经克里特岛、塞浦路斯和马耳他。考古遗迹表明，商人们从大陆腹地的城镇收集食品，以换取地中海各地的奢侈品，那些用于交换的食品很可能采用了当地的烹饪技术和烹饪容器[36]。腓尼基人在今天突尼斯的位置建立的殖民地迦太基，逐渐成为控制与北非和西班牙贸易往来的重要据点。后来，当亚述人在公元前 7 世纪征服腓尼基本土时，迦太基通过自己的贸易网络发展成为一支独立的海上力量，迦太基人将来自印度洋的香料经红海运输到地中海[37]。前文已经提到，这种新的殖民过程不可避免地导致了与意大利南部的希腊殖民地和伊特鲁里亚人之间的战争[38]。后来，迦太基又为控制西西里岛及其小麦作物与罗马开战，一系列的战争最终以迦太基被摧毁而告终。

由迦太基人发展出的农业技术被征服的罗马人采用，这一过程正如农艺师马戈（Mago）的手册首先翻译成希腊文，再翻译成拉丁文，后又在罗马著作中经常被引用那样[39]。罗马作家考鲁麦拉（Columella）将马戈称为“农业之父”，根据残存的马戈的文献可知，迦太基发展出牛的育种技术、葡萄种植和葡萄酒酿造的方法，生产出帕苏姆酒等产品，该酒用阳光下晒干的葡萄制成[40]。在谈到位于今利比亚的蒂卡普绿洲时，老普林尼对迦太基的农人们能在这块土地上同时种植各种农作物的能力感到惊讶，因为灌溉用水只有在一天中的特定时间才会输送几次：

> 这里巨大的棕榈树下种着橄榄树，橄榄树下是无花果树，无花果树下是石榴树，再往下是葡萄树，葡萄树下还有小麦，最后是豆科植物。同一年晚些时候播种药草，全部生长在另一种植物的树荫下。[41]

现在突尼斯的绿洲地带仍在采用这种多层立体农业的种植方法，在夜间进行灌溉以减少水分蒸发。腓尼基人可能已经将这些果树及其种植方法带到了他们的海外贸易基地，以适应新的环境[42]。火葱（shallot onion）很可能就是由腓尼基人的城镇阿斯卡隆得名的。

我们没有太多有关腓尼基人的日常生活及饮食习惯的信息，但确实有一些关于“宗教盛宴”（Mrzh）活动的信息，在这一活

莫特亚制取蒸发盐的盐场，这种生产形式是由腓尼基人带到西西里西部的

动期间当地氏族和商人协会会消费一些饮品并为特定的神灵献祭动物，也许同时还是一种怀念死者的形式[43]。在私宅中发掘出的赤陶炉，揭示了一些与谷物相关的饮食信息。在文字参考资料中，我们见到了被称为布匿粥（puls punica）的食物，指用水煮沸谷物或面粉，加入鸡蛋、奶酪和蜂蜜等[44]。腓尼基人还传播了保存鱼类的技术，其中最先进的是位于西班牙海岸贸易基地的工厂，在那里他们生产希腊人称之为“加洛斯”（Gáros）而罗马人称之为“加洛姆”（Garum）的产品：用一种不具有太多商业价值的小鱼盐腌发酵而成的酱汁[45]。

盐的生产是非常重要的活动，盐锅在西西里岛和撒丁岛的前腓尼基与迦太基殖民地附近均有发现。在西西里岛西部的腓尼基殖民地莫特亚发现的鲸鱼椎骨，表明了鲸鱼在当地的用途可能是

作为食物或取用油脂[46]。在迦太基殖民地发掘的硬币上出现了金枪鱼的形象，表明当时已开始了捕捞金枪鱼的活动。有可能腓尼基人在地中海西部引入或改进了捕捞鱼类（尤其是金枪鱼）的方法，包括使用鱼叉。鱼类捕捞需要众多渔船的合作以及巨大的渔网体系，才能将大批迁徙中的金枪鱼诱捕并转移到封闭的网箱中。时至今日，西西里岛和卡拉布里亚的渔民仍在使用类似的技术——被称为“马坦扎”（mattanza，意为屠宰）——来捕获和杀死大量金枪鱼，这种正在逐渐消失的做法一直因其残酷性和对金枪鱼渔业持续性的消极影响而受到严厉批评[47]。

18 世纪关于西西里捕获金枪鱼的蚀刻版画

希腊人

根据时序安排农事，

这样谷仓里就会堆满节令食品。

正是辛勤的劳动使人拥有了畜群和财富，

当一个人工作时，他就与神灵更加亲近。

工作绝不是耻辱，令人蒙羞的恰恰是懒惰：

如果我们劳动，增长的财富会令那些懒汉艳羡，财富与荣誉将结伴而来。

凡人耕种的时间到了，

快带领你的奴隶们一起！

在耕种的季节要翻松土壤，不论土壤是湿是干。

抓紧清晨的时间，这样才能期待将来有满满的收获。

在春天犁一次地，在夏天重新再犁一次，土地不会欺骗你。

在土壤还松软的时候播种：

新播种的田地请勿让孩子们踩踏……

但那时我们也可以稍事歇息，在岩石的阴凉里尝尝比比利斯（Biblis）葡萄酒，

用大麦和牛奶制成的蛋糕，变干的山羊奶酪，

那些在树林里放养的尚未生育过的小母牛的肉，

和初次降生的小牛的肉，我还要喝着烈酒，

坐在树荫下，对食物感到心满意足。

我转过头去迎着阵阵西风，

从永不枯竭的泉水中取三份水，然后倒入一份葡萄美酒……

当猎户座和小天狼星升入中天，

9月中旬我看到玫瑰色的曙光，

将所有的葡萄，珀塞斯（Perses），把它们都收割回家，

在阳光下晒足十个日夜，

然后在阴凉处放置五天，到第六天便可以倒入酒瓮，

这便是永远令人欢欣的酒神狄俄尼索斯的礼物。[48]

至少在诗人赫西奥德（Hesiod）看来，古希腊农民的生活就是这样。上文节选于公元前7世纪左右的长诗《劳动与光阴》（*Works and Days*），在诗中作者请他的弟弟珀塞斯照料这片土地以便结出果实。但不幸的是，珀塞斯后来在腐败法官的帮助下夺取了父亲遗赠给诗人的部分财产。与关注英雄、勇士与战争的荷马不同，赫西奥德着眼于那些在田野里劳作的人的日常，他们经常在那些拥有庞大庄园的土地贵族的统治下遭受不公对待。除了农事提醒外，这位诗人还向他的兄弟提供了有关航行和贸易的建议，比如将一小部分货物装上船，将大部分财产留在土地上。偶尔的粮食短缺甚至饥荒使得本就存在的物资匮乏与营养不良雪上加霜[49]。由于社会不公、披星戴月的辛苦劳作以及酿酒、航海技

鲜鱼是希腊人最喜欢的菜肴之一。红绘陶，公元前 350 年—公元前 325 年

术的发展，一批希腊人迁移至地中海西部、黑海沿岸和意大利南部，在那里建立了一些殖民地。

在本土和意大利殖民地的希腊人都深切意识到自身与邻国文化上的鸿沟，他们将临近的这些民族视作“野蛮人”。根据人们在社会和政治习俗以及道德上的差距，希腊人认为城市居民比农民文明，而农民又比游牧民族更文明[50]。这种等级的优越感渗透到了社会生活的方方面面，包括饮食风俗。因为与定居农业息息相关并对自然景观具有明显的转化力，小麦、葡萄酒和橄榄油被认为是文明的有形象征。但是，这三种作物的意识形态地位其实大于它们在生活中的实际应用。事实上，确保普通百姓生存的不是小麦（以面包或稀饭的形式），而是大麦（烤成饼干或煮粥）、黑麦、燕麦和小扁豆。这些食物构成了主食，其余品种仅被视为副食，其中包括新鲜或腌制（盐腌、风干或熏制）的蔬菜、鸡蛋、奶酪、肉和鱼等。尽管这些副食都制作得很简单，但希腊人还是会吹嘘他们能负担得起的食物和市场上供应的美味佳肴，反映出货币经济、手工业和广泛的商业网络的扩张。由于在当时野味和狩猎是乡村生活（如果不算是半游牧民族）的代名词，通常被认为是野蛮人才做的事，因此总体的肉类消费十分有限，并一般与宗教祭品联系在一起[51]。雇佣的厨师通常负责屠杀大型动物，如果进行大型献祭的家庭剩下的肉吃不完，他们还负责帮忙卖肉。至于较小的动物或家庭献祭，任何家庭成员都可以来完成必要的仪式[52]。

“野蛮人”的饮食因为不具备希腊式的精细和享乐的克制而常被指摘，他们有时甚至吃生食。希腊的饮食，尤其是公共宴会，在政治生活中发挥了重要作用，旨在将所有自由的男性公民凝聚在一起。上层阶级的私人餐会是为了加强成年男性之间的社会和文化纽带，这些成年男性包括那些不会回请的人，即“在旁边吃饭的人”（parásitoi，意即寄生虫）[53]。私人宴会的组织相当用心，一般在“男士专用房间”（andrón）里进行。用餐的客人一边斜躺在墙壁周围的沙发上，一边吃饭。当客人较多或者当主人想给人留下深刻印象时，雇佣厨师会与侍从和“搬桌椅的人”（trapezopoiós）一起上阵，后者负责布置餐桌和其他次要任务[54]。菜肴先放置在第一组餐桌上，一旦食用完毕就会连桌移走。这种情况下的食物通常丰盛多样，且包括肉和鱼。在用餐之前先上开胃菜，最后还有水果和坚果。

地位体面的女性不会出现在这些社交活动中，她们通常在男人之前进餐，在宗教献祭的时候也是如此。而女奴隶、舞者和妓女作为一种娱乐方式允许出现在宴会上。奢侈的大餐之后通常还会举行一个简单的酒会或一个被称为“共鸣”（sympósion，字面意思就是“一起喝酒”）的复杂的饮酒仪式。仪式中餐桌被移开，奠酒祭神，伴随着祈祷，然后由宴会主人决定酒和水混合的比例[55]。当然，并非每顿饭都是精心制作的或具有社会意义，也并不是每个人都能负担得起这样的宴会。地位较低的希腊人很可能还是坐着吃饭而非斜倚着，斜倚的姿势在荷马时代仍然被认为是英雄的行为习惯。希腊人将早餐称为 akrátisma（来自 ákratos，意思是“无水，未混合”），一般是面包蘸酒；正午饭称为 áriston（在荷马的作品中这个词仍然表示“早餐”，也许表示安排在白天不同时间的用餐）；晚餐是 deîpnon（通常是一天中最丰盛的一餐）。

在食物制备和消费的过程中所形成的习惯、信仰和价值观，是希腊人在意大利南部和西西里岛东部建立的殖民社会结构与物质文化的一部分。这些移民原本在希腊生活的地区主要由丘陵和山脉构成。从公元前 8 世纪开始，希腊人口快速稳定地增长，本就有限的耕地上压力倍增，生活在大地主压迫之下的农民纷纷起来抗争[56]。为了解决这个问题，希腊城邦的领导人把一些青年男

在宴会或“共鸣”饮酒仪式上，一个青年正用酒壶从喷口罐中取酒，准备再倒入浅杯（左手持）中。阿提卡地区的红绘陶圆盘，公元前 490 年—公元前 480 年

性，也就是农村人口中最容易制造麻烦的一群人，派到其他地方建立殖民地。他们一般在殖民地创始人的领导下行动，后者与故乡的城邦保持着联系。无论这些旅行者决定登陆何处，母邦都会为他们提供船只、旅途所需的食物和农业种子，以便在新的处女地开展农业活动。在德尔斐神庙中求取的阿波罗神谕会帮助旅行者确定他们的目的地，那里的祭司通过来自地中海各地的无数朝圣者获取了有关神谕的大量信息[57]。

第一个希腊殖民地皮特库斯建立于公元前770年，位于伊斯基亚岛，距现在的那不勒斯不远，也是移民们到达的最远处。随后建立的一系列殖民地随着时间的推移逐渐发展成为真正的地中海强国和文化中心，例如普利亚的塔伦图姆和库迈、卡拉布里亚的锡巴里斯和克罗托内以及西西里岛的希拉库塞和阿克拉格斯（即今天的阿格里真托）。毕达哥拉斯在克罗托内完善了他的素食理论。塔伦图姆因一种能产出高品质羊毛的特殊绵羊和丰富的小麦作物而闻名，还可供出口。锡巴里斯积累的财富使该城豪华的宴会和过分追求享乐的居民在整个地中海都声名狼藉[58]。

尽管不同民族之间的物质文化不同，文献资料也否认有通婚现象，但从考古遗迹来看希腊人确实与当地人通婚并学习了一些当地习俗，例如丧葬礼仪和更加平等的社会结构等，至少在殖民之初如此。同时，内陆的原住民倾向于聚集在更大的城市中心并组织起来，可能是为了更好地与新移民进行谈判。直到后来殖民地发展到西地中海地区，经济水平在周围没有对手，意大利的希腊移民才再次拥抱本土的文化，重申了他们的族裔身份[59]。殖民者们在容易防守的地方（如山顶等），建立自己的城镇，并需要考虑周围地区耕地的可用性。地形不规则、法律纠纷和传统习俗导致耕地分割极其破碎，处处设立着低矮的围墙和沟渠。历史学家埃米利奥·塞雷尼（Emilio Sereni）将这种在今天的意大利仍然可见的用地模式定义为“地中海花园”：“封闭的不规则地块，主要是保护乔木和灌木丛免受放牧动物的侵害，以及果实免受农人的偷盗。”[60]

希腊人在将橄榄、葡萄、酸豆、芦笋、白菜、茴香、大蒜、洋葱、牛至、罗勒和其他原本生长在地中海东部的蔬菜引入意大利南部的过程中发挥了重要作用，同时也带来了先进的种植技术，比周围的民族更具优势。例如，由于高温和生长期缺乏降水，希腊人利用干燥的木桩或靠近地面的低矮树种植葡萄。还有连同特定的食材一起带来的烹饪原则和文化内涵，例如小麦、橄榄油和葡萄酒的意识形态相关性，对这些食品的消费使希腊人的文明生活与“野蛮人”泾渭分明。随着殖民地的发展，这些作物吸引了商人和工匠的目光，他们对值钱的农作物进行买卖和贸易，特别是葡萄酒和橄榄油，这样这些商品不仅回到希腊本土，还传播到地中海沿岸各地[61]。尽管意大利的希腊殖民地接受了当地的饮食文化，但仍然出现了一些新的特点，这可能是与邻近的古意大利诸民族长时间文化交流的结果。比如被称作皮拉米斯（pyramis）的甜品，是将烤麦子和芝麻用蜂蜜黏在一起的一种圆锥形的食物；普拉库斯（plakús），一种用面粉和坚果制成的派；还有卡乌达罗斯（káundalos），一种由煮熟或烤制的肉混合面包屑、奶酪、莳萝和高汤制成的食物。来自库迈岛的贻贝非常有名，被镌刻在当地的硬币上。

意大利的希腊殖民城市对希腊美食最独创的贡献可能是美食学，即对饮食的文学性反思。在希腊作家的作品中能看到的与饮食相关的内容，多是在喜剧中以食物作为社会批评的目标和使观众发笑的笑料，但在意大利尤其是西西里岛，一些作家把食物作为反思的重点，赋予饮食更大的文化意义（需要更高级的书写技巧）。我们知道的第一个西西里作家是米萨科斯（Míthaikos），可能生活在公元前 5 世纪，因撰写第一本烹饪书而著称。柏拉图的对话录《高尔吉亚篇》（*Gorgias*）和阿特纳奥斯（Athenaeus）写于公元 3 世纪的《智者之宴》（*The Deipnosophists*）中都提到了米萨科斯[62]。在后者看来，西西里美食学也发展出了自己的一些专用词语，诸如 gutting（"去内脏"）、rinsing（"冲洗"）、filleting（"嵌缝法"）等[63]。阿特纳奥斯提到的烹饪作家有来自卡拉布里亚的格劳科斯（Glaucos），来自塔伦图姆的赫吉斯波斯（Hegésippos），而费罗赛诺斯（Philóxenos，可能来自柳卡斯）则是一本以食物为主题的诗集《晚餐》（*Dinner*）的作者。更有名的还有来自锡拉库萨或格拉的阿基斯特拉托斯（Arkhéstratos），他的诗集《豪华生活》（*Hedypatheia*）也被阿特纳奥斯引用。从目前还能看到的残留的文本片段中，我们可以推测阿特纳奥斯交游甚广，他能给出每种食材和菜肴的最佳产地，并提供有关烹饪的信息。通过阿特纳奥斯，我们第一次接触到一个在美食学上经常出现的概念——品质与具体产地之间的直接联系，后者保证了前者的纯正[64]。

凯尔特人

正如我们所提到的，希腊殖民地与伊特鲁里亚人和腓尼基人卷入了长期冲突，争夺对地中海贸易的控制权。负责打仗的经常是来自当时已知世界各个部分的雇佣军，其中一些就是来自阿尔卑斯山地区的凯尔特人。这一部族可能是侵入中欧的印欧人的后裔，起源于所谓的哈尔施塔特（Halstatt）文明，该文明带来了使用铁器以及将死者火化而非埋葬的传统。从公元前 8 世纪开始，凯尔特人占领了从今天的匈牙利、波兰南部一直延伸到法国东部的领土，发展出使用马和有着辐条车轮的战车作战、以精英人物拥有更精美墓葬为特征的文明 [65]。罗马人将分布在今天法国一带的凯尔特部落命名为高卢人，将袭击今天希腊和土耳其一带的凯尔特部落命名为加拉太人。凯尔特精英们显然消费了大量葡萄酒，这些葡萄酒购自地中海周围的希腊殖民地，并沿着罗纳河运到欧洲中部。贵族们喜欢炫耀自己的财富，需要稳固追随者们的忠诚，因此大量购买希腊的酒具和其他奢侈品，这些都表明凯尔特人与他们的南部邻国（包括波河平原的伊特鲁里亚殖民地）建立了稳定的贸易网络 [66]。希腊人和伊特鲁里亚人经常雇用凯尔特人作为雇佣兵，而凯尔特人的工匠也在意大利各地工作 [67]。或许是阿尔卑斯山以南的财富的气息越过高山吸引着另一侧的部落，从公元前 5 世纪开始，凯尔特人逐渐从波河平原一直渗透到亚得里亚海，带来了新的葡萄栽培方式。今天摩德纳葡萄酒品种蓝布鲁斯科（Lambrusco）似乎就源自凯尔特人使用的野生葡萄变种［罗马人后来称其为 Labrusca，可能源自拉丁文 labrum（意为“边缘”）和 ruscum（意为“赤褐色的自生植物”）］[68]。

在希腊和罗马并不夸张的文学描写中，凯尔特人在以前被森林占据的大块土地上实行了先进的耕作方式，并建立了带有地窖、谷物仓库，专门用于扬场的农场[69]。他们还使用犁耕种各种农作物，根据定居地区的不同种植小麦、大麦、燕麦、黑麦、小米以及蚕豆、豌豆和野豌豆等豆类食品。凯尔特人还饲养牲畜，如牛、羊、山羊，尤其是猪[70]。现在专家们认为，当时凯尔特人的农业很发达，并且非常适应意大利北部的气候条件，罗马占领者们并没有带来多少先进的东西[71]。与希腊文化不同，在此地狩猎被视为一项高尚的活动，能够训练战士们战斗。竞技在上层阶级的宴会中起着重要的作用，被看作加强忠诚关系和解决争端的机会，也是领导者展示自身实力和财力的途径[72]。

来自中欧的凯尔特人还发展出提取矿物质盐的技术，将盐用于调味和保存猪肉，一般是塞入动物肠的肠衣中。罗马人很欣赏阿尔卑斯山那一侧由凯尔特人制作的火腿和香肠，可能也是从凯尔特人那里学习了如何制作火腿[73]。罗马人建立的韦莱亚（Veleia）[今天的萨尔索马焦雷（Salsoma-ggiore），意为“伟大的盐之地”]殖民地在帕尔马的盐水泉附近，几个世纪后这个凯尔特人城镇因熏火腿和干酪闻名于世，而两者的生产都需要盐[74]。尽管凯尔特人具有相当多的农业技能，但他们仍然利用环境优势狩猎、钓鱼、采集蘑菇和浆果。他们还在森林里养猪，猪的广泛养殖提供了丰富的可食用肉[75]。

随着时间推移，凯尔特人不断向意大利中部进攻，并与当地民族融合。公元前390年凯尔特人抵达罗马，并撤退到亚平宁山

脉另一侧的据点。然而事实证明，凯尔特人与正在崛起的罗马之间的较量是不可避免的。

罗马：地中海的新角色

作为由台伯河周围山丘上的小村庄组织并发展起来的部落，罗马的经济最初建立在放牧和附近平原的共有耕地上，一些学者指出这可能是“公共事务”这一政治概念的起源[76]。在伊特鲁里亚人的控制下，第一批罗马人采用的是与邻近的古意大利部落相似的饮食方式，以谷类食品如二粒小麦和斯佩尔特小麦为基础，咀嚼生食，但也加入汤中，或稍加烘烤和研碎后制作成伊特鲁里亚风格的麦粒粥。人们可以在其中添加豆类、野菜和其他蔬菜，因此添加到主食中的任何东西都可被称为“加料”（pulmentarium）。豌豆、鹰嘴豆、蚕豆、小扁豆和野豌豆在饮食中都起着重要作用[77]。小米和大麦被广泛食用。大麦用来做成一种被称为“波伦塔”（polenta）的粥，在现代意大利语中该词用来表示意式玉米粥。谷物面粉被揉成面团，制作成不发酵的烤饼。公元前 3 世纪，免脱粒小麦品种的引入带来了小麦产量的增加，提供了更多的贸易谷物和供食用的不发酵面包——一种在烤箱灰烬中以及热黏土或金属瓶外壁上烤制的面包[78]。随着磨制和筛选面粉的技术变得越来越复杂，面包制作成为专门面包师的工作，由国家负责管理。

在罗马时代早期，家庭一般没有专门的房间用来准备饭菜，因为食物是在固定的炉床上或在可移动的火盆上烹饪的。厨房作为独立分割的空间在公元前 2 世纪后才出现，通常位于房屋的后部。罗马人家庭中可储存的食物（penus）包括盐腌猪肉、奶酪、蜂蜜和橄榄等。

这些食物如此重要，以至于家庭保护神的名字都由此而来，即佩纳特斯（Penates）。这些古老的信仰一直保留着，佩纳特斯在厨房中也一直占有一席之地，即便后来开始流行供奉火神

磨麦子的石磨，庞贝遗址

维斯塔（Vesta），或其他保护神如拉雷斯（Lares）和基尼乌斯（Genius，代表父亲的生殖力）受到重视之后也是如此[79]。直到罗马帝国建立之前，城市中罗马民宅周围很少有果园可用来种植果蔬，如萝卜、唐莴苣、芦笋、朝鲜蓟、胡萝卜、韭菜、洋葱、大蒜、生菜等，尤其是白菜，被认为特别营养和健康。

罗马人将他们的食物分为"收获物"（fruges，即农业的产品）和"野味"（pecudes，即野外放牧的牛以及猎人提供的猎物等）。尽管收获物被视为农业文明的象征，具有更高的地位，但野味作为祭祀仪式和宴会的必需品也是必不可少的[80]。事实上，早期的罗马人很少吃肉，仅限于庭院饲养的家禽、猪和羊。奶牛仅在祭神、宗教宴会和重要庆祝活动（例如婚礼和分娩）时宰杀。牛的价值珍贵，会被用作商业交易中的价值衡量标准，因此从拉丁文 pecus（"牛"）衍生出了 pecunia（"金钱"）。只有家养的牲畜才能用来祭神，还需要在专门的屠牛市场（forum boarium）上宰杀。献祭仪式突出了屠夫的重要性，并依仗他们广受称赞的屠宰技能，尽管屠夫相对于肉商来说地位较低。肉商们主要关注的是牛，描绘屠夫店面的浮雕画中通常会出现猪的形象[81]。

由于农用动物的肉通常又老又硬，所以牛肉大多先煮后烤。献祭的动物被撒上酒、牛奶或盐和磨碎小麦的混合物，称为"盐饼"[mola salsa，动词 immolate（"献祭"）源自此]。心脏、肺部和肝脏被认为是最珍贵的器官，要献给神灵，肠子等则被分开用作肠衣，以保存肉类或其他食品。在祭神仪式之后的宴会上肉类就被吃掉了。当献祭家庭负责提供家庭祭品时，由一些大祭司组成的名为“教宗”（Pontifices）的机构负责控制专用的公共祭品。野生动物是“无主资产”，不属于任何人私有。早期的猎人通常是家族的仆人，因此打猎一事常与下层阶级联系在一起。随着与地中海东部的交流越来越频繁，用围栏建立专门的狩猎场所也越来越常见，并逐渐成为一种希腊化的上层阶级休闲活动[82]。

鱼类的消费较少，直到罗马共和国末期，海鱼和牡蛎养殖才成为重要的经济活动，特别是在那不勒斯附近的沿海地区。那时的别墅已经设有人工池塘以便为私人宴会提供鱼类菜肴[83]。随着流行趋势的变化，最受欢迎的鱼类品种会有所不同，常见的有鳗鱼、章鱼、红鲻鱼、鲟鱼和海鳗等[84]。专门宰杀献祭鱼类的鱼市（forum piscarium）后来被纳入了专门出售肉类和禽类的场所［macellum，即现代意大利语 macello（“屠宰场”）和 macelleria（“肉店”）］的源头[85]。猎杀的野味和其他未作为祭品的肉类在屠宰场并不罕见，尽管有些学者认为罗马的所有食用肉都是剩余的祭品[86]。蔬菜则在蔬菜市场（forum olitorium）中出售。

绵羊和山羊奶酪、鸡蛋、蜂蜜、水果（例如苹果、梨和无花果）是罗马人饮食的组成部分。盐起着非常重要的作用，不仅因为其营养价值，也因其保存食物的功能。罗马的早期发展可以部分归因于台伯河口的盐业生产收入，产出的盐储存在阿文丁（Aventine）山下的仓库中。猪肉腌制技术的改进或许是从半岛北部的凯尔特人那里习得的。伊特鲁里亚人带来的橄榄油在早期的罗马饮食中并没有太大影响，但随着时间的推移变得越来越普遍，葡萄酒生产技术的进步则受到希腊的影响。

早期的罗马人每天只有一顿正餐，通常在下午早些时候食用，包括粥、配有蔬菜或豆类的意式烤饼。早起也会略吃些东西。随着生活条件得到改善和军事胜利带来的奴隶人数激增，食物消耗量大增，饭菜安排也复杂起来。专业厨师（coctor，源自希腊语coquus，cook 一词的起源），在上层阶级中很受欢迎，但是在重要场合雇主插手指挥厨师的情况也并不少见。后来下午的正餐被推迟到傍晚时分，过程迅速且在屋外食用的一顿餐食成为午餐。在较富裕的家庭中，正餐经常与朋友和客人分享，其丰富程度显示了主人的财富和实力。有名望的公民家中会集聚许多被称为“食客”的平民和穷人，他们宣称对主人的忠诚以及政治上的支持，以换取保护和包括食物在内的物质报酬。

古代意大利的葡萄酒

葡萄酒是风靡整个地中海和亚平宁半岛的饮品。伊特鲁里亚人的葡萄酒生产在公元前 7 世纪左右蓬勃发展，维持着通往罗马和北部凯尔特人部落的贸易网络。伊特鲁里亚人发明了一种新的葡萄种植方法，使植物能够充分利用意大利中部和北部湿润肥沃的土壤。葡萄藤蔓可以绕着周围的树自由生长，从一棵树攀缘到另一棵，离地面很高。这种种植方式可以使农民能够在同一块地里再种植其他农作物，后来被高卢人采用，高卢人种植的葡萄后来被罗马人称为“高卢灌木品种”。这个凯尔特人部落后来在波河平原一带取代了伊特鲁里亚人。

从一开始，意大利南部的希腊殖民地就与葡萄酒的生产息息相关。库迈的葡萄酒可能是后来罗马人的葡萄酒法莱努姆（Falernum）和当代葡萄酒法朗吉纳（Falanghina）的祖先，是意大利最受赞誉的葡萄酒品种之一。来自巴西利卡塔地区的另一种广受欢迎的葡萄酒可能是今天的艾格尼科（Aglianico）葡萄酒品种的祖先，其名字可能源于Hellenikos，意思简单来说就是“希腊”。除了用于正式宴会和“共鸣”仪式，葡萄酒也是制造欢乐气氛的重要元素。

通过引入新的普通葡萄品种、更好的酿酒技术和更先进的陈化方法，希腊人在罗马共和国时期及后来的帝国时期都极大地影响了罗马葡萄酒的生产。为了增强酒的储存效果，人们尝试向葡萄酒中添加各种物质，例如树脂、沥青、白垩甚至海水，或者将葡萄酒熏制。起初口碑最好的葡萄酒是从希腊进口的，但是随着时间的推移，亚平宁半岛的一些葡萄酒也获得了声望，例如来自今天坎帕尼亚大区的葡萄酒品种法莱努姆（Falernum）、特里佛里努姆（Trifolinum）和维苏比乌斯（Vesbius，得名自维苏威火山），来自西西里岛墨西拿的马迈蒂努姆（Mamertinum）和威内托的普奇努姆（Pucinum）。由于巨大的商业价值和整个地中海地区的丰富需求，葡萄酒开始有组织地大量生产，通常是在罗马地主阶级所有的巨大的农场里。

酒神巴库斯和维苏威火山（喷发前）山坡上的葡萄园，罗马时期壁画残片

在一些世俗、宗教和家庭场合，晚餐可能会变成宴会。公共宴会在罗马共和国成立初期发挥了重要作用，不仅是节日期间献祭众神的延续，还常与城市的政治和军事生活联系在一起。例如，邻里社区和贸易行会会组织一些包括共同聚餐在内的庆祝活动[87]。对许多城市居民而言，这些公共活动是进餐的好机会，至少可以暂时减缓由食物紧张引起的焦虑[88]。随着罗马的城市人口不断增加，后来只有元老院成员和特定祭司团体才有权参加公共宴会。然而与此同时，富裕的精英们却开始大摆筵席以增加自己的名望。其中许多活动是在萨图纳里亚（Saturnalia）节日期间举

行，这一节日专为纪念宙斯的父亲收获之神萨图恩（Saturn），大约在现代历法的 12 月下半月举办。在庆祝农业劳动成果的节日中，平日的礼节习俗允许被颠覆，这样仆人和奴隶就不必再在主人面前毕恭毕敬，他们甚至可以在餐桌上暂时交换角色。我们已经领略过社会角色转变带来的狂欢气氛，这也成为四旬斋①开始前的基督教庆祝活动“狂欢节”的核心[89]。

早期的罗马人是坐着用餐的，但受希腊习俗的影响，他们开始在正式场合斜躺着就餐，且只有男性可以参加这种形式的用餐。后来女性也被允许参加，但她们经常坐在配偶旁边，并不是以伊特鲁里亚风格斜躺着。在宴会中，食物会放在客人面前的三脚矮桌上。先是开胃菜，包括鸡蛋、蘑菇、牡蛎和沙拉等小吃。主菜通常由肉类和蔬菜构成，被称为第一道菜。这顿饭以茶点结束，包括无花果等水果以及坚果和甜品，被称为第二道菜。有时，主餐之后是模仿希腊饮酒仪式的酒会，但免去了祷告一环。男性客人们可以继续饮酒交谈，维系社会关系，稳固阶层地位。

在罗马人有历史记载的第一个世纪，他们经常在火神和家庭守护神拉雷斯所在的露天房间里用餐，这个空间被称为中庭（atrium，由拉丁文 atrum 而来，意为“煤烟的黑色”）。后来，用餐地点选择在二楼的封闭空间进行[90]。私人用餐的空间还保留着一些源自宗教对应物的文化元素，通常是迷信的表现形式。餐厅就是世界的缩影：天花板被看作天空；餐桌象征土壤和生长的作

① 复活节前一个为期 40 天的大斋期。

物；地板则代表被亡者统治的地下世界，因为考古发掘中会在这里发现人体骨骼和其他死亡的象征；食物掉落在地板上就变得不再纯净，应喂给狗吃或在为拉雷斯燃烧的火中烧掉[91]。

罗马的扩张

罗马从公元前3世纪开始在亚平宁半岛拓展自己的势力范围，首先是向半岛南部扩张，然后向北占领了伊特鲁里亚人和凯尔特人的领土，并建立了新的城市科洛尼亚［Colonia，英语中的colony（“殖民地”）一词便由此衍生而来］。被征服者与罗马人之间的关系并不算融洽，尤其因为罗马向他们征税征兵，但又不给予其任何政治利益和地位[92]。直到后来罗马向地中海扩张时，亚平宁半岛上早先被征服的居民才获得正式的罗马公民身份。地籍图反映了当地居民与征服者之间的司法关系，显示出罗马文化的渗透。被占领的土地被认为是公共财产并重新分配给罗马公民，分配依据一种被称为“百法丈量分配”（centuriatio）的模型，在该模型中土地被南北向和东西向垂直相交的线划分成网格。这就确定了界限（殖民地的外部界限）、道路和用来排掉多余水源的沟渠。时至今日，尤其是在波河平原上，田地的位置和几何形状、田野外缘的成排的树木、道路的方向，甚至是管理水体的沟渠设置，仍然反映着古罗马时期殖民地的布局。

在新分配的土地上，罗马农民延续着小农经济的形式，雇用管家和数量有限的奴隶来协助生产。这种古老的模式在整个共和国扩张期间一直作为一种隐性的标准。部分新获得的土地被称为“康帕斯库”（compascuo），开放给公众使用或放牧牲畜。在前伊特鲁里亚人的领地上，尤其是在南部地区，这种模式推进的效果较差。南部地区在希腊殖民大城市的专制统治下，类似地中海花园的封闭小地块正在逐步消失，统一为较大的农场来种植经济作物。此外，在这些地区，由于与迦太基的战争带来的毁灭性破坏和紧随其后的疟疾扩散，抛荒地比例更大。正是由于对无主土地的分配进展缓慢，一些农民建起了基于大量奴隶劳动力生产的广阔庄园（villa rustica）。庄园中心是地产所有者的房子（villa urbana），象征着财富和精致的生活。随着时间的推移，构成罗马经济支柱的小农户们常常被迫参军或进入城市成为有偿劳动者[93]。

原先干旱或收成不佳时，罗马经常从意大利其他地区（主要是坎帕尼亚的希腊和腓尼基殖民地、西西里岛和撒丁岛）购买谷物，也包括其邻居伊特鲁里亚部落。随着罗马自身逐渐发展成大都市，城市人口越来越依赖于进口小麦。由于从新征服的波河平原运输农作物到罗马，要比从西西里岛和撒丁岛运送成本更高，因此亚平宁山脉以北的农民们发觉用谷物饲喂猪或者将增值的火腿和培根运到罗马，比出售谷物更有利可图[94]。贸易导致的冲突无法避免，罗马先与西西里岛的希腊殖民地发生冲突，后与迦太基发生冲突，因为迦太基控制了地中海西部的小麦贸易以及北非的小麦生产。罗马多次发动对迦太基的战争。在最初的争斗中，罗马建立了自己的第一支舰队，占领了西西里岛和撒丁岛，后者

迅速成为崛起中的罗马共和国的粮仓。最终，罗马战胜了迦太基并控制了其海上贸易帝国，使本国的小麦供应更有保障[95]。

因此，面包变得更加常见和便宜，开始在罗马人的文化认同中发挥核心作用，以至于首都的民众认为食用面包是应得的权利。然而为罗马人供应口粮不是一件容易的事，政治领导人指派了专门的行政人员——市政官——来负责确保市场上的价格公平。罗马市政还十分关注城市内部的用水分配，通过先进的渡槽系统将水送到公共喷泉，以及极少数精英阶层的住所。水可以煮沸、加热或冷却后饮用，并经常与醋混合成所谓的“酸酒”。这种饮料在罗马军队中很常见，军人们可以在军事配给中得到醋。酸酒在《新约》的福音书中还被描述为在十字架上献给基督的饮料。有时，水中加些蜂蜜制成蜂蜜水或蜂蜜酒，即发酵成酒精饮料[96]。为军队提供食物也是一项复杂的工作。军人们分配到的口粮主要是小麦，磨碎后烤成硬钉状，称为烤饼。小麦在转磨中进行碾磨，每八个人拥有一具转磨，在行军时与其他烹饪工具和帐篷一起由骡子驮着。口粮中还包括橄榄油和一定量的盐［salarium，拉丁语为 sal，从中衍生出了现代英语中的 salary（“薪水”）一词］[97]。

征服迦太基之后，罗马与地中海的联系更加紧密，在地中海东海岸建立了商业据点。在接下来的两个世纪中，罗马占领了西班牙、希腊、中东、法国和埃及，以至于罗马人将地中海称为“我们的海”。在亚历山大大帝去世后，他的征服范围内发展出的泛希腊文化逐渐被罗马文化渗透。学者安德鲁 · 达尔比（Andrew

Dalby）注意到：

> 通过雇佣希腊和东方厨师、进口希腊和东方美食并支付高价、努力移植希腊和东方植物品种、为食物和菜肴取希腊名字等方式，罗马人展示了他们以几乎不加鉴别、照单全收的态度，来追寻希腊文化和东方式奢侈品的雄心。[98]

各种原材料、农作物和奢侈品从罗马征服的新行省源源不断地运回意大利，迅速提高了本土的生活水平，使古意大利民族的融合进程更快、更深入。

但是，新行省奴隶充足的地区出产的大量价格低廉的小麦造成了意大利传统产区的危机。农民经常被迫离开肥沃的土壤，去耕种那些亩产极低的边缘土地。随着燃料使用、建筑业和造船业对木材的需求不断增长，森林砍伐加剧了。意大利各地的许多小土地所有者出售田产并成为劳工，或为了寻求更好的生活而在整个地中海地区迁徙。土地所有权结构的转变刺激了农业投机；富裕的罗马人趁机扩大了他们的庄园，这些辽阔庄园的业主们发现，生产市场价值高的经济作物如橄榄（普利亚和巴西利卡塔地区）和葡萄（拉丁姆、坎帕尼亚和托斯卡纳地区）等，更加方便且经济实惠。庄园的土地供应增加没有促使技术创新以提高亩产，因为随着新殖民地的征服，奴隶数量也大量增加了，以往的生产模式仍然能够维持。随着罗马帝国在地中海的扩张，一些异域物产如樱桃、木瓜、桃和杏以及珍珠鸡、孔雀之类的禽类，开

始出现在富裕阶层的餐桌上。烹饪这些新奇美食的香料多来自帝国东部地区，来自那些连接着地中海、红海、印度洋及更远地方的贸易路线[99]。

尽管精英阶层的财富不断增长，食品的消费量不断增加，但饮食习惯的理念基本没有改变。节俭仍然被认为是一种美德，慷慨招待客人也会被高度赞赏。道德或政治腐败被描述为广泛存在的行为，包括堕落和贪吃。尽管农业越来越依赖于商业往来，但产粮的独立性和自给自足仍然是土地贵族的理想选择[100]。诗人贺拉斯在他的《讽刺诗集》（*Satires*）中有一个著名的故事，一只乡村老鼠被城里的老鼠说服搬进了一座城市，起先被城市的丰富和奢华吸引，后来却发现实际上城市环境比乡村生活更加危险[101]。尽管如此，在讽刺诗中，罗马宴会还是呈现出明显的矛盾，即对城市创始者的节俭之风的敬佩和发挥就餐习俗的社交功能之间的矛盾[102]。尽管受到谴责，但酗酒行为会因性别和社会地位的不同而被区别对待[103]。为了遏制种种滥饮暴食的行为，公元前 2 世纪颁布了禁止奢侈浪费的法令，公元前 180 年颁布了一项法律来限制晚餐邀请的人数，还有其他法规限制婚礼和节日的支出。公元前 78 年，来自东方行省的稀有物种（例如睡鼠）的消费被明令大加限制[104]。

罗马帝国的地中海时代

在完成公元 1 世纪从共和国向帝国的政治过渡之后，罗马成为复杂而广泛的商业网络的核心，势力范围北至波罗的海地区和俄罗斯干草原，南到撒哈拉以南地区，东达波斯湾、印度及更远的地区。宴饮的社会和政治意义也更加凸显。贸易的主要内容是大宗的作物，从相对较近的地区（例如西班牙、北非和叙利亚）运到罗马。但那些被视为财富、声誉和地位标志的高价值、低重量的奢侈品也是贸易的重要内容。香料市场附近的维斯帕先和平神庙（Vespasian's Temple of Peace）内的果园被视为异域花草的植物园，象征着罗马统治的遥远的土地[105]。

庞贝古城遗址和许多其他的古罗马遗址中出土的绘画、马赛克、浮雕、餐具以及骨头和其他种类的生活垃圾等，已经证实了古代作家们关于宴会和烹饪习惯等的记录与描写[106]。帝国精英参加的晚宴一般在可以招待客人的多功能房间里进行。正式用餐时，该房间可能被称为三斜卧铺（triclinium），名称来自三张可供客人躺卧的床。在宴会中，上层阶级的妇女比下层阶级的妇女参与得更多。从一些描绘宴会场景的画作上可以看出，女性也可采取斜躺的用餐姿势[107]。房间通常可容纳三张床共九位客人，但也有容纳可供更多客人使用的更大的床且床位超过三张的餐厅。由于客人用手指进餐，所以食物都切开以方便拿取，手边提供一碗清水用于清洗。贵宾座位通常在中间的床上，以便其他所有参加者都可以直接看到他[108]。然而，从公元3世纪初期开始，一种宽大的半圆形床有时会取代沿墙排列的矩形床，但新的布局中仍会保持贵宾的座位安排特点[109]。

关于宴会的描述，最好的片段之一是佩特罗尼乌斯（Petron-

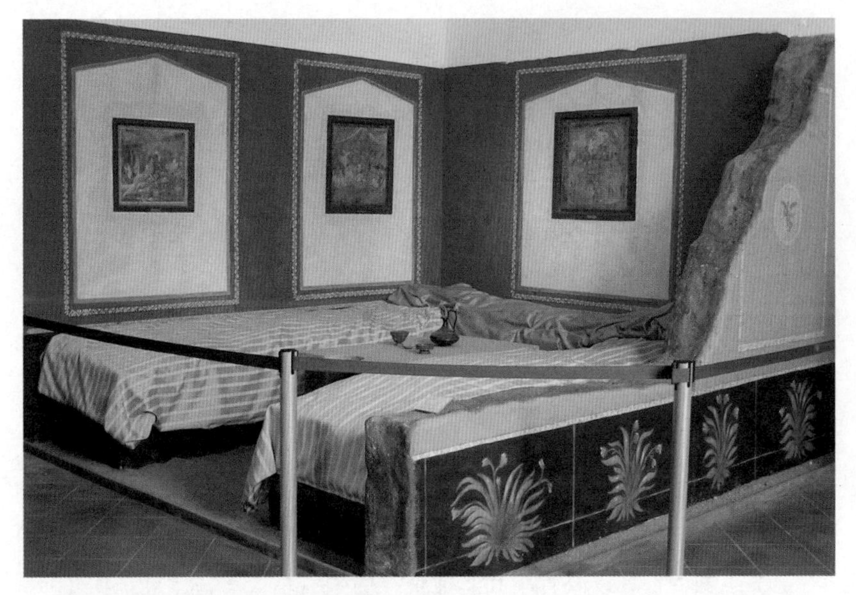

一张复制的罗马式三斜卧铺（家庭餐室内）

ius）的《萨蒂利孔》（*Satyricon*）——或许描写稍嫌夸张。在这个喜剧故事中，一个虚构的自由奴特里马尔奇奥（Trimalchio）喜欢夸口说自己所提供的食物全部来自他的田产，以使客人羡慕自己的财富。导演费里尼（Federico Fellini）在1969年的同名电影《萨蒂利孔》中，将这幕世界文学中最著名的美食场景呈现为视觉上的杰作，展现了菜式的奢华，包括做成十二星座形状的开胃菜和整只的烤猪，烤猪切开时里面还会滚落出香肠和肉块[110]。另一个获知帝国时期食品信息的重要资料是《烹饪艺术》（*De re coquinaria*），这是一组食谱合集，由生活在提比略皇帝时期的美食家马库斯·佳维乌斯·阿庇修斯（Marcus Gavius Apicius）在1世纪写成（然而，食谱可能是在2世纪至4世纪汇编在一起的）。食谱中提到了鸵鸟、骆驼和胡椒等异域食材，以及香肠、粥和栗子等较常见的食品[111]。众多食谱引人注目的特点是菜肴中用到的几种昂贵的调味品与香料，几乎必定会掩盖食材的原始味道。采用这种烹饪方法可能是宴会主人想要炫耀自己的财富、厨师的技能或者他本人的品位[112]。食谱是记录在骨片上的，缺少关于制备和配料的许多细节信息，此处选取了两种有关动物脑的食谱[113]。

第二辑：切碎物——脑肠

将胡椒、拉维纪草和牛至放入研钵，用肉汤浸湿磨碎，加入煮熟的动物脑并努力搅拌以免结块。再加入5个鸡蛋，继续充分混合，形成肉馅，可加肉汤稀释。将肉馅平摊在金属平底锅中，冷却后脱模到干净的桌子上，切成方便食用的大小。（现在准备调味料）将胡椒、独角莲和牛至放入锅中压碎，与肉汤混合，放入调味锅中煮沸，变稠后再过滤。将脑花布丁切片并在这种酱汁中彻底加热，装盘，撒上胡椒粉，搭配蘑菇菜肴。

第四辑：混合物——蔬菜牛脑布丁

将蔬菜洗净、切丝并煮熟，然后冷却沥干。取4个（牛犊的）脑，去除（外层皮和）细丝并煮熟。在研钵中倒入6撮胡椒粉，用肉汤润湿并压碎。然

> 后加入牛脑，再研磨一次，同时加入蔬菜，再把所有食材研磨成细糊状。现在加入8个鸡蛋、1杯葡萄酒、1杯葡萄干酒，尝一下味道。给烤盘刷油，（将混合物放入烤盘中）然后将其放在炉灰上方的加热板上，完成后（将其脱模并撒上）胡椒粉即可食用。

有关罗马帝国饮食习俗的许多信息可以从当时颁布的法律和法令中推断出来，例如戴克里先皇帝在公元301年颁布的律令，以及一些医学文章。实际上，在公元前4世纪到公元前5世纪左右的古希腊医学家希波克拉底的作品的基础上，古罗马医学家凯尔苏斯（Celsus，1世纪）和盖伦（Galen，2世纪）的著作进一步指出，食物在治疗理论和实践中起着重要作用[114]。凯尔苏斯和盖伦相信，健康的人体是四种“体液”平衡的结果，即血液、胆汁（黄胆汁）、黏液和忧郁质（黑胆汁）。每一种液体都表现出热、冷、湿、燥等不同的物理性质：血液热而湿，黄胆汁热而燥，黏液冷而湿，黑胆汁冷而燥。占优势的体液决定了人的健康状况和性格，并能从敏感性和体质的角度解释性别与年龄之间的差异。

妇女被认为特别容易浪费，这与其社会角色（负责管理储存工作）明显矛盾[115]。

由于人们认为疾病是某种体液过多的结果，因此摄取和消化具有相反特性的食物可以恢复健康的平衡。例如，如果一个人忧郁不安、体重减轻、眼窝下陷，那么代表体内冷而燥的黑胆汁过多，可通过食用热而湿的食材来平衡。随着罗马帝国的陷落和北欧、东欧的游牧民族的到来，这种医学智慧大都失传，仅有少量通过修道院保存了下来，这些修道院在拜占庭时期继续传承着古希腊和古罗马的一些文化传统。尽管基督徒最初并不被罗马社会接受，但他们还是吸收了自己所居住的地中海文化的许多元素。他们晨间的用餐仪式是古罗马宴会及其象征意义的延续。起初这个仪式是在晚上举行，在社区所有成员之间分享食物而不论其社会地位如何。后来，圣餐通过奉献和分享面包与酒这两种典型的地中海产品来纪念“基督最后的晚餐”，与普通用餐分开进行。随着时间的推移，普通用餐逐渐失去了仪式意义[116]。

在罗马帝国时期，下层阶级的餐食仍然十分简单，仍然主要是粥和蔬菜。面包变得更加普遍，奥古斯都皇帝在位时还成立了一个专门的办公室“阿诺纳”（Annona）以确保谷物价格稳定，但最好的白面粉仍是富人专享的。直到共和国后期，罗马还没有向各城市提供食物的船只，而是依靠有义务与阿诺纳合作的私人商贩运送。随着帝国的扩张，食品才开始直接从各行省进口到罗马，从而在各行省建立了有效的“命令经济”。官员们也收获了很多谷物作为税款或房租。为了避免首都发生社会动荡，阿诺纳办公室在罗马和后来的君士坦丁堡免费发放谷物给平民，从而限制了粮食价格波动和投机的影响[117]。

但是，航运通常在11月至次年3月暂停，其余时间也可能会因货运失误、天气恶劣或战争而延误或中断[118]。在大多数城市，精英阶层有责任避免粮食紧缺，因为紧缺的情况下首当其冲的就是政局不稳。精英阶层主要通过分发免费口粮来让城市民众感恩，同时，还通过粮食捐赠为自己的才干赢得声望并笼

络追随者[119]。正如历史学家布罗卡特（Broekaert）和祖德霍克（Zuiderhoek）所观察到的那样：

> 一旦帝国的一系列因素——例如度量单位、重量单位和货币单位逐步统一，希腊语和拉丁语成为通行语言，海盗袭击和战争平息，法律体系更加统一——能够降低交易成本并促进经济一体化，市场交易会在地中海粮食体系中扮演更重要的角色，但并未消除互惠性和再分配的问题。[120]

城市贫困人口则生活艰难，他们通常住在被称为“平民住宅”的巨大建筑物中。尤其是罗马郊外的穷人，他们无法依靠免费的食品分发或来自精英的捐赠过活。由于担心火灾，他们的居住区里通常没有厨房，因此倾向于外出就餐，从出售熟食、热食的商店买走饭食，这种商店被称为“熟食店”。在大街上吃一顿轻便的午餐并不罕见：由市政人员管理的带顶棚的小摊出售饮料、香肠和糖果。有钱人会让奴隶带着事先准备好的饭菜。也可以前往“塔贝奈”（tabernae）进行消费，该场所似乎能提供食物和葡萄酒；或者去“波皮纳”（popinae），应该主要是售卖食物。由于发掘遗址中柜台、储藏区和烹饪设施的存在，可以很容易地识别出布局的结构，但在考古现场很难完全区分饮食场所的不同类型和具体功能[121]。

由于店主的声誉不高，而且往往光顾的是一些不受人尊敬的客人，他们来此赌博或卖淫，上述场所往往声名狼藉，并经常

庞贝古城遗址，街边的“熟食店”

受到警察的检查。罗马人在没有亲朋投靠的城市里可以住在旅馆（hospitia）里，旅馆一般提供房间、膳食和马厩，位置通常位于城门附近或邻近热门场所，例如广场、公共浴室和剧院。在城市之间旅行时，旅行者可以去一些乡村小餐馆，也可以入住由政府机构开办的旅馆（mansiones）。赶路的人也不必担心找不到木材生火或者找不到盐来调味，公共工作人员会将这些物资放置在路边[122]。

貌似无所不能的罗马帝国实则内部弥漫着浓浓的火药味，部分原因是奴隶制的农业生产固有的矛盾。随着新的异族势力受到地中海财富的吸引开始在边界蠢蠢欲动，罗马帝国终于在暴力战乱中走向分崩离析。

Al Dente

A History of Food in Italy

第二章

入侵者

在经历了一段长时期不可阻挡的增长态势之后，罗马帝国在其存在的最后两个世纪终于危机四伏，一方面是由于帝国内部的动荡，另一方面是由于边境的压力不断增加。来自北方、东方和地中海其他地区的新移民不断涌入，带来了社会的不稳定。但与此同时，新移民带来的社会关系、生产和技术的变化，也为意大利饮食的未来发展奠定了基础，虽然这些融合、适应和借鉴的过程并非总是和平而没有伤痛的——罗马帝国的文明也逐渐向新的政治和经济环境过渡。直到 12 世纪农业才重新开始迅猛发展，意大利中北部的市场和城市生活得以复兴，烹饪传统的创新体现了中世纪晚期和文艺复兴时期的辉煌。

罗马帝国的终结

到 2 世纪末，罗马帝国的经济结构一直保持较为完好的运转，通过农业和贸易的形式在地中海地区确立了一种普遍的饮食模

式。罗马皇帝统治着一个多种族的世界，尽管财富显赫，但内部矛盾不断酝酿并最终导致了帝国灭亡。那时的生产体系基于富裕阶层的广大私人庄园，奴隶制盛行[1]。一些土地所有者仅管理着他们的一小部分土地，而将剩余的田产委托给中间人，中间人又将土地分割成小块租给自耕农，或委托给有权自治的奴隶。后来由于日耳曼部落入侵的压力越来越大，土地也会向“野蛮人”进行分配，这些人在法律上是自由的，但实际上被捆绑在耕种的土地上，并经常随土地一起被出售和转让。在考古挖掘中还发现了被称为“农夫农场”的小地块，表明罗马帝国晚期农业土地的使用模式是复杂多样的，并与生产和贸易的其他方面融为一体[2]。这些新的农业管理形式允许贵族和高级军事将领有机会控制广阔的农业地区，元老院的旧贵族则不得不让位给有军队背景的新地主们，后者往往出身卑微，对中央国家的稳定也并无多少信念可言[3]。

罗马上层阶级在自家庄园里消磨更多的时间已经成为一种时尚，他们也是通过这种方式试图使自己与日益加剧的政治动荡隔绝开来。打猎被赋予了新的含义，代表着精英们对所拥有的土地以及在其中繁荣发展的自然世界的控制感。专门用于狩猎的大片土地经常被围墙包围，由哨兵守卫。哈德良皇帝在他征服的领土上狩猎最危险的野兽以展示军事和政治力量，奥勒留皇帝认为狩猎既是战备训练，又能达到强身健体的目的[4]。

富裕的商人经常将利润投资于土地收购，认为农业是比商业更安全的财富形式，因此商业成了国家不太重要的税收和收入来源。当帝国的领土扩张达到极致，军队也无法再通过征服获得战利品，中央政府发现自己陷入了财政困境，不得不增加征收的税目，使税务人员成为人们恐惧和仇恨的对象。那些最有权力的大庄园所有者经常与地方和中央行政当局保持密切联系以达成协议，绕过税务人员直接向国家纳税。这些以独立的小企业主身份工作的税务人员，不得不通过增加对小地主的税收来弥补损失的收入，因此小地主们有时被迫将其田产出让给较大的土地所有者以换取保护。

帝国建立了常驻军队来维持边防，将领们手中的权力越来越大，彼此之间也征战不休，力图让自己支持的盟友成为皇帝。为了维持军需，税负越来越高，如果士兵们不能按时领到工资，就会在占领的领土上直接掠夺资源。到 3 世纪末，罗马皇帝在高昂军费的压力下决定减少铸币中金银的含量。通胀飙升，商业缩水，农村田产成了最后的财富避风港。许多土地所有者最终离开城市以避难乡间。随着时间的推移，大型庄园实际上变得独立且自给自足，有时会直接转为易货贸易和实物支付的形式。随着货币体系日渐混乱，地主们发现让来自同一地区的农民进入未耕地垦荒并集体支付租金是有利可图的。

帝国的内部危机使邻近的民族——特别是北部和东部边界外的日耳曼部落——逐渐渗透到罗马的地盘上定居。后来整个部落都以联邦的身份被吸收进帝国，部落里的人被重新安置到那些因

战争、饥荒或瘟疫而人口减少的地区，并同时起到捍卫边界的作用，免受新的文明程度不高的日耳曼部落侵袭。这些部落常常能获得其定居点地区房屋或土地的三分之一，或者有权收割上述土地上由罗马农民种植的农作物，而后者因此会处于准奴役状态[5]。农业生产力持续衰退，农村和城市的人口都在减少，城市失去了文化优势，基于货币交换的市场经济也陷入了持续数个世纪的危机。一旦连接地中海城市精英的文化和贸易网络开始衰落，上层阶级在农村定居并靠自己的田产生活，这时的烹饪习俗就不可避免地失去了许多世界主义元素，转向以当地的农作物和农产品为主。

395 年，西奥多皇帝将罗马帝国的领土分给两个儿子，分别是阿卡迪乌斯（Arcadius）和奥诺留斯（Honorius）。帝国东半部以君士坦丁堡（今伊斯坦布尔）为首都建立东罗马帝国，延续的时间比帝国西半部更久，并在当地的希腊传统的基础上发展出自己的文化。而西罗马帝国将首都迁至亚平宁半岛亚得里亚海沿岸的拉文纳，国力日衰，日耳曼部落便借机渗透进来。阿拉里克（Alaric）领导下的西哥特人于 410 年进军罗马，同时试图袭击罗马的粮仓——北非。476 年，日耳曼哥特人国王奥多阿塞（Odoacer）废黜了罗马最后的皇帝罗慕洛·奥古斯都（Romulus Augustulus），将帝国徽章送去君士坦丁堡，承认东罗马帝国皇帝的至高无上。西罗马帝国至此完结，这一结局是不可避免的。

日耳曼移民

早在西罗马帝国灭亡之前，定居在罗马领土边缘的日耳曼人就开始吸收罗马文化的元素。新移民虽然对地中海高雅的文化很感兴趣，但同时也为自己的文化传统感到自豪。当日耳曼民族中的东哥特人及其国王狄奥多里克（Theodoric）大帝占领意大利后，人们基于对统治者的个人忠诚继续维持部落传统，但国王最亲近的追随者们却需要依赖罗马的行政机构。精英们还采用了一些罗马风俗，特别是在官方场合。卡西奥多罗斯（Cassiodorus）是为狄奥多里克大帝工作的罗马政治家之一，他观察到：

> 皇室餐桌上的珍馐美馔被认为体现了国家的体面，因为大多数人会认为房子的主人要在宴会上提供他所拥有的不寻常的食物。一个普通公民可以在餐桌上摆着周围地区的普通物产，但当一名王子发出邀请时，他拿得出更新奇更惊人的东西才是恰当的。[6]

庄园是构成亚平宁半岛上最重要的生产单位的庞大农庄，基本独立于任何形式的中央控制。庄园的核心是别墅，这是地主的豪华住宅，周围环绕着的是奴隶和自耕农劳作的大片土地。罗马地主接受日耳曼士兵的存在作为一种保护。在许多情况下，日耳

曼部落贵族直接拥有大片土地，越来越与罗马贵族趋同。此外，部落贵族的要塞和主建筑物经常加固以抵抗外部攻击。在这种情况下，建筑物被称为“堡垒”（castra），也是罗马永久性军事营地的旧称。

在帝国的最后时期，法律制度还能有效运转的情况下，这些所有权形式在意大利的许多地区逐渐被采用。罗马产权法（quiritian）仅适用于有身份的罗马公民，为每块土地规定了具体的所有者，须通过复杂的民事程序才能进行买卖。出现了一种被称作“裁判官所有权”（bonitarian）的新所有权形式，它不完全基于罗马的民法，使得土地能更容易流转，因此越来越重要。随着习惯于公共农业形式的日耳曼农民的渗透，在土地的合法所有人收获了自己的作物之后，闲置的土地就可能会被其他使用者临时占用。随着开放土地逐渐增多，罗马法起作用的范围越来越小。这些法律发展与农业系统的退化是同时进行的。在农民的生存中起着重要作用的还有畜牧业，当种植收获完成后便会在无人耕种的空地上开展。森林不仅作为狩猎场地、木材和各种食品来源有其重要意义，还会用作自由放养猪的场所，是冬季获取蛋白质的重要来源。由于大多数农田都是开放的，因此大量散养的猪被视为农作物的威胁[7]。

定居于乡村的日耳曼部落带来了半游牧民族的习性，继续着觅食、狩猎和保存少量余粮的农业形式，在罗马人看来，他们种植的谷物较少，只有小米、斯佩尔特小麦、黑麦和大麦等，这几种作物由于生长周期比小麦短，因此只需要较少的照料[8]。这些谷物还可以用来酿造啤酒，是新移民最常饮用的酒精饮料，虽然那时还没有啤酒花。在日耳曼人口较多的地区，也种植豆类、橄榄、酿酒葡萄和果园蔬菜等地中海作物，但从未完全取代在日耳曼传统中最受欢迎的食材如黄油、猪油、野味和野生浆果等。许多烹饪食材在帝国时期就已经很常见了，但在意识形态上却被排斥在体现罗马农业观念的面包－葡萄酒－橄榄油组合之外，这当然是受城市消费者的喜好影响。对罗马人来说，在土地上种庄稼是文明的标志，表现了人类对自然的统治，但日耳曼新移民对此显然有不同的想法——他们倾向于在自然中寻找和获取自己所需要的，而非改变和驯服自然。

狩猎尽管是人人都可以从事的活动，但仍在日耳曼新移民中享有较高的地位，并承担了更多的社会功能。作为好战民族生活方式的重要组成部分，狩猎被认为是一种培训形式，可以借此将文化价值和战斗技巧传授给年轻一代。狩猎还具有政治价值，因为部落首领通过公开展示自己在狩猎方面的实力强调自己在部落中的首要地位。对年轻的自由人而言，第一次狩猎是崭露头角的重要机会，他们必须表现出自己的能力以及能杀死猎物的力量和勇气[9]。鉴于狩猎、战斗精神和部落社会结构之间的联系，在宴会上需要消耗大量肉类以供食客们获得体力和耐力。此外，向社交团体的其他成员提供食物被视为财富和能力的体现。

拜占庭人、伦巴第人和法兰克人

给西罗马帝国带来危机并最终导致其覆灭的日耳曼部落从未到达过东罗马地区，该地区就是后来的拜占庭帝国。拜占庭本是其首都君士坦丁堡的古称，扼守着连接地中海与黑海的海峡战略要地。几个世纪以来，该区域的政治精英们一直以罗马和希腊文化的继承人自居，5 世纪末拜占庭帝国已包括希腊、巴尔干半岛、土耳其、埃及以及当今叙利亚、以色列和黎巴嫩的部分地区。在强烈的文化认同驱使下，这一东方帝国的公民称自己为 Romaioi（希腊语中的"罗马人"）。6 世纪上半叶，从日耳曼汪达尔人（Vandals）手中征服北非并确保了小麦生产之后，拜占庭查士丁尼（Justinian）大帝控制了地中海中部的航线，并发动战争从东哥特人手中夺取了整个亚平宁半岛[10]。东哥特国王托蒂拉（Totila）曾大胆提议，向罗马人承诺没收拜占庭人占领的庄园后在人民中重新分配，同时释放奴隶和农奴。但他的提议没有取得预期的效果，许多具有罗马血统的农民并未选择效忠于东哥特国王，这使得拜占庭人有机会征服了亚平宁半岛。

罗马人的后裔仍然习惯依附于罗马帝国旧制度中的秩序，而非适应居于日耳曼文化中心的部落忠诚关系，这种关系具有比法律结构更大的约束性[11]。但是，亚平宁半岛上的居民在长期战争和随之而来的粮食短缺中饱受其害，将拜占庭人也视为外来征服者。新占领者来自帝国的不同地区，包括亚美尼亚人、斯拉夫人和波斯人；他们说希腊语，长相也各不相同，但在罗马人看来与

圣阿波利纳利斯（St Apollinaris），拉文纳的第一任主教（6 世纪）。拉文纳圣阿波利纳莱大教堂中的拜占庭时期马赛克画

以前的日耳曼占领者并没有什么两样[12]。从罗马教皇格里高利一世的一本登记簿可以看出，在6世纪西西里岛的大型庄园仍然属于拉丁语人口，而拜占庭人大多定居在该岛东海岸的希腊裔城市周围，如卡塔尼亚和锡拉库萨。直到后来，包括僧侣在内的更多讲希腊语的拜占庭人才来到该岛的内陆和亚平宁半岛南部，试图摆脱东地中海的政治和宗教动荡[13]。起初，到来的拜占庭僧侣们要么作为隐士，要么小规模聚居，没有多少财产，并在盐坑或谷物磨坊之类的地方工作[14]。在接下来的几个世纪中，他们从包括教皇在内的地方当局那里获得大片土地，例如罗马附近格罗塔费拉塔的圣尼卢斯修道院就是如此。

在拜占庭与日耳曼军队之间长达20年的冲突中，一种新的宗教信仰形式逐渐兴起，为生活在一片混乱中的人们提供了安宁的处所，也就是根据本笃（Benedict）在6世纪上半叶制定的规则安排修道院的生活。这些规则强调社区生活关系的重要性，并限制了最早出现在地中海东部和埃及的隐士中的过分苦修、隔绝和禁食等行为。本笃制定的规则使修道院的习俗适应了新的局势，并允许在田间工作的僧侣们围绕生产活动来安排自己的日程。这一信仰形式的座右铭是“祈祷与工作”，也是向朝圣者和无业贫民们宣传的热情口号。在接下来的几个世纪中，本笃会的修士们经常参与开垦沼泽地、开渠和修建排水系统等工作，从伦巴第到托斯卡纳都建立起封闭的田庄，这些做法连罗马地区的教皇也进行效仿[15]。

在本笃会修道院中，僧侣轮流做饭和服务，但如果在较大的社区中，负责存储和准备食物的酒库管理员可以免除这些职责[16]。僧侣们不吃肉，用餐时会提供两种不同的食物，在包括蔬菜或水果的情况下会添加第三种。若住持许可，可以给从事繁重工作的僧侣添加额外的食物[17]。虽然戒酒是值得称赞的，但据修道院规则，僧侣们可以喝酒，但要有节制地喝，避免喝醉[18]。修道院的饮食体现了罗马传统的面包－葡萄酒－橄榄油组合，在基督教文化中也占据了重要地位。在圣餐中使用到酒和面包，而在许多圣礼中橄榄油是力量和耐力的象征。然而，随着修道院财富的积累及其田产的扩大，僧侣们越来越依赖农奴和同胞兄弟的劳动，获取的食物越来越丰富多样[19]。在同一时期，意大利中部和南部的拜占庭僧侣仍然遵循着君士坦丁堡制定的礼节。他们在星期三、星期五、四旬斋和许多其他节日中奉行禁食肉类的东方传统，从而激发了修道院厨师在蔬菜制作方面的创造力[20]。

569年，即拜占庭人赢得了与东哥特的战争并获得半岛大部分地区控制权之后的几年，一个从未与罗马文化接触过的日耳曼部落——伦巴第人，穿越阿尔卑斯山而来。伦巴第人在帕维亚建立了首都，并占领了包括波河平原大部分地区在内的意大利北部，在他们之后该地区仍被称为伦巴第。被征服的领土分封给在战斗中表现出色的部落首领［首领被称为duke（公爵），来自拉丁文dux（意为“领导者”）］，这些首领负责在迁徙期间带领组织好的军队和部落。

尽管打算主要在城市定居，但伦巴第人第一次到达意大利

时仍然与当地人格格不入，也不认为当地人能与他们平起平坐。罗马后裔无权诉诸日耳曼部落的法律，还被禁止携带武器。在农村，以亲戚关系和军事效忠为基础而建立社会关系的伦巴第战士们创建了一些小规模定居点，以使自己与罗马或日耳曼-罗马血统的农民们区分开来。伦巴第部落在意大利许多城镇的名字中都留下了痕迹，例如，罗马附近以橄榄油闻名的萨比纳的法拉（Fara）；阿布鲁佐地区的法拉·圣·马尔蒂诺（Fara San Martino），是工业化的意大利面制造商Cocco、Delverde和De Cecco所在地。在伦巴第统治的头几年，由于罗马裔土地所有者被迫将大部分收成交给占领者，农业产量下降到历史最低水平，当地农民依靠狩猎和采集觅食确保自己的生存。随着时间的推移，当伦巴第人清楚地意识到他们将留在意大利时便接受了基督教，并根据国王罗萨里（Rothari）于643年发布的一项法令，将其古老习俗编成罗马式成文法。前罗马精英阶层开始与伦巴第公爵们合作，后者也开始对本土的官员们委以重任。

伦巴第人逐渐渗透到托斯卡纳地区，并且沿亚平宁山脉继续向南移动，后来在翁布里亚（斯波莱托）和坎帕尼亚（贝内文托）都建立了公国。在将近两个世纪的时间里，亚平宁半岛形成了伦巴第人和拜占庭人分而治之的局面，加深了罗马希腊文化与日耳曼文化之间的对立。从10世纪开始就在地中海贸易中发挥重要作用的利古里亚首府热那亚，于643年[21]落入伦巴第人之手。拜占庭人则保住了威尼斯（由那些因伦巴第人入侵而逃离家园的难民建立）、拉文纳总督区（拉文纳及其附近地区）、当今罗马涅和马尔凯地区的“五城”（Pentapolis，意为“五个城市”，均位于亚得里亚海沿岸），以及罗马附近的拉丁姆和南部的普利亚、卡拉布里亚、西西里岛和撒丁岛等。出土的遗迹表明，征税活动在拜占庭帝国最富有的这片土地上一直持续着。实际上，文献证明拜占庭的皇帝们曾前往他们所拥有的意大利领地，表明拜占庭与地中海地区密切的经济联系[22]。为了强调与罗马帝国的延续性，希腊－拜占庭人称其在意大利的省为“罗马尼亚”（Romania），现今罗马涅地区由此得名。在这些地区，考古学家注意到有早期防御工事的出现，表明了当时有专门制定的军事策略。其他城镇也加以效仿，建立起军事城堡来。中心城市通常位于方便防御的位置，比如山顶，往往会吸引周围的农民来定居，从而逐渐改变了拜占庭势力范围内的人口布局[23]。

威尼斯在9世纪实际上已经脱离拜占庭，取得了独立地位。该城的地理位置有利于盐业生产，而盐在中世纪是地中海贸易中的一种珍贵商品，可以用来保存食物以抵御饥荒[24]。精明的威尼斯人也在奴隶贸易、香料贸易以及和拜占庭的其他产品交易上赚取了不少钱。该城还开始尝试一些原始的法律形式，例如一种类似股份公司的组织“康曼达”（Commenda），将有闲置资本的投资者与交易员联系起来，后者用投资者的钱四处采购商品。这种商业安排建立了社会阶层向上流动的渠道，使新家庭能够获得财富并加入精英阶层，同时扩大了威尼斯人的贸易网络，这张网络

阿马尔菲海岸边的房屋露台，最大限度地利用了可以俯瞰海景的岩石斜坡

在从地中海东部获取食物和其他商品方面发挥了重要作用[25]。从9世纪中期开始，涉足海上贸易使阿马尔菲也得以扩张自己的势力，该城是位于那不勒斯以南海岸的另一个拜占庭殖民地，现在以“阿马尔菲海岸”闻名。这个小城依靠转卖来自坎帕尼亚附近地区的小麦、葡萄酒和水果繁荣起来——这些产品在拜占庭帝国销售时可以换取黄金和奢侈品等，然后黄金和奢侈品又可以很容易地在意大利销售出去[26]。

生活在殖民地的拜占庭精英与帝国政府仍旧保持着密切的联系，大多数工作人员和军事指挥官频繁轮换，限制了他们与当地人融合的程度。但当地的地主通常与君士坦丁堡行政和军事代表关系密切，他们负责对农民征收重税。在拜占庭势力控制的地区，大庄园得以幸存，土地所有权的法律组织以明确划分出的用作管理单位的地块为基础[27]。随着时间的推移，这些传统的生产结构变得效率低下，大片土地抛荒，放牧活动则逐渐扩大。一些学者将水牛引入意大利南部归因于拜占庭人，而全国水牛养殖协会（National Association of Buffalo Breeders，ANASB）则指出可能是伦巴第人发挥了一定作用[28]。放牧活动扩大并不一定意味着希腊殖民地的大庄园与拜占庭帝国的货币经济毫无联系。在日耳曼部落洗劫后遭受破坏的地区，部分重新种植了葡萄树和橄榄树，为贸易创造了盈余。意大利南部也种植了桑树以促进蚕丝的生产（拜占庭人成功地获取了6世纪中国蚕桑业的秘密）[29]。西西里岛一直进行着小麦生产，但由于穆斯林在东地中海的扩张，通往希腊的货运航线变得越来越困难[30]，未被征税的小麦收成会在当地消费或直接运往意大利的其他市场。

拜占庭人保留着罗马上层阶级使用糖和异国香料调味的习惯，如大茴香，这种香料被添加到葡萄酒中，也许是现在整个地中海地区普遍饮用的茴香酒的起源[31]。因为本身就具有希腊和罗马文化渊源，很难具体界定拜占庭美食对亚平宁半岛上殖民地的实际影响。当时两种最受欢迎的葡萄酒莫斯克哈托斯（Moskhâtos）和莫奈姆巴西奥斯（Monembasiós），也分别体现在当代的两种葡萄酒莫斯卡托（Moscato）和莫尔瓦西亚（Malvasia）的名称上。

尽管上层阶级对红肉的某些偏爱表明他们拥有大片的畜群，但大多数拜占庭人像他们的希腊祖先一样都特别喜欢咸鱼和海鲜。在地中海东部我们找到了第一份关于鱼子酱的书面记录。农民和僧侣食用黑面包、蔬菜、乳制品，或许还有猪肉[32]。

拜占庭当局开始对财政系统施压，以获取更多钱款资助在东地中海与迅速扩张的穆斯林进行的战争，后来发生的“圣像破坏运动”更促使意大利的殖民地反抗君士坦丁堡的统治。阿马尔菲和威尼斯选举了自己的地方领导人，进一步向事实上的独立地位迈进。伦巴第人利用这种局面征服了原属拜占庭的拉文纳总督区和“五城”。为了巩固地方盟友，伦巴第国王利乌普兰德（Liutprand）于 728 年将新征服的苏特里镇交给了教皇格里高利二世。这是罗马教会第一次正式获得对某块土地的世俗控制权。几年后，教皇史蒂芬二世担心伦巴第人会攻击拉丁姆地区（这个地区虽然名义上仍属于拜占庭帝国，但实际已被教皇控制），于是邀请了原本生活在今天的法国一带的日耳曼部落——法兰克人前来参与防卫，并使法兰克人皈依基督教。

754 年，法兰克人入侵意大利北部并征服了伦巴第人的大部分地盘，并正式将拉文纳总督区、“五城”、翁布里亚和拉丁姆地区赠给了教皇，为未来的教皇国奠定了基础。为了感谢法兰克人的帮助并加强与他们的联盟，800 年，教皇利奥三世为法兰克新国王查理曼大帝加冕，授予他神圣罗马帝国皇帝的头衔，承认他是古罗马帝国荣耀的继承人和基督教的捍卫者。在意大利南部，伦巴第人只剩下贝内文托公国，其范围包括当今阿布鲁佐的部分地区，以及普利亚和坎帕尼亚的部分地区。拜占庭人一直控制着撒丁岛和西西里（不久被穆斯林控制）以及普利亚东部、巴西利卡塔和卡拉布里亚，直到11世纪被诺曼人征服。在南部地区，广阔的罗马式庄园仍然是农业活动的核心，集中在人们概念中不可缺少（且商业上有利可图）的那些作物种植活动上，例如小麦、葡萄酒和橄榄油的生产，这些产品在亚平宁半岛北部的产量已经开始下降。

采邑制度下的生产

最终，拜占庭承认了神圣罗马帝国的存在以换取自身的安宁。法兰克人自此开始安心发展在意大利北部和中部的势力，随之而来的是大量的移民、不断的战争和血腥的政权更迭，这些不可避免地导致了旧有城市中心的衰落、贵族乡间领地的凋零以及商业发展的停滞。能让人回忆起往昔荣光的似乎只剩下城市中教会的存在，比如地区主教，通常仍会选择坚守在主教堂，以方便给予市民精神指引（当然世俗事物的指引也不例外）。那些具有一定规模的农业活动，例如果树种植和粮食生产，在靠近市镇中心的近郊得以部分保留下来[33]。因此，即便总体来看趋于衰落，亚平宁半岛上的城市在文化、经济和政治上仍保持了一定的水平，这是同期欧洲的其他地区无法比拟的。

法兰克人的到来引入的社会、政治和经济体系，一方面基于自身的部落传统，另一方面继承了日耳曼－罗马文化，例如土地的终身特许权（以劳动服务换取人身保护）[34]。国王和大领主将土地划分给自己的追随者们，也就是所谓的“伯爵”（comites）。这个拉丁文词语原义为“陪伴者”，原本指在罗马时期伴随在帝王身边并深受信任的近臣，这些人也会在管理层或军队中取得正式的职位。王国边缘的土地则通常授予军事将领们，也就是所谓的“侯爵”（marquis）。起初这些隶属关系是基于对国王的军事归属或经济义务，且分封是可撤销的。国王派出的使臣（missi dominici，意思是“主人派来的”）会到地方领主的辖区内监视巡察，以确保他们在战争时会出兵效忠国王。但时间一久，领主们周围的土地逐渐变成了世袭性质的领地。当地的农民们在法律上虽不属于领主，却由于各种劳动义务关系不得不依附于他们。

从经济的角度看，这种以“封建主义”的名字为人所知的体系建立在围绕着采邑的农业生产活动上。这种生产形式在法兰克人的势力范围内很普遍，比如在欧洲北部；现在又在新征服的意大利领土上推行开来，虽然此地沿袭的是罗马法体系的社会传统。采邑庄园大致分为两种。一种是由领主直接管理的居所周围的土地，被称为“私有地”，为当地的农民（servi dominici，意思是“主人的仆人”）提供安全保障。但这些农民毫无人身自由，不得离开采邑，也不得更换职业。“私有地”中往往有一些必需的食品生产场所和生产活动，从磨坊、酒窖到榨油和面包烘焙等。手艺人居住在领主家附近，同样要提供劳动服务。另外一种采邑则是把土地划分为更小的部分由农民来耕种，这类农民（servi casati，意思是“住在小屋的仆人”）比前述农民享有更多自由，但他们仍必须每年到领主的土地上劳作固定天数，并要上缴部分农业收成，面临食物短缺的风险也更大。总体而言，农民们并无多少动力来扩大生产、提高亩产或者改善土地质量，因为最终的收成并不属于他们。

随着时间的推移，横跨欧洲的法兰克帝国分裂为三部分。意大利这片领土先是属于包括低地国家、洛林、阿尔萨斯、勃艮第和普罗旺斯等地区在内的联合管辖，后来并为东法兰克王国，该国国王还维持着神圣罗马帝国皇帝的头衔。教会利用这些机会不断确认自己独立于法兰克的自治权，从而造成了亚平宁半岛上长达数个世纪的政治割裂。法兰克人引入的封建制度在意大利北部和中部盛行，而半岛南部直到 11 世纪仍处于拜占庭势力的控制之下。

富人和穷人

大部分粮食收成由很大程度上由自给自足的农村单位生产和消费，由封建领主控制，因此几乎没有剩余产品可用于投资或商业活动。基于货币经济的远途贸易几乎消失了，只限于部分奢侈品，例如社会富裕阶层使用的香料。

富人与贵族的饮食习惯和餐桌礼仪，反映出他们与社会其他阶层的财富和社会地位差异。为了庆祝继承、婚礼、取得胜利或其他相关事件，封建领主们会组织社交聚会，丰盛的菜肴具有加强贵族成员之间团结和界定文化身份的作用。然而宴会的举办并不频繁，贵族的日常食物与普通人家的也没有太大不同。在查理曼大帝的传记中，朝臣爱因哈德（Einhard）将其描述为“限制性饮食者”：

> 除了有许多客人的特殊场合，他很少在宴会上用餐。每天的晚餐只有四道菜，另外还有猎手为他准备的烤肉，他喜欢烤肉超过其他任何食物……他喝酒或吃其他任何东西都很节制，晚餐时很少喝酒超过三杯。夏季的午饭后他只吃一些水果，喝一杯酒，此后便脱衣休息两三个小时。[35]

在宴席中，客人们通常会消费酒精饮料以及大量的烤肉。狩猎在上层阶级的饮食中继续发挥重要作用，贵族们圈占了越来越多的土地供自己私人使用。在法兰克王国统治期间，伯爵、侯爵甚至一些封臣重申了他们在没有国王明确许可的情况下圈占林区的特权。从 13 世纪开始这些土地圈占现象越来越常见，只有西西里岛除外——诺曼人的国王对领土内的自然资源控制十分严格[36]。独占狩猎场的控制权不仅象征了权力，还确保了能参与到仅限于上层阶级的礼尚往来的网络中，加强了同一圈层的社会联系。产权的转变与所谓的“暴力贵族化”同时发展，后者即贵族对武器的专有权。

葡萄酒重新流行起来，不仅仅是封建领主们，所有有能力购买的人都乐于消费它们。葡萄酒在当时的医学治疗中起着重要的作用，被认为有利于身体健康。由于与历法的结合而得到了更广泛的传播，饮食建议以更系统的方式呈现出来，例如安提姆斯（Antimus）医生于6世纪撰写的论文《食物观察》（“De Observation Ciborum”）等[37]。但那时的葡萄酒往往味道浓烈，制作工艺尚不完善，考古资料表明，那时人们通常将葡萄酒掺水饮用，以冲淡味道并调节酒精含量。同时，人们认为酒混入水后饮用起来也更安全。中世纪早期的葡萄种植无法与罗马时期贸易导向的规模生产相提并论。葡萄园主要集中在修道院和城市周围区域，使用干桩（dry stake）技术和慢速生长的方式[38]。

关于农民和城市底层人民的饮食习惯，我们明显缺乏一些文字或图像的直接记载，但考古发现弥补了这一缺憾。在过去的几十年中，历史学家已对这一占人口大多数的人群的饮食状况有了更清晰的了解。农民的饮食以谷物和豆类为主，经常将它们磨碎制成面包，或与水混合制成粥。由于大多数情况下烤箱位于庄园内并由领主控制，因此，即使是用黑麦和燕麦等谷物制成的面包，价格也相对昂贵。人们将白菜、甜菜根、胡萝卜、茴香、韭菜和洋葱放进全天吊在炉子上的汤锅中，还可以添加几块干肉或咸肉，尤其是猪肉制作的咸肉，新鲜的肉则是比较奢侈的。从可以参考的历史图像中可以看到，当时的猪比今天的猪体形更小、毛更多，更类似野生品种。在整个意大利，山羊和绵羊（也比当代山羊和绵羊体形小）是羊毛、奶和奶酪以及肉类的来源。公牛用于田野劳作，奶牛挤奶以生产奶酪，奶酪是非常重要的蛋白质

来源。实际上考古发现表明农民也食用牛肉，而不仅仅食用那些因太老而无法工作的动物的肉。此外，农民也被允许打猎和捕鱼，但从 9 世纪精英阶层圈占土地作为专门的狩猎场开始，农民们的打猎活动受到了限制[39]。这些发现使学者们对之前广泛形成的中世纪饱受饥荒困扰的印象感到困惑。关于饥荒，曾有 1000 年左右僧侣写的文字可以佐证：

> 当没有更多的动物或鸟类可以吃时，饥饿的痛苦驱使着人们去吃腐肉和其他即便谈论都令人恶心的东西。为了避免死亡，还有的人只能去吃树根和河草。这一切挣扎都是徒劳的，因为除了神之外，没有任何人可以逃避神的愤怒。[40]
>
> 饥饿在艺术、宗教、传说和文学中都扮演了重要的角色，特别是缺乏面包导致的饥饿。[41]

中世纪的饥荒

中世纪是否真的发生了大规模的饥荒？罗马帝国陷落后，罗马和日耳曼农民都有自己的策略来应对粮食短缺。他们定期从事农业和觅食采集活动，模糊了罗马帝国时代耕地和荒野之间的明显差异。尽管战争频发、社会动荡、耕地流失，但人口的缩减和行政机构的缺失使得底层人口更容易获得食物，满足基本的生存需求。一旦农业技术退化到不需要稳定投资、改善或有效组织来推行的水平，土地所有者也不再封闭其田产，农民就暂时被允许进入土地进行耕作种植，喂养动物或狩猎。

9世纪采邑制逐步推行，地主能够对粮食生产和利用进行更严格的控制，经常盘剥农民，导致他们没有任何收成盈余。当时的农村生产力低下，缺乏存粮，任何微小的气候变化、收成不好或社会动荡都将给农民带来挨饿的风险。即使没有灾难性的饥荒，挨饿也是日常生活中的一种普遍现象，不仅在艺术、宗教和传说中不断出现，在政治意识形态和生产策略制定中也是重要的考虑因素。当然，有关食物短缺或饥荒的文化观念也随着时间的流逝而改变，并反映在当时的政治状况中。因粮食而发生的暴动的确总是源于供应不稳定和主食价格高昂，但如果以社会可接受的条件来界定，粮食短缺并不一定会导致动荡，相反，粮食供应充足的年代也有持续不断的社会动荡，更常见的原因或许是文化层次和权力斗争所带来的分配不公。

修道院在星期五、四旬斋以及为其他宗教节日做准备的过程中延续了禁食肉类的传统。然而，在许多修道院社区出现了一种以鱼、鸡蛋和小麦面包为基础制作的更精致的美食。后来修道院控制的土地范围越来越大（通常包括河流和池塘），僧侣们更容易获得淡水鱼。基督教诞生以来就已经在罗马的丧葬仪式上出现过鱼类祭品。作为福音书中许多相关事件的主角，从“涉及

使徒的钓鱼事件”到“饼和鱼的繁衍”，鱼类被第一批基督徒用作其象征，希腊语中 ichthys（“鱼”）是 Iēsous Christos，Theou Yios，Sōtēr（“上帝和救世主的儿子耶稣基督”）的缩写[42]。

罗马帝国沦陷后，包括上层阶级在内的民众的识字率普降，我们没有关于中世纪早期的食谱记录，但在其他意想不到的领域如外交和宗教生活的文件中可以找到与饮食相关的信息。安提姆斯医生先后为拜占庭的皇帝芝诺（Zeno）和东哥特国王狄奥多里克工作，他写了一篇文章《食物观察》给另一位狄奥多里克——梅茨的法兰克国王。他的观察揭示了希腊罗马饮食习俗与其他不够“文明”的民族习俗之间的文化差异，后者吃生肉并且行为像狼一样粗野：

> 因此，如上所述，健康最重要的是吃煮熟的和能适当消化的食物。如果有人问在战争或长途跋涉中如何遵守这些规矩，我会回答，无论是否有火都必须这么做。当情况需要一个人吃生肉或其他未经加工的东西，就应当十分节制，不必求饱。既然自古以来就说“一切都有可能伤害人”，我还能补充什么呢？谈到喝酒，如果有人需要骑马或忙于辛苦工作，那人的胃会被马的颠簸影响，在胃中可能会发生比在进食时更糟的事情。
>
> 但如果有人问我，为什么吃生肉和带血的肉的民族仍然健康？他们可能根本不健康，应尽可能地为自己采取补救措施：感到不适时，他们会灼烧自己的胃部、腹部或者

> 其他地方。我想提供一个解释。他们就像狼一样只吃一种食物，实际上，他们没有很多食物可供选择，只有肉和牛奶，可能正因为其他食物的缺乏而被认为身体健康。至于饮料，有时他们会喝一些，有时很长时间都没得喝，这种稀缺似乎可以确保他们的健康。而我们可以享受不同的食物和不同的饮品，感受不同的乐趣，因此我们需要自律以免过分摄取。饮食节制可以维持我们的健康。[43]

《圣本尼迪克特圣餐规则》（*Holy Rule of St Benedict*）第39章题为"食物的摄入量"，为僧侣应该食用的食物量提供了指导，并让我们了解了僧侣的日常生活。对这些致力于工作和祈祷的人而言：

> 考虑到不同人的身体状况，我们认为对每天的第六和第九个小时的日常进食来说，一餐有两种食物就足够了，如果有人不能吃其中一种，就可以用另一种替代。因此两种煮熟的食物对所有弟兄都足够了。如果有水果或新鲜蔬菜，则可以添加第三种。无论一天只吃一顿饭，还是正餐（dinner）和晚餐（supper）都吃，一磅面包都足够了。如果他们要吃晚餐，则让地窖先储藏满三分之一磅面包，并在晚上进行。①

① dinner这个词本义是正餐，指主要的比较丰盛的一餐，不强调时间的概念；supper是真正的"晚"餐的意思，专门指晚上或者睡觉前吃得比较少的一餐。

> 但如果当天的工作特别辛苦，住持有权酌情决定是否添加一些食物（如果他认为合适的话），除了不要浪费，也不要让僧侣有消化不良的感觉。没有什么事比过剩和浪费更让基督徒痛恨的了，正如上帝所说："请关照自己的心，不要因为过度进食而让它产生负担。"提供给幼儿的食物要比成年人的少，各样食物都要成比例地减少。
>
> 除了身体非常虚弱的人和病患之外，所有人都不要吃四足动物的肉。[44]

西欧食谱的匮乏与地中海沿岸烹饪风格的传播形成了鲜明对比。从9世纪开始，地中海沿岸发展出了一股新的力量，对亚平宁半岛的政治平衡状态产生了突如其来的巨大影响，这就是伊斯兰文明。

穆斯林扩张：东方的浪潮

先知穆罕默德于622年从麦加迁居阿拉伯半岛的麦地那并建立了第一个穆斯林社区，他去世后，伊斯兰教的信徒们以惊人的速度扩大了势力范围。在几十年之内，北非、拜占庭帝国和中亚的大部分地区都处于他们的控制之下。穆斯林看似势不可挡的扩张直到8世纪中叶才被西方的法兰克人和东方的中国人制止。占领了西班牙大部分地区和地中海南部海岸之后，827 年，位于今天突尼斯一带的伊斯兰国家袭击了西西里岛和几个地中海城镇，后来穆斯林又陆续占领了科西嘉岛、撒丁岛和潘泰莱里亚小岛。846 年穆斯林袭击了罗马，然后是普利亚，在那里建立了巴里酋长国，并组织了远至法国南部的突袭行动。902 年，穆斯林击败了西西里岛东海岸的城市陶尔米纳，从而完成了对西西里岛的征服。

单纯从技术的角度来看，伊斯兰文明采用并传播了基于集约耕种、灌溉、农田渠化和排水的农业实践，因此增加了农业产出，同时促进了一些历史源远流长的植物的种植。对于穆斯林通过引进新的农作物和技术在复兴西欧农业中所起的实际作用，最近学术界的讨论提出了一些质疑，认为实际上有些作物在该地区已经有种植历史，尽管其中一些后来不再种植[45]。不过毫无疑问的是，一个领土从中亚延伸到大西洋沿岸的巨大帝国，大大便利了不同的农业技术、食材、菜肴和烹饪风格的传播交流。例如，将茄子、菠菜、石榴、杏、大米、藏红花和蓝草（用以生产靛蓝染料的植物）引入西西里，同时还带来了甘蔗种植，促进了糖的生产[46]。黄柠檬、酸橙（甜橙直到 16 世纪才引入）和青柠檬的种植也成为西西里风景的重要组成部分。这些作物中有许多没有扩展到亚平宁半岛的其余地区，因为需要先进的农业技术，不适宜采邑制的生产，并且经常与“异教徒”联系在一起。穆斯林新移民设法重新引入——至少在西西里岛——他们在中东所征服的拜占庭领土上采用的地中海花

穆斯林殖民者在特里卡里科（在巴西利卡塔大区，靠近马泰拉）建造的梯田，适应陡峭的斜坡地形和缺水的气候条件

园的古老传统。农业技术、农作物和产品在整个伊斯兰世界极易流通，例如我们在阿拉伯食谱书中发现了使用西西里奶酪的记载[47]。

伊斯兰国家大城市内独特的烹饪方式和饮食习惯十分精细，给11—12世纪进行十字军东征的基督徒骑士们留下了深刻的印象。穆斯林将餐点放在装有小支架的大托盘上，习惯用手进食；上层阶级会使用汤匙和餐刀。他们非常注重食物的呈现形式，特别是装饰和颜色，金色、白色和绿色是最受欢迎的[48]。

除了对食物的纯净和清洁的关注，伊斯兰饮食文化还有其他特征可循，比如令人愉悦的香味不仅在食品准备中非常重要，对那些共享餐食的人来说也是必不可少的，人们期望客人能以干净、清新的面貌出席宴会（这一点大概会使当时的西方人感到为难）。至于食谱，伊斯兰美食是各种烹饪文化相遇的产物，例如阿拉伯人、拜占庭人（他们对地中海食物的消费众所周知）和波斯人［他们偏爱油炸肉，喜欢在肉类菜肴中放水果和坚果（包括杏仁），还有米饭］[49]。由于糖的供应充足，糖果和糕点的制作都达到了很高的工艺水平：冰冻果子露（未发酵的加糖果汁）经常被添加到冰块中，标志着雪葩（sorbet）的起源。糖与杏仁粉混合制成小杏仁饼。糖渍水果技术和装饰用糖的模型技术在地中海地区逐渐普及，并通过意大利遍及整个欧洲。

尽管帝国内部有着种族隔阂，但伊斯兰世界仍保持着强烈的文化个性，在这个融合的经济空间内，商业交流沿着连接地中海和印度洋、东南亚和东非的贸易路线蓬勃发展[50]。得益于穆斯林商人的奔走，来自印度（胡椒）、斯里兰卡（肉桂）甚至马鲁古群岛（丁香和肉豆蔻）的香料都能到达西欧。这些香料在西欧被认为是奢侈品，在医学和饮食理论中它有着重要作用。在穆斯林统治者的治理下，西西里岛成为这个活跃的商业网络的一部分。作为“被保护民”，基督徒和犹太人在穆斯林统治的地中海主要城市中可以保有自己的信仰，许多人从事着商人和工匠的职业。犹太社区的饮食传统催生了后来被称为塞法迪（Sephardi）烹饪的风格，在穆斯林的文化环境中，犹太人的烹饪技术、食材选用和对食物风味的感受方式都深受其

影响。巴勒莫成为地中海西部最重要的文化和经济中心之一，当地的烹饪传统吸收了许多穆斯林元素。除了蜜饯、小杏仁饼和雪葩的流行之外，一些干果和水果（如杏仁、葡萄干、开心果和红枣）也被当地的糕点业大量采纳。时至今日，西西里菜中仍然有依稀可辨的穆斯林风格，包括酸甜口味的食谱、在美味的菜肴中添加松子和葡萄干，以及对糖和蜂蜜的偏爱等。例如，茄子做的开胃小菜，烤沙丁鱼配松子、葡萄干和柠檬皮，在圣约瑟夫节食用的浸蜂蜜的油炸面果。

杏仁面果，一种用小杏仁饼制成的糖果，这种制作技术可能是在穆斯林出现在西西里岛时引入的

诺曼人：来自北方的新浪潮

11世纪初诺曼人入侵西西里岛，但穆斯林引入的烹饪传统和农作物得以幸存（至少是暂时的）。新移民来自由战士和海员组成的维京部落，他们在900年左右定居在法国诺曼底地区，那里至今仍沿用该部落的名字。1066年在黑斯廷斯击败英国军队后，诺曼人占领了英国，皈依天主教。诺曼人将法国北部作为大本营，以雇佣军的身份遍布欧洲，包括意大利南部，并意识到地中海是一块财富之地。

诺曼人并不是在穆斯林之后唯一横扫欧洲的人。原本定居在潘诺尼亚的匈牙利人一路洗劫而来，从东欧草原一直打到波河平原和托斯卡纳亚平宁山脉。匈牙利人的袭击动摇了残余的法兰克人势力，一些被称为“好心人”（boni homines）的英雄站出来领导反对侵略者的斗争。有时这些人本身就是当地伯爵，他们拥有的农业用地被称为“伯爵的土地”[contado，现今意大利语中contadino（“农民”）一词就由此而来]。后来得益于特殊豁免权，意大利中部和北部的城市地区从封建领主那里获得了不同程度的自治权，因此contado一词逐渐带有了“乡村”的含义。

这些“好心人”集中修建了一批防御工事、城墙、壁垒和塔楼，作为城镇核心屹立在山顶的这些建筑至今仍吸引着到访的游客。房屋彼此相邻建造，以便在遭受袭击时能更好地防御。许多之前住在周围偏僻乡村中的农民搬进了这些加固的城镇中，同时也带来了农业生活方式的改变，因为他们不得不每天在住所和田地之间来回奔波[51]。此外，许多抛荒的平原变成了疟疾侵袭的沼泽地，而山顶提供了更健康的居住环境。

在半岛北部的政治格局发生了根本性变化的同时，南部萨勒诺的一些诺曼家族也充当雇佣兵以保护城市免受穆斯林的入侵，并获得了对阿韦萨、梅尔菲和卡普阿等城镇的封建权益，以作为提供服务的交换。诺曼人迅速担负起捍卫教皇、抵抗穆斯林和拜占庭人的角色。1091 年，诺曼贵族豪特维尔的罗伯特（Robert of Hauteville）击败了穆斯林，并将他们赶出了西西里岛。他的儿子罗杰（Roger）后来将统治范围扩大到普利亚、巴西利卡塔、卡拉布里亚、贝内文托以及萨勒诺、阿马尔菲和那不勒斯等前拜占庭殖民地城市，这些城市在当时保持着不同程度的自治。

诺曼国王治下的人口混杂着希腊人、阿拉伯人以及日耳曼人和罗马－日耳曼人的后裔，他们在宗教礼仪、政治和官僚文化中又吸收了许多拜占庭元素[52]。诺曼人建立了非常集中的政权结构，雇用希腊和阿拉伯文官，但也采用了诺曼人在北欧所拥护的封建制度及其运作方式。诺曼统治者直接控制着庞大的财产，对贸易和农业的税收尤为关注。由于连年征战、灌溉系统缺乏维护以及穆斯林农民从西西里岛被驱逐，农业总体产量下降了[53]。有时，小麦作为该地区最重要的农作物竟无法供应当地居民食用，而是在利益驱使下以高价转售其他地区，这与欧洲人口总体增加的背景有关（我们将在下一章中进行讨论）。

豪特维尔国王批准对外国商人减税，以保持意大利南部特别是西西里岛在地中海贸易中的重要地位[54]。但在粮食短缺的情况

蒙特城堡，由诺曼国王和神圣罗马帝国皇帝腓特烈二世在普利亚的安德里亚附近建造的堡垒，是诺曼军队控制意大利南部的标志

腓特烈二世的猎鹰手册（13 世纪）复印件

下，国王禁止所有商品出口，并将小麦转移到需要粮食的地方。这一做法在安茹统治者1268年取代诺曼人的统治后得以延续和扩大。此外，诺曼王室对盐业和金枪鱼捕捞等重要活动进行垄断控制。修道院和教堂经常在皇家领地获得重要的免税土地捐赠，甚至可以在皇家领地免费放牧，虽然羊群的季节性移动带来了一些问题[55]。

意大利南部和北部处于两种完全不同的政治规则之下，并在随后的几个世纪形成了迥然不同的经济结构。从日耳曼部落开始向罗马帝国渗透，到欧洲北部最后一批南下征服的诺曼人之间的漫长时期，标志着意大利饮食史上的关键转变。来自偏远地区、生活习惯大不相同的部落人口的到来，对地中海农业及农产品产生了深远的影响。由迁徙、战争、饥荒和流行病造成的人口下降导致耕地面积减少，大片土地抛荒，甚至变成了树林。日耳曼新移民所重视的与自然的关系提高了人们对狩猎、捕鱼和采集觅食的文化的理解，而这部分意识在希腊－罗马文明中是缺失的，后者将农业视为人类对环境的最高水平的掌控。饮食习惯也发生了变化，每一波新移民都带来了新的物产、习俗和技术。从12世纪开始，随着农业创新人口大幅度增长，市场经济重生，新的政治和社会结构为即将到来的意大利历史上最精彩、最独特和最富有创造力的时期奠定了基础，这一切都在那个时期遗存的马赛克画中充分体现出来，它就是文艺复兴。

Al Dente

A History of Food in Italy

第三章

重　生

自辉煌荣光的罗马帝国以后，12 世纪时亚平宁半岛再次成为世界文化的发展引擎之一。尽管政治格局日益破碎，战争和外族入侵不断，内乱与阴谋丛生，但意大利城市在生产、贸易和社会人员流动方面却经历了强劲的增长。这些迅速发生的变化反映在它们的艺术和文化上，并在后来的文艺复兴时期蓬勃发展。

农业腾飞

热那亚、比萨、阿马尔菲和威尼斯等沿海城市在那时已经享有事实上独立于拜占庭统治者的地位，它们也被称为“海上共和国”。这些城市由于缺乏农业腹地所拥有的生产力，因此将注意力放在了橄榄油和葡萄酒等贵重商品的贸易上。十字军东征期间，这些位于意大利海岸的贸易枢纽承担了在欧洲与伊斯兰国家控制下的地中海领土之间调停的角色。

最根本的变化发生在意大利北部和中部，那里名义上仍受神圣罗马帝国皇帝的控制。经历了几个世纪的发展，意大利城市逐渐走向自治，在自愿的公民组织的基础上建立了政权机构，即市政厅。市民不仅包括商人和手工艺人，还包括少数将自己的住所从乡村搬到城市的封建领主——毕竟城市才象征着文明的生活。货币发行量激增，地主们急切地向城市精英们管理的商业和金融活动进行投资。这些活动反过来又推动了银行和信用工具（例如信用证）的发展，方便了资本的远距离流动。繁荣的市场再次成为城市生活的中心，吸收了农业技术创新带来的农村剩余产品。商业已成为城市税收的基本来源。创建更有效的食品质量控制体系和各种产品统一的计量形式已成为当务之急。

虽然当时食品保存技术水平有限，但得益于分布广泛的贸易网络，一些来自农村的食品，尤其是葡萄酒和奶酪，已在其原产地之外声名远扬。薄伽丘在 14 世纪 50 年代用意大利语撰写的著名中篇小说集《十日谈》中提到了帕马森芝士[1]。薄伽丘描述了帕马森芝士碎堆成的山，大量马卡龙和意大利饺子从山坡上滑落，故事中的班戈迪（Bengodi）就是这样一片无尽富足的虚构之地[2]。

一方面，人们在幻想中满足自己的渴望，即拥有完全不必担心食物短缺的生活，这表明食物短缺在当时是一个普遍的问题；另一方面，幻想中的新物产和新习俗，其实也反映了在意大利中部和北部发生的时代性的变化。农民开始在城市周围废弃的土地上砍伐、开垦、排水和耕种，增加的耕地远远超出过去地方领主的控制范围，对养活不断增长的人口至关重要。有时，砍伐和封

阿雷佐，大广场。在采取自治模式的意大利城市，广场成为文化和政治生活的中心

闭开垦以前开放的土地甚至限制了放牧活动和牧草的生长，牛的数量减少，导致有机肥也减少了[3]。一些封建领主通过邀请僧侣们在其领土上定居而提高了生产力，特别是在需要排干沼泽的地区。僧侣们的劳作还促进了牧场的重新组织，其中包括牲畜的大规模季节轮牧：羊群在南部平原度过冬天，在中部的丘陵地区度过夏天，后者在夏季有凉爽的气候和丰富的草料[4]。

由于土地所有者和农村领主的频繁捐赠，修道院的规模和权力都在显著增加，他们雇用劳动力从事具体劳动，僧侣只负责管理作物的生产和贸易环节。随着时间的推移，修道院的饮食变得更加丰富多样，即使仍须斋戒，还是比其他上层阶级能食用到更

安德里亚·曼特尼亚（Andrea Mantegna），《耶稣在橄榄山上祈祷》，1459 年，维罗纳圣芝诺大教堂。这幅画表现了靠近大城镇的山坡上精心维护的景观和农业活动

多的蔬菜和水果。

中心城市通常负责组织周边土地的开垦和管理，特别是由于过度砍伐森林而导致土壤条件恶化的丘陵地带[5]。对建筑木材和薪柴的需求持续增加，山坡几乎被砍光了，栗子树和橄榄树就种植在开阔的田野中。在亚平宁山脉周围，尤其是在食物缺乏的时节，栗子会被磨成粉用于各种用途。田地通常是沿着山的斜坡向下耕作，在托斯卡纳、利古里亚海岸、阿马尔菲海岸和西西里岛的某些地区导致土壤流失加剧，那里的山脉更靠近大海，土壤遭受侵蚀和流水冲刷的危险更突出。农民依靠种植橄榄树、葡萄树

和柑橘类果树来加固河岸和梯田。

中心城市实施了很多建设项目以进行供水调节、渠道灌溉和河岸维护。在波河周围地区，这些建设项目增加了水路在运输和贸易中的应用，促进了高效率的水力磨坊的传播。技术创新在提高农业生产力方面发挥了非常重要的作用。三季轮作制度逐渐取代了过去的两年轮作法（谷物和休耕法），农民可以在一年内相继种植秋季作物（小麦）、春季作物（豆类、大麦、黑麦）后进行休耕。随着金属冶炼技术的进步和铁器的普及，铁匠在工具上进行创新，如制造沉重的模板犁等。同时，前叉的引入使牛可以更好地呼吸并用力拉犁，从而提高了生产率。由地主们和修道院种植、管理的葡萄园，构成了城市和乡村的共同景观。但农村的生产条件改善并不总是为农民带来更好的生活，他们摆脱了传统上封建领主的势力，却又越来越受到城市精英们的控制。农民与城市精英们建立了旨在加强效率和贸易运转的合同关系，这种关系基于经济和法律义务，而非传统。从城市中心转移出去的农村人口继续生产和消费低产的谷物，例如黑麦、燕麦和大麦。

靠近城市的土地经常种植小麦，从而增加了中心城市的面包消费量。市政厅经常对小麦贸易及其税收进行监管以确保供应[6]。威尼斯早在 1228 年就建立了面粉仓库，佛罗伦萨在 1284 年成立了负责粮食供应和销售的办公室[7]。随着小麦供应量的增加，城市中新鲜面食和干意大利面的消费量也随之增加了。用软小麦制成的新鲜面食经常被压成薄片，称为“千层面”（lasagna），在古希腊文中已经有类似的单词（laganon）存在，证明此种产品

在亚平宁山脉周围，尤其是在食物稀缺时期，栗子会被磨成粉用于各种用途

在地中海地区的悠久历史。新鲜的面食要么由精英家庭的厨师在家庭内制作，要么在本地的专门商店中生产销售。干意大利面被称为 tri 或 tria，是对 itriyya（一种用水和面粉做成的食物）一词的拆解，该单词出现在 9 世纪左右的叙利亚和阿拉伯医学文献中，可能是来自古希腊医学家盖伦在其医学作品中使用的希腊语 itrion。后来，tria 用来特指意式细面。撒丁岛的 fideos 和利古里亚的 fidelli 都来自阿拉伯语，也用来指制作成细面条状或米粒状的面食。

干意大利面天然适合进行远距离贸易。西西里岛大量的硬粒小麦种植及其位于地中海中心的位置，使该岛成为生产意大利面的理想之地。在 12 世纪的西西里岛，意大利面在离巴勒莫不远的地方生产，然后装船运往卡拉布里亚和其他基督教会控制的地区。为诺曼国王罗杰二世效力的地理学家伊德里西（al-Idrisi）的作品中提到了上述活动。热那亚和那不勒斯地区后来也成为该贸易的重要地区，但直到14世纪，西西里岛唯一的竞争对手是阿拉贡国王控制的撒丁岛，该岛生产了大量的硬粒小麦，在面食工坊里进行交易，因为面食商品由当地海关官员界定。干意大利面在当时的食谱中很少被提及，这反映了它在贵族饮食中的地位是有争议的。上层阶级偏爱新鲜的食物，认为它比干燥或腌制的食物更好，且与其地位更相符——雇用可以随时制作新鲜面食的厨师被认为是财富的标志。但是，干意大利面也的确出现在阿拉贡宫廷食物中，也被富裕的市民食用[8]。

城市文化与精致饮食

在新兴城市中，与食品相关的职业越来越专业化和规范化。为了提高自身地位，食品工匠们建立了行会，并在地方当局的严格控制下制定了生产标准和流程。只有经过长期的学徒训练之后才能进入行会，行会确保成员的就业，并在发生问题时提供帮助。同时，通过限制行业准入，食品工匠们得以保持着较高的服务价格。在这个行业中最受尊敬的是面粉磨坊主、面包师（他们用客户提供的面粉来制作面包和蛋糕）以及烤箱主（他们负责烘烤出最终产品）。来自皮亚琴察的面包师得到了很高的评价，他们被获准捐资修建了当地大教堂的支柱之一，并在柱头上雕刻出面包师工作时的形象。甚至过去几乎被视为罪犯的小酒馆老板和屠夫也被允许组织自己的行会。食品的生产加工经常在郊区进

行，以防止异味和污秽污染城市，例如屠宰商屠宰、冷切肉以及奶酪制作商的生产活动等[9]。屠宰商将较脏乱的生产环节留给了其他工匠，例如猪肚供应商、猪油和萨拉米香肠制造商等。小酒馆的老板们在市场活动中更加活跃，他们向旅行者出售葡萄酒、面包和奶酪（人们在家时不常做的饭菜）等。

香料与远洋探险

被看作奢侈品的香料，在中世纪末期与意大利烹饪相关的记录文献中发挥着尤为突出的作用。来自印度（胡椒）、斯里兰卡（肉桂）和遥远的马鲁古群岛或香料岛（丁香和肉豆蔻）等地区的香料，通过穆斯林统治者控制的贸易路线到达地中海和西欧的基督教地区。在15世纪，葡萄牙人因摩尔人从伊比利亚半岛被驱逐而感到振奋，并决心打破埃及马穆鲁克人和奥斯曼帝国对黄金、奴隶和珍贵香料的交易垄断，这些“商品”通过威尼斯和其他一些港口运进欧洲。因此，在葡萄牙国王爱德华的兄弟、航海家亨利的指导下开始了一系列探索计划。

马德拉群岛（15世纪20年代）、加那利群岛（15世纪30年代）和亚速尔群岛（15世纪40年代）的殖民化过程中将“旧世界”的农作物（如糖和香蕉）引入大西洋世界。在塞内加尔和非洲西海岸外的佛得角群岛建立贸易基地后，葡萄牙人于1487年绕过了好望角，沿印度洋路线巩固自身的存在。他们没有建立殖民地，而是选择占领和把守重要的港口及海峡通路，如波斯湾的霍尔木兹海峡、莫桑比克的沿海城镇、红海入口处的亚丁和马来西亚的马六甲海峡。此外，葡萄牙人在澳门建立了与中国直接贸易的基地，在长崎建立了首个通向日本的商业门户。

这些活动在16世纪初暂时限制了威尼斯的香料贸易，但似乎后来香料又流回了地中海贸易路线，部分原因是驻印度的葡萄牙官员对红海和波斯湾的控制不力。威尼斯人集中在埃及的亚历山大港和叙利亚的阿勒颇，这些地点都位于从巴士拉和巴格达出发的商队路线上。由于更容易获取，香料尤其是胡椒粉在欧洲的消费量大大增加。

肉豆蔻是文艺复兴时期最昂贵的香料之一

贸易和手工生产的扩大以及农业产量的增加使粮食供应更加充足，整个亚平宁的饮食结构和烹饪习惯都发生了改变。贵族和城市上流社会有财力经常举行宴会，这些宴会往往精致优雅，摆满了各种名贵食材。通过大吃大喝来展现自己的体力、财富和社会资本，来表现自己是英勇战士的做法已过时，餐桌礼仪成为社会地位的标志。在正式场合，客人共享碗、高脚杯、木制食盘（通常放面包片）或木餐具（上面放固体食物）。汤匙可用于喝汤和吃带有酱汁的食品。客人用手指吃饭，用餐布擦手，这是原本只作为桌子装饰的餐布的新功能。把手指舔干净、从餐盘中取出食物又放回或在桌子旁边吐痰等行为被认为是不礼貌的。各种用餐场合都会供应葡萄酒，价格、质量、产地和声誉决定了不同葡萄酒在不同阶级之间的地位和使用情况。根据当时的医学理论和饮食习惯，不论年龄、季节或地点，葡萄酒对所有人都是有好处的，它可以预防和治愈疾病，在体液理论中被认为是“热性”，因此被认为有利于消化食物和生成血液。

精致的菜肴往往会加入昂贵的香料，例如肉桂、生姜和胡椒。在十字军东征期间，与地中海东部日益紧密的联系重新激发了人们对异国情调和异域食材的兴趣。藏红花能使食物呈金色，而糖（在当时被认为是香料）装饰并丰富了许多食谱。

野味、家禽、猪肉和羊肉都会出现在富人的餐桌上。如果要用平底锅煎或者吃烤肉，肉类通常要先煮熟。那时的医学理论认为，蔬菜和豆类由于其寒冷潮湿的特点，对贵族精巧的胃来说负担太重了。但正如我们将要看到的，意大利的上流社会似乎对这类食品的消费并没那么多的疑虑。食材生长越靠近土壤的部分越适合下层阶级，相反地，家禽所提供的营养被认为更适合上层阶级的胃口。贵族的本性就是要食用更清淡、更精致的食物，而工人和农村居民则可以消化较粗糙的食物，例如黑面包或野草。人们应该以自己的身体特点来反映宇宙的构成，这是由上帝的无限智慧决定的，饮食也应当遵循神圣的世界秩序，这种秩序包括社会整体及不同阶级的安排。饮食习惯在那时的人看来不是经济学作用的结果，而是表现出追求精神本质的天生本能[10]。食物的口味被认为能反映食物在体液理论中的性质，不仅对享用一顿饭来说很重要，而且对食用者的健康也很重要，因为当人们愉快进食时，会更容易消化食物。除了“甜”“苦”“咸”“酸”之外，还会使用“涩口”“油腻”“辛辣”之类的词语来描述食物的风味[11]。

意大利的烹饪书在中世纪晚期首次出现并非偶然。在那时，农业迅猛发展，城市生活扩张，上层阶级对食物的思考和消费方式也发生了深刻的变化。我们所知的第一本烹饪书《烹饪之书》(*Liber de coquina*)是在13世纪末用拉丁文写成的，应该是出自那不勒斯的安茹宫廷。由于那时很少有人会读写，书籍是珍贵的稀有物品，因此食谱反映的也是上层阶级的烹饪风格。这本烹饪书面向受过良好教育的读者——他们可以从中选择菜肴并向厨师下达命令——或是对烹饪主题感兴趣的人。《烹饪之书》收录的是意大利公认的当地传统菜肴，例如热那亚的特里亚宽面条或罗马风格的卷心菜。书中还提到了具有异域情调的美食，描述了欧洲宫廷间食谱的流传与厨师的交流情况。书中还包括了欧洲其他地方的贵族所鄙视的蔬菜类食谱。蔬菜通过添加昂贵香料并精心烹制成豪华菜式，表明了不同社会阶层之间的渗透，因为许多厨师来自下层阶级，但为上流社会烹饪。到 14 世纪末，当地方言和意大利语中出现了各种各样的食谱，例如由威尼斯方言写成的《厨师之书》（*Libro per cuoco*），作者未知。这本书中包括有关食材、花费、准备时长和必要工具的实用指导，很可能面向能够阅读的专业厨师，其阅读能力已经表明了他们的地位。

托斯卡纳地区作为现代标准意大利语的先驱，成为通俗烹饪书出版的中心，比如《十二个贪吃的贵族》（*XII gentili homini giotissimi*），面向的读者可能是上层资产阶级；《烹饪之书》（*Libro della cocina*），内容多来自拉丁文版的《烹饪之书》，但增加了专门的蔬菜部分，写于 14 世纪末至 15 世纪初。此处我摘录翻译的两个食谱都是面向有能力负担专业厨师服务的富裕家庭。两种菜肴均具有一定的观赏性，可用于正式宴会。

如何制作填馅孔雀

将孔雀剥皮，保留头部羽毛。取一些不太肥的猪肉绞碎成肉馅，与孔雀肉混合搅打。取肉桂、豆蔻或者其他喜爱的香料混入肉馅中。在混合肉馅中小心地加入蛋白，继续用力搅打。蛋黄先放置备用。

将搅好并混合了香料的肉馅填入孔雀内，外面包上一层猪肠膜（猪肠外部的一层网状薄膜），再固定在烤肉的木叉上。先将固定好的孔雀放入温水锅中慢煮，当孔雀体积缩小后再取出烤制。外层刷上刚才预留的蛋黄液。蛋黄液不要一次用尽，留取一些做肉丸。要做肉丸，首先须小心地切下一块猪腰部的肉并用力剁，将肉馅与蛋黄液和香料混合，在手掌中滚成肉丸。将肉丸在蛋黄液中蘸取上色，在沸水中煮熟。肉丸煮过后可以进行烤制，再用羽毛装饰。最后将肉丸也放进孔雀内，再将剥下的外层毛皮覆于孔雀外面，即可上桌。

鲑鱼派

先和一些较硬的面团（用温水和面粉），并做成鲑鱼的形状或者圆形。取鲑鱼，去内脏和鳞片，清洗干净后腌渍，放入面团中，加入磨碎的香料、橄榄油和藏红花。让面团尽量模仿鲑鱼的形状，两头各捏出一个角，类似船形。面团两端开小孔，或中间开一个孔。放入烤箱或者烧热的石头间烘制。鲑鱼派烤好后，取出并浇上玫瑰花水、橙汁或者混合柑橘果汁（不同柑橘类水果混合的风味浓郁的果汁，以药用疗效著称）。在一年中肉食供应丰富的季节，还可以在面团中放入猪油代替橄榄油。用此法也可以做其他鱼肉派，如沙丁鱼派、凤尾鱼派、羊鱼派等。

危机与复苏

经济和社会动乱并未蔓延到整个亚平宁。半岛南部仍受诺曼人统治，不允许政治自主权和企业家精神自由发展，贸易型农业由于缺乏专门劳动力也失去了重要性。由于朝代制度的缘故，在13世纪，霍恩斯陶芬家庭的腓特烈二世恰好既是西西里国王又是神圣罗马帝国的皇帝，他试图改变菘蓝和糖料作物的种植，以更常见的产品例如橙子、茄子和杏等来替代。他雇用了日益减少的当地穆斯林社区的成员和来自伊斯兰国家的专业农民。但在腓特烈二世死后，这些复兴经济作物的尝试被放弃了，直到14世纪末由于外商投资才得以复兴[12]。

腓特烈二世对商品交易实行严格的管控。圣日耳曼诺的编年史家里卡多（Riccardo）告诉我们，国王在1232年颁布了一项法令，包括禁止用母猪交换乳猪、禁止售卖死物的肉或受污染的食物、禁止长期保存易腐食品和兑水冲淡葡萄酒等。那些被发现违反法令的商人将被判处支付一盎司黄金，如果这些交易行为与朝圣者有关，则将被判罚两盎司；如果再犯，将被砍手，第三次违反禁令就将处以绞刑[13]。这一禁令表明了市场和商人之间广泛存在的相互猜疑，国王反对地方传统和特权从而维护王权的意愿，扩大了他对城市生活和商业活动的直接统治范围。

诺曼人对亚平宁半岛南部的统治于1268年结束，当时法王路易八世的儿子查理·安茹在教皇的帮助下夺权，之前西西里国王与神圣罗马帝国皇帝重合的身份让教皇感到了威胁。尽管亚平宁半岛南部的犹太人被迫大批改宗，但有些人秘密地保留了他们的文化和宗教身份，另一些人则迁移到了地中海东部地区[14]。安茹王朝在那不勒斯一直存在到15世纪中叶，但并没能在西西里岛扎根——当地贵族选择了西班牙的阿拉贡国王，并于1282年驱逐了安茹王朝的势力。

13世纪末，刺激欧洲及意大利发展长达两百年的经济和人口扩张放缓。气候变得寒冷潮湿，饥荒频繁出现。黑死病席卷了整个地中海东部，于1347年横扫了亚平宁半岛，造成数百万人丧生。耕地和村庄整片整片地被废弃。城市内的高人口密度和不佳的卫生条件使城市居民特别容易被疾病侵袭。人口减少导致粮食需求下降，进而压低了小麦价格。除了伦巴第大区的农业活动基本稳定外，其他地区的地主们在瘟疫结束时已经很难找到廉价的劳动力。许多幸存者占领了死者留下的土地，有能力跟雇主在薪资上讨价还价或者实行分成租佃制，特别是在农民自身拥有牛和耕种工具的托斯卡纳和半岛中部地区。

然而，封建所有制依然在意大利南部盛行。法国和西班牙贵族与当地贵族合谋规避王室的控制，封闭普通的农田，扩大放牧羊群的“保留区”以应对不断增长的羊毛需求[15]。在北部，稳定的农场周围饲养着牛群，在半岛的中部和南部则进行季节轮牧。阿拉贡国王阿方索一世于1447年建立的“绵羊税务办公室”负责收取在普利亚过冬的羊群的收入，办公室首先设置在卢塞拉，后来是在福贾。教皇在罗马周边也建立了一个类似的机构。南方

贵族几乎没有动力进行农业创新，因此南方农民的生活条件极其恶劣。此外，那不勒斯国王和教皇只在非常有限的范围内尝试开垦沼泽地并采用新技术。

由于整体环境的不确定性和社会动荡，意大利中部和北部的城邦纷纷聘请督政官，他们的任务是在城市内各种错综复杂的利益间协调，以取得平衡。当这种解决方案行不通时，各种形式的独裁统治就变得越来越常见，例如“领主”（当个人夺取政权

威尼斯商人在与地中海的香料贸易中积累了财富，并建起了反映这些财富的辉煌宫殿

并且城邦承认了他的权威时）和“僭主”（当新领导人得到皇帝或教皇等更高权力的授权时）。转向寡头和贵族统治的苗头已经在威尼斯出现，例如在1297年威尼斯大议会选举时，之前几年没有进入过议会的人直接被禁止参与。统治精英们废除了康曼达契约，堵塞了新兴资产阶级向上流动的通路，将获得国际贸易的机会限制在贵族之间，尤其是那些地中海东部的有利可图的路线[16]。

然而，政治上的贵族化却对意大利许多地区的土地管理产生了积极影响，土地亩产量增加了，农村生产水平也提高了。特别是在波河平原，米兰和威尼斯周围的权力集中使公共工程得以更好地协调，特别是在卫生改善、渠化建设和灌溉系统方面。每个王室都为了增加农业收入而提供资金支持，从而展示其权力和财富，并从整个半岛招募技术人员和科学家。波河平原上纵横交错的运河将土地划分为四边形的田块，河岸遍植乔木、灌木以及葡萄树等[17]。这种农业模式在北部扩张的同时，拜占庭人带来的桑树也在半岛南部传播开来[18]。桑树种植刺激了丝织业的发展，在南部地区占有重要地位。15世纪，水源控制和利用的改善使水稻种植面积得以扩大，加上当地政治力量的促进，水稻种植在半岛北部蓬勃发展。那里建立了现代化农场，可以进行季节轮作，并组织良好的牛育种活动，制作奶酪，收集粪便堆肥，从而又确保了土壤肥料，还种植了紫花苜蓿、红豆草和三叶草以维持土地肥力并为牛提供饲料。

政治动荡和复兴

随着领主政治和僭主政治等专制统治的建立，每一个城邦和王国都在以牺牲邻国为代价的基础上利用外交和权谋进行扩张，因此整个半岛经常卷入战争。法国和西班牙等外部大国更是趁机扩大自身对半岛的渗透和影响，常以庞大的军力震慑敌人并带来混乱和破坏。尽管政治动荡长期存在，14 世纪的意大利却经历了以重新发现经典古罗马希腊艺术为特征的深刻文化变革，文学和哲学的重要性与传统的教会教育相比日益增强，“人”在历史和自然发展中的角色被重新审视和评价。

得益于意大利王室宫廷（包括教皇）的赞助，艺术蓬勃发展，每个王室都想通过聘请最优秀的艺术家来展现自己的辉煌。每个城邦和王国都有自己的法律和商业体系、自己的货币甚至自己的度量衡体系。如果说这种情况在食物稀缺、干旱和战争影响的基础上进一步阻碍了商品流通，那么也使得从其他地方获取商品的可能性变得更具吸引力，在某些情况下，外地物产是新奇的事物和社会地位的标志[19]。亚平宁半岛中部和北部城市成为繁荣消费的引擎。市场作为重要的公共场所，人们可以在这里讨论习俗、品位和社会关系等。市场稳定在政治上至关重要，因为供应渠道的中断很可能引发社会动荡；由于酒馆和妓院的存在，即使称不上危险，市场也是一处充满道德争议的场所。体面的女士在无人陪伴的情况下购物，或在各个店铺前流连是不合适的行为[20]。

市场的布局安排以便于监督官员和路人查看交易行为为原

则，顾客们在街道或广场的空旷处闲逛，卖家则待在商店柜台后面。沿街修建了门廊和其他一些永久性的建筑设施，但食品也会在临时市场中出售，这些临时市场是经地方当局批准后根据传统建立并定期举行的。从农村进城来的农民在向市场工作人员付费后，可以摆摊、搭桌子，甚至只在地面铺一块布后便出售他们的商品。熟食售卖形式从推着手推车的摊贩、固定厨房和设有柜台的食品店，到为旅客提供膳宿的小酒馆，不一而足。为了避免交易欺诈，各王国和城邦在教会机构和贸易行会的协调下制定了一些管制措施，这些行会还保留着中世纪时的功能和结构，在食品生产、再加工、销售的许多领域都占据着主导地位。精英家庭会雇用属于行会的男厨师来指挥厨房女仆们的工作，他们也会在普通家庭中负责烹饪。

精美盛宴

市场商品的丰富多样会在家庭环境中得到反映。过去几个世纪经常被忽视的感官体验重新受到关注，影响着人们对食物的社交认识和审美欣赏[21]。文艺复兴时期，宴会仍然是上层社会的一种重要社交形式，菜肴水平和烹饪技艺要能够带给宾客们兴奋和新奇感，达到取悦或者震惊全场的效果[22]。该时期的绘画中频繁地出现宴会场景，艺术家要努力使画作的观众对画面中的场景感到艳羡，并同时向宴会主人的财富和高雅生活致敬[23]。宴会越来越铺张，以至于意大利各地当局都试图通过法律来限制食物的过量消费、食材的过于名贵和宾客人数过众[24]。穷奢极欲地展示财富不仅在道德上被认为应受谴责，对于维护安定的社会秩序也非常危险，特别是在粮食短缺时期。然而，即使在斋戒日（星期三、星期五及许多假期前夕），人们也会设法做出丰富而精致的菜肴。禁止奢侈用餐的法令总是隔三岔五地重新发布，表明上层阶级对这些规定并不太遵守。

宴会由多轮连续的上菜组成，每轮上菜都会有同时放在桌子上的几道菜。客人可以品尝他们想尝试的，或更实际的情况是品尝离他们座位更近的菜。菜品的展示形式是十分重要的：家禽上桌时要披着原来的羽毛，而山羊则覆盖着羊皮。在意大利宫廷，进餐常常包括交替进行“厨房服务”（指热菜）和“餐具柜服务”（指便餐，包括便餐或茶点）。一顿正式的餐食通常从茶点头盘开始，并至少有两道热菜。在用餐开始时，通常会提供以油和醋调味的新鲜水果或沙拉作为头盘，意在让胃准备好以接受更多丰盛的菜品。盛大的宴会需要由专业的仆人来服务，他们在餐桌旁将鲜美的烤肉从架子上切下，然后配上叉子。所有工作人员都由宴会管家协调，他还要监督厨师并与主人确定上菜顺序。同时也有其他人协助宴会管家的工作，比如茶点师负责茶点部分，采购负责在市场上采买以确保食材供应[25]。虽然社会各阶层都喜欢饮用葡萄酒，但在宴会期间只会提供最优质的葡萄酒，品酒师就负责选择、购买葡萄酒和搭配菜肴，侍酒师则负责上酒。

餐桌礼仪得到了极大的重视，早在13世纪末由神父邦维辛·达·拉里瓦（Bonvesin da la Riva）撰写的《餐桌礼仪五十条》（*De quinquaginta curialitatibus ad mensam*）就体现了这一点。这首简短的诗歌虽然标题为拉丁文，但实际用意大利语写成，描述了餐桌上的50种礼貌行为，包括洗手、入座前礼貌地等待、肘部不要放在桌上等：

> 礼节第八，按上帝的意志，请避免嘴巴里塞过多的食物和吃得太快；吃得太快、嘴里塞得太满的人与人交谈时会有困难……
>
> 礼节第十六，打喷嚏或咳嗽时要谨慎，保持礼貌并转头向另一个方向，以免唾液溅在桌子上。另一项是当您与有教养的男士一起吃饭时，不要将手指放在嘴里清洁牙齿。[26]

举止礼仪手册甚至发展出自成一派的文学体裁，登峰造极的是《廷臣之书》（*Cortegiano*），由外交官巴尔达萨莱·卡斯蒂廖内（Baldassarre Castiglione）于1528年撰写出版，还有大主教乔瓦尼·德拉·卡萨（Giovanni della Casa）于1558年出版的《礼仪守则》（*Galateo*）。注重礼仪的客人应当避免暴饮暴食和公开谈论菜肴（但是葡萄酒除外）。冲洗碗、使用餐巾和桌布有助于改善卫生条件，在正式宴会时会有几张桌布放在桌边，随每道菜而更换。餐桌不是固定的，食物仍会放在可移动的带支架的木板上，这样不仅可以在正式房间里用餐，而且可以搬到凉廊下或

花园露台上用餐。餐叉的使用被视为个人生活精致的象征，尽管两齿叉是常见的上菜和雕刻食物的工具，但每个宾客都使用餐叉的情况直到 15 世纪才在意大利上流社会普及。我们在波提切利的画作《老实人纳斯塔吉奥的婚礼》（1483）中看到，16 世纪时餐叉已被广泛用于食用水果和甜食[27]。

尽管在较低的阶层中木质食器仍然很普遍，但富人更喜欢陶瓷，偏爱使用个人专属的餐盘。自中世纪晚期以来，药剂师就使用陶瓷器皿存储药品，并在其上清楚地写上所装药品的名称，以

利莫那伊亚，比耶德拉别墅。文艺复兴时期的别墅通常都有大花园，供宾客娱乐或进行室外晚餐

保持草药和香料的良好品质[28]。在文艺复兴时期，美丽的瓷器需要在白胎上镀锡，手工刷上明亮的釉彩，在诸如罗马涅的法恩扎、阿布鲁佐的卡斯特利、翁布里亚的德鲁塔、坎帕尼亚的阿里亚诺和普利亚的拉特扎等专业中心进行生产[29]。生产技术的改进受到伊斯兰世界传播过来的方法和流程的影响[30]。在玻璃生产中也发生了类似的变化，出现了更薄的玻璃材质、更清晰的色调

15 世纪早期产自法恩扎的陶瓷罐，法恩扎是文艺复兴时期的陶瓷生产中心之一

和原创的独特形状，从而很好地满足了精英阶层的需求[31]。威尼斯成为著名的玻璃生产中心，尤其是穆拉诺岛[32]。从16世纪开始，使用金属餐盘成为一种时尚，雕塑家本韦努托·切利尼（Benvenuto Cellini）这样的艺术家得以展示自己的技艺和独创性。诸如调味盐罐之类的餐桌物品也努力展现出新颖精致的特点，被称为“矫饰主义”（Mannerism），旨在以创造力、机智和结构复杂性独树一帜[33]。

在16世纪，意大利是高端食品创新和时尚的中心，后来西班牙在17世纪上半叶承接了这一角色[34]。下层阶级的饮食习俗部分地进入宫廷饮食中，例如广泛使用奶酪（烹饪书提到了山羊奶酪、水牛奶酪、帕马森芝士、马背奶酪、马苏里拉奶酪和撒丁岛奶酪）、内脏（脑、耳甚至眼睛）和蔬菜（如茴香和朝鲜蓟）。牛肉和小牛肉以及像鳕鱼、鲟鱼和鱼子酱这样的菜都出现在精致的餐桌上，尤其是在“清淡”的斋戒期间。斯卡比（Scappi）提到的鹅肝，产自费拉拉、皮埃蒙特和威内托的犹太人社区[35]。界定我们现在所说的“民族美食”是很困难的，“民族美食”一般应当代表一个特定的民族国家惯用的食材、烹饪技艺和典型菜肴。但在欧洲，各国的精英阶层们共享那些保持了中世纪风味的佳肴，例如甜味菜和咸味菜之间没有明显的区别，大量使用香料，带有面包屑或杏仁粉的酸酱，以及视觉上令人叹为观止、务必要给食客留下深刻印象的菜式。但烹饪书中所定义的特定外国起源的菜肴，表明了在欧洲宫廷内工作的专业厨师中烹饪技术和理念的相互影响与传播。

一种美食对另一种美食的精确影响是很难确定的。学者们一直争论的有 1533 年卡特琳娜・德・美第奇（Caterina de'Medici）作为法王亨利二世的未婚妻到达法国，带来一群来自佛罗伦萨的厨师，因此自 16 世纪开始了意大利烹饪艺术对法国美食的深远影响。最初引入的可能仅限于一些意大利的餐桌礼仪，包括使用餐叉、食用新鲜蔬菜以及糖在糖果、果酱和蜜饯中的使用技术 [36]。用糖制成的装饰性小雕塑也是一种时尚，因此威尼斯和热那亚的商人会从葡萄牙的新殖民地巴西和马德拉群岛进口制糖原料，再出口到整个欧洲 [37]。

卫生、饮食和烹饪手册

文艺复兴时期，知识分子强调人类在宇宙中的中心地位，同时在文化中，美食成为道德原则和健康理论交汇的领域。这种思想变化是因重新发现在中世纪一度散失的古希腊和罗马医学文献而引起的。伊斯兰世界在传播盖伦及其他古典作家的医学典籍和基于体液理论撰写的饮食原则过程中起着基础性作用。这一套知识体系在整个拜占庭帝国中传播，被聂斯脱利派难民翻译成叙利亚语，然后带到波斯被当地学者研究利用，最终融入了伊斯兰知识分子的科学理论中。体液理论被阿威罗伊（Averroes）和阿维森纳（Avicenna）等古典作家进一步丰富。阿维森纳生活在 10 世纪到 11 世纪，他在其医学经典《医典》（*Qanun*）中重新整理了体液理论。这部书共五卷，是医学领域的权威之作。后来，这些信息的大部分都被整理成表格的形式，命名为“塔克维姆西哈”（Taqwim al Sihha，在阿拉伯语中意为“摘要”“健康组织”），然后又催生了“《健康全书》（*Tacuinum Sanitatis*）学派”，传播有关饮食健康的医学知识[38]。从 11 世纪开始，古典文献开始被逐步回译为拉丁文，正如罗马附近卡西诺山修道院的修士康斯坦提努斯·阿弗利卡努斯（Costantitus Africanus）所做的工作。

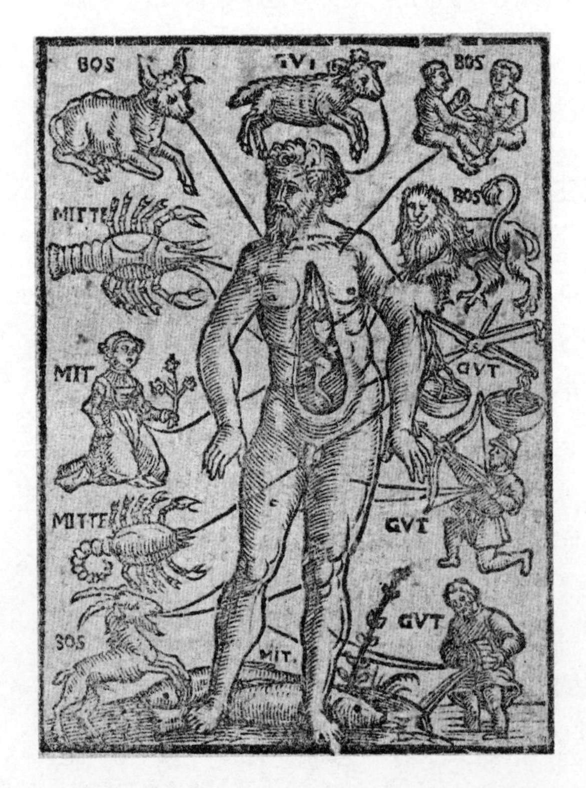

人体星象示意图，摘自 1580 年历书。中世纪晚期，人们认为人体结构能够反映宇宙及其秩序

在 12 世纪，创建于那不勒斯附近的萨勒诺医学院编制了《饮食手册》（*Regimen Sanitati Salernitanum*），这是一本诗歌体的饮食手册，奉行体液理论，并在整个意大利流行开来。以下是一些摘录：

> 最好的葡萄酒是白葡萄酒和甜葡萄酒。
> 如果您晚上喝得太多以致感到反胃，请在第二天早

14 世纪的《健康全书》（*Tacuinum Sanitatis*）插图，解释了葡萄酒的医疗效用

上再喝，这将是治愈您的良药。

用鼠尾草、盐、胡椒粉、大蒜、葡萄酒和欧芹可以制成非常好的酱汁，只要您不加任何其他调料。

用餐时仅喝水会极大地扰乱胃部功能并妨碍消化。

食用完桃后可以再来点核桃；食用完肉类后可以再来点奶酪[39]。

在萨勒诺城中心，席尔瓦蒂科（Silvatico）家族建造了一座花园，根据体液理论种满了药用植物。席尔瓦蒂科家族的一名医生马泰奥（Matteo）利用花园来教医学院的学生，向他们展示植物的形态、名称和特征。直到最近，这座花园才被重新发现并恢复了曾经的样貌[40]。

在14世纪下半叶，包括诗人弗朗西斯·彼特拉克（Frances Petrarch）在内的知识分子努力与宗教势力抗争，抵抗经院哲学对医学和其他科学的影响。1348年黑死病恐怖的流行使许多人认为当时的医学无能为力。1453年君士坦丁堡沦陷后，众多希腊学者来到意大利，推动了席卷全国的文化变革。从15世纪70年代到17世纪上半叶，在印刷机发明的助推下，大量饮食方面的书籍出版了。第一批作品被送往宫廷，仍然深受伊斯兰教义影响。随着希腊古典文献经过翻译后的阅读和传播，学者们赞赏古希腊贤者的谦虚，批评当下的皇室和贵族家庭（包括罗马教皇朝廷）奢靡的生活，给他们贴上“暴饮暴食”的标签。同时，宗教改革风潮的蔓延也破坏了天主教与斋戒和禁欲等有关的传统。尽管达·芬奇已经从机械力的角度理解了食物消化的本质，但直到16世纪末各种独立研究才蓬勃发展，常常颠覆了以往从古典文献中获得的经验[41]。安德里亚斯·维萨留斯（Andreas Vesalius）和加布里埃·法罗比奥（Gabriele Falloppio）通过解剖尸体证明了盖伦的解剖学理论中的一些错误。包括杰洛拉莫·卡尔达诺（Gerolamo Cardano）、亚历山德罗·彼得罗尼奥（Alessandro Petronio）和乔瓦尼·多梅尼科·萨拉（Giovanni Domenico Sala）在内的众多作者，在个人日常观察的基础上，对当时流行的一些营养观念都提出了不同看法[42]。

考虑到宴会在文化和政治上的重要性与日俱增，以及学者们对健康和饮食的讨论与反思带来的影响，烹饪书的繁荣发展就不令人惊讶了。文艺复兴早期最著名的食谱合集是名厨马蒂诺（Maestro Martino）的《烹饪技艺手册》（*Liber de arte coquinaria*），写于1464年至1465年[43]。我们对这位作者的生平所知甚少，他只留下了5份手稿。马蒂诺的作品很少提及特定的地方传统菜肴，但在许多方面都具有开创性：食谱第一次被归纳成不同的章节，并提供一些非常具体的信息如必要的食材、做菜的程序甚至所需工具等，这与以前的烹饪书中倾向于隐藏此类信息（可能被认为是商业秘密）不同。这些食谱证明了文艺复兴时期宫廷饮食的缓慢转变，看重食物精致程度的不再仅仅是大贵族，积极参与意大利城市和经济生活的资产阶级名流对此也非常在意。马蒂诺的食谱还着眼于菜肴的视觉效果，反映了加泰罗尼亚美食在14世纪初的流行，也体现了一些可能通过西西里岛保留下来的穆斯林烹饪传统，如使用大米、枣、苦瓜、橘子、葡萄干和梅子等食材。甜味菜肴和咸味菜肴之间的区别变得更加明显。

马蒂诺的食谱中，蔬菜和豆类占的比重尤为突出，显示出新鲜农产品开始进入精英阶层的餐桌。食谱中提供了“罗马风格”的豌豆、蚕豆、萝卜、茴香、蘑菇和白菜的做法，用猪油腌渍后在肉汤中炖。大蒜、欧芹、接骨木、百里香、薄荷和其他香料在食谱中广泛应用。意大利的许多城市都有城市果园和专门用于销售草药与蔬菜的市场，说明当时蔬果的消费比现代饮食论文所建议的还要普遍得多[44]。精英们喜爱自家田地里出产的水果，包括马蒂诺食谱中提到过的樱桃、木瓜甚至西梅等。贵族家庭经常以水果作为礼物，但由于无法完全做到自给自足，所以他们也要从商人那里购买，最好是自己信任的商人。当然，对精英们来说，生的或煮熟的蔬菜只是一顿饭的一小部分，用各种香料如胡椒、藏红花、生姜和肉桂等烹制，是为了招待客人并给客人留下深刻印象，历史学家大卫·真蒂考莱（David Gentilcore）将此定义为“逆向势利”（reverse snobbery，指低调地炫耀）[45]。后来，由于宗教改革导致文化氛围更加传统，尤其是在教皇的地盘上，于是画家和作家们开始将水果蔬菜用作性隐喻或幽默的象征，反映出这些食品的文化相关性和在上层阶级的餐桌上使用的普遍性[46]。

在梵蒂冈担任图书管理员的巴尔多罗密欧·萨基［Bartolomeo Sacchi，又名普拉蒂纳（Platina）］也是一名美食鉴赏家，他使用拉丁语写作并在整个欧洲享有盛誉，他所著的《诚实的幸福与健康》（*De honesta voluptate et valetudine*，1474）一书采纳了马蒂诺的一些食谱，使马蒂诺的影响力进一步扩大。接受过古典文学训练的普拉蒂纳更强调菜肴的文化意义，在赋予美食更高地位的同时又将其与当时的医学和哲学理论联系起来。他对烹饪的乐趣做了新的诠释，与暴饮暴食毫不沾边："谁会对超越了习俗的神圣、严格的感觉无动于衷？谁会蠢到不想为身体提供愉悦的享受、有节制地饮食并保持自己的健康呢？"[47]他经常参考当地的菜肴和食材，尤其是他最熟悉的地区——罗马、意大利中部和波河平原，将食材的品质与产地联系起来评价。普拉蒂纳承认，他的书中采纳的大部分食谱都来自马蒂诺。他十分了解并推崇马蒂诺，甚至将其定义为"厨王"，从他那里学会了所有关于烹饪的知识[48]。普拉蒂纳的拉丁文作品在整个欧洲范围内被翻译成许多语言，使意大利的宫廷菜肴成为当时的美食标准，而意大利也成为所有美食创新的中心。

在随后的几十年中，意大利的宴会在诸如菜肴、服务和餐具器皿等方面变得更加复杂和讲究，这反映了当时人们对复杂性、独创性和创造性的追求一如矫饰主义在艺术中的表达。大多数食谱由宴会管家编写，他们是负责膳食编排、菜单和上菜顺序的专业人员。同时，印刷业的发展使这些作品数量空前，传播了它们所包含的具体烹饪知识和烹饪美学。克里斯托弗·麦西布戈（Cristoforo Messisbugo）的《宴会、菜品组成和总体准备》（*Banchetti*，*compositioni di vivande*，*et apparecchio generale*，

克里斯托弗·麦西布戈的《宴会、菜品组成和总体准备》(1549)

1549）和多梅尼科·罗姆利（Domenico Romoli）的《独门秘籍》（*La singolar dottrina*，1560），证明了宴会需要靠多样性和创新性的菜品及服务赢得声望，令食客感到惊艳，同时凸显出主人的品位和财富。尽管作为中世纪的遗留风格，糖和香料仍然大量使用，但罗姆利在许多食谱中都强调了蔬菜的使用，并专门用了整整一章讲日常饮食。

麦西布戈详细介绍了他组织的一些宴会。例如在 1531 年 9 月 8 日圣母升天节，博尼法乔·贝维拉夸（Bonifacio Bevilaqua）请他“在餐桌上铺两层桌布，摆上餐巾纸、刀子和盐罐，并为每个客人摆放一个扭花面包和一块小杏仁饼干”。菜单的第一道菜，包括无花果、鳗鱼馅饼、“土耳其式”小麦酥饼和酿鸡蛋以及其他菜肴，然后是“意大利式”小馅饼、炸鲷鱼、梭鱼尾、“伦巴第风味”填馅牛肉汤配熟香肠、面包挞、猪里脊肉、小木瓜馅饼和甜绿色酱汁。当然，接下来还有其他菜式，均会展现厨师和宴会管家的技能以及主人家的慷慨[49]。

巴尔多罗密欧·斯卡比（Bartolomeo Scappi）的《烹饪艺术》（*Opera*，1570）是文艺复兴晚期烹饪风格的缩影。斯卡比曾在罗马为枢机主教和两位教皇（庇护四世和庇护五世）工作，通过提供具体的烹饪指导、餐桌布置的指导（通常是受建筑的启发）以及使用火鸡[50]等来自美洲的食材，成为意大利美食的伟大创新者之一：

> 根据我的长期经验，一个明智而谨慎的厨师会像一位高明的建筑师那样尊重自己的工作，即铺设良好的开端、搭建完善的中段并完成精彩的结尾。经过精心设计，建筑师打下坚实的地基，并在此基础上带给世界许多有用且奇妙的建筑。厨师对宴席的设计必须体现美感和正确的顺序，这需要充分的经验积累，以至于他很容易就

能担任宴会管家的工作，但宴会管家想当厨师就没这么容易了。[51]

斯卡比在其百科全书式的作品中，介绍了他对罗马市场上可以见到的食材的兴趣，不论是来自本地还是从其他意大利城

巴尔多罗密欧·斯卡比的《烹饪艺术》（威尼斯，1574）

邦进口的。实际上，书中也包括来自波河平原和意大利南部的烹饪元素，评价了半岛东部和西部之间的差异，特别是在鱼类方面 [52]。

该书使我们能够了解当时各地的美食，每个地区最著名的产品都有重点介绍，并描述了每道菜的制作方法 [53]。另一位作者奥尔登西奥・兰多（Ortensio Lando）的书中对意大利的风俗和食材也表现出了同样的兴趣，即《意大利及其周边最著名与最惊人的物产点评》（*Commentario delle più notabili e mostruose cose d'Italia e d'altri luoghi*，1548）。这本书描述了一个虚构的外国人阿拉马克（Aramaic）在意大利的旅行和发现，其中包括对半岛不同地区食物的描述。

主流和少数

尽管精英家庭的厨房有时还有一些奢侈的灶具如铜锅、水壶、烤锅、铁锅、长长的旋转烤架和烤盘等，但总体来说，大多数家庭缺乏先进的设备，采用基本相似的烹饪程序，同时还要考虑燃料短缺的问题。从 12 世纪开始意大利一直进行毁林开荒，这使得木材越来越难获得，特别是在城市中。烧烤和烘焙的做法在普通百姓中很少见，人们从专门的烘焙店中购买特定的食物和面包。在封闭的金属或陶制容器中利用灰烬的余温进行炖煮很普遍。煮沸和炖煮仍然是最常见的烹饪方法，因为液体可确保烹饪过程中

没有物质流失[54]。火炉从主厅的中央移至墙边，并做成连接着烟囱的壁炉[55]。

无论是在城市还是在农村，下层人民的饮食中谷物仍然占很大比例。小麦在南部很盛行，北部乡下常见的是其他谷物，如荞麦，经常被磨碎并与玉米粉和大米混合。有时，大米由地方当局购买，作为在食物短缺甚至饥荒时分发给穷人的食物。小麦的供应使面食的烹饪更加普遍。意大利馅饼（pasticci）是用上下两层硬面饼，里面填入各种食材后再放在炉膛的余烬中烘烤，然后把仅作为烹饪工具使用的面饼丢掉。糕饼（torte）和硬皮派（crostate）与馅饼相似，只是面饼更薄，并且将黄油或猪油揉入其中，使其口感更加美味。斯卡比提到的那不勒斯糕饼，厚度不到半英寸，没有硬面外壳，可能是比萨的前身。得益于技术创新，如用手柄使揉面的速度更快、用挤出机对面团进行塑形等，新鲜干意大利面的消费量不断增加，商业生产变得更加高效实惠，质量也更佳。在16世纪末至17世纪上半叶，随着城邦对面食生产控制的加强，制作烤宽面条或细面等新鲜面食的工匠从面包制作者中独立出来并建立了自己的行会[56]。黄油的使用范围更加广泛，因为在斋戒的日子里可以使用黄油代替猪油，但是橄榄油仅在最富裕的阶层中使用。下层阶级饮食中的蛋白质主要来自绵羊、山羊，尤其是猪肉，在城市中腌肉很常见，因为鲜肉更昂贵一些。

此时，亚平宁半岛的人口构成仍然非常多样，并反映在烹饪习俗中。但没有哪个少数族裔比犹太人更加突出了，犹太人的文化使他们（无论他们属于什么种族或国籍）与所有基督徒都保持着鲜明的生活差异。犹太烹饪习俗在很大程度上受到与中东同乡们频繁接触的影响，而后者仍生活在穆斯林环境中。比较特别的犹太食品特征包括酸甜口味、在咸味的菜肴中加入松子和葡萄干、各种面糊和油炸的食物小块以及食用异域食材如茄子，其他意大利人认为这是危险的（意大利语中茄子为 melanzana，演变自单词 mela insana，意为“不健康的苹果”）[57]。当然，犹太人的情况也很难一概而论：上流社会的犹太人直到 19 世纪都对茄子表现出强烈的抗拒[58]。许多犹太人自 1492 年从西班牙被驱逐出境，又从西班牙控制的西西里岛和撒丁岛被驱逐到亚平宁半岛[59]。这些人到来之后不久，又来了一批因逃避宗教改革的迫害而移居的日耳曼犹太人。新移民们定居马尔凯地区的安科纳、罗马和威尼斯。威尼斯于 1516 年出台政策迫使城市中的犹太人住到同一地区，并按其来源分组：来自北欧的泰德斯基人（Tedeschi），来自埃及、叙利亚和土耳其的黎凡特人（Levantini），来自西班牙和葡萄牙的波农迪诺人（Ponentini），他们都有各自的烹饪传统[60]。犹太人居住的地区被称为犹太人聚居区［ghetto，来自威尼斯方言 getar（“冶炼”）］，因为那里曾经有一个铸造厂。1555 年，教皇保罗四世在罗马采取了同样的政策，要求犹太人夜间戴上一顶黄色帽子，并且必须回到聚居区。1570 年，从阿维尼翁被驱逐的犹太人来到了皮埃蒙特地区的库尼奥，他们保留了一些法国人的习惯。在与哈布斯堡帝国有着密切联系的主要港口的里雅斯特，来自中欧的影响力塑造了当地的犹太传统。

开在威尼斯原犹太人聚居区的犹太人烘焙店

文艺复兴时期，犹太人在意大利没有受到任何迫害，许多拥有独立主权的小国欢迎他们前去从事经济活动。在维罗纳、费拉拉、曼托瓦（该地著名的南瓜派可能与犹太传统有关）、佛罗伦萨，尤其是利沃诺（由托斯卡纳大公在 16 世纪末建立），都有蓬勃发展的犹太社区。这里的犹太人发现自己身处联系北非、希腊和中东的贸易网络中心[61]。蒸粗麦粉加肉和鸡蛋以及炸鳕鱼和炖番茄等犹太特色食物至今仍然非常流行。托斯卡纳的一些小镇允许犹太人居住，比如马莱玛地区的小镇皮蒂日亚诺，那里的犹太人社区一直比较兴旺，直到“二战”开始后法西斯加以迫害为止。“驱逐棒”（sfratto，意思是“驱逐”）是一种填满坚果和蜂蜜的棒槌形甜点，提醒人们过去犹太人被用棍子敲门并被强行驱逐，直到在皮蒂日亚诺安顿下来。

在意大利，由于难以遵守犹太饮食规则，拉比当局批准少数妇女可以进行屠宰，尽管这并不意味着女性在公共场合的角色有任何改变[62]。但专业的店铺和贸易商还是察觉到了犹太人的饮食需求，1579 年在威尼斯出版的意大利语－希伯来语词典《雅文词典》（*Dabber Tov*）中许多与食物有关的词语都表明了这一点。该词典的词汇不包括一些来自新世界的产品，如番茄、土豆、玉米，可能彼时犹太人尚未采纳。更令人惊讶的是，该词典中也没有提到犹太习俗经常食用的蔬菜，如茄子、朝鲜蓟和菠菜等[63]。

托斯卡纳小镇皮蒂日亚诺

新世界的革命

葡萄牙人对非洲和印度洋的探索以及随后西班牙人到达美洲，导致了世界各地新市场被陆续打开。虽然意大利的公国和王国没有直接参与殖民活动，但半岛上的许多商人向赞助探险活动的王室和领主们提供了大量贷款。意大利航海家如克里斯托弗·哥伦布（Christopher Columbus）、乔瓦尼·卡博托（John Cabot）、安东尼奥·皮加费塔（Antonio Pigafetta）、乔瓦尼·达·韦拉扎诺（Giovanni da Verrazzano）和亚美利哥·韦斯普奇（Amerigo Vespucci）在屡次探险中声名大噪，资助方首先是葡萄牙和西班牙，后来还有法国和英国。这些事件为历史上最大规模的生态革命奠定了基础，通常被称为“哥伦布大交换”（Columbian Exchange，在哥伦布之后）[64]。许多作物和动物从欧洲被带到西半球，西班牙人和葡萄牙人也在殖民地引入了小麦、橄榄、葡萄和许多蔬菜，如洋葱和白菜，以及鸡、猪、牛和马等家畜。同时也有很多新物种被带回旧大陆，来自美洲的未知动植物引起了科学家们极大的研究兴趣，因为它们不符合欧洲大陆传统的分类。人们要基于直接的观察来了解并找到新作物的用途，这种方法从根本上动摇了人们习惯于从古典文本的记录中获取智慧的方式，并为 17 世纪的科学革命奠定了基础。

其实早在 16 世纪，美洲的一些新物种便在意大利成功保留下来。比较确定的例子有火鸡，也被称为美洲印第安鸡，原产自美洲的少数动物之一[65]。但碍于欧洲人相对于他们所接触的当地土著而产生的文化和道德上的优越感，如何制备和食用新物种的做法往往没有得到记录和传播。例如在欧洲，消费玉米时没有经过美洲土著普遍采用的碱化（Nixtamalization）过程。该词源自阿兹台克人纳瓦特尔语（Nahuatl）中的 nextli（“灰烬”）和 tamalli（“玉米面团”），表示谷物只有在碱性溶液（通常为石灰水）中浸泡和煮熟后才能脱壳——我们在下一章中会讲到这一点。这种关键的烹饪信息的缺乏带来了严重的健康问题，例如意大利北部和东北部种植玉米的农民被允许不必缴税或不必向土地所有者交租后，玉米取代小麦成为主食，随之而来的是糙皮病大量出现。早在 1544 年，地理学家贾姆巴蒂斯塔·拉姆西奥（Giambattista Ramusio）就记录了玉米种植面积在威尼斯的扩展，在随后的几十年中又扩展到了伦巴第和艾米利亚。玉米的高产量以及能在不利土壤中生长的能力使它大受欢迎，并且在许多地区与小麦一起连续轮作种植。

美洲豆类很快取代了当地原本的豆类，只有一种黑眼豆幸存到了今天。南瓜也是如此：新的更大的美洲品种几乎完全取代了当地细长的葫芦。其他植物如番茄和土豆，则经历了更长的适应过程[66]。早在 16 世纪中期，在托斯卡纳的美第奇宫廷记录中就有了番茄的存在，起初人们认为番茄是有毒的，仅能用于装饰。人们用意大利语为其取名 pomidoro，意为“金苹果”，一方面由于当时的番茄品种呈现出鲜黄色调，另一方面因其归属于包括各种软质新鲜水果的类别[67]。土豆一直到 18 世纪才融入意大利的饮食中，而甜椒和辣椒则被迅速而广泛地接受了，辣味成为许多

胡椒和南瓜是欧洲人抵达美洲后引入意大利的农作物

南方菜肴的特征。

美洲的新作物并不是给欧洲人的饮食方式带来改变的全部原因。在16世纪的最后十年，由西班牙和葡萄牙的美洲殖民地涌入的大量金银引发了价格革命，显现出对欧洲经济的影响。由贵金属制成的货币价值缩水，因此物价上涨的速度比农民和工人的工资增长快得多。土地贵族的固定租金与居住和耕作在其土地上的农民关系紧密，有时被迫将土地的一部分出售给崛起中的资产阶级新贵，后者的财富增长使他们得以步入贵族的行列。随着城市中工匠和商业活动的相对减少，流向农村的资本在16世纪末加速，危机导致许多银行将资本和投资转向农业。物价上涨、人口增长和农业技术创新的放缓共同导致了16世纪末的社会动荡和广泛的粮食危机。正如历史学家埃里克·杜斯特勒（Eric Dursteler）所说：

> 在15世纪的最后几十年中，地中海地区约有六分之一的土地歉收。在1375年至1791年，佛罗伦萨经历了111年的饥荒，只有16年的收成可称为丰收。饥荒的影响是可怕的：1587年至1595年经常出现的粮食短缺使博洛尼亚的人口从72 000人骤降至59 000人。[68]

粮食短缺所引起的焦虑反映在博洛尼亚作家朱利奥·恺撒·克罗齐（Giulio Cesare Croce）的作品中。克罗齐以其1606年写的一部小说而著名［讲述的是农民贝托尔多（Bertoldo）在伦巴第国王阿尔博因（Alboin）宫廷的喜剧性冒险经历］，他在1608年的小说《饥民的宴会》（*Banchetto de'mal cibati*）中提到了1590年的饥荒，描述了上层阶级的奢靡和平民的苦难。同一时期还有一首佚名诗歌《饥荒是一件坏事》（*Mala cosa e'carestia*），也表达了食物短缺的痛苦：

> 我经常用卷心菜茎代替面包，
> 在泥土中挖洞，寻找不同的奇怪的根茎，
> 然后我们用它果腹。
> 希望我们每天都有所收获，

那样还不算太糟……[69]

在许多欧洲国家中，粮食短缺的影响都与新教运动的扩张联系在一起。从 17 世纪开始，天主教会关于宗教改革的反应对意大利文化产生了深远的影响。

第四章

分裂与统一

意大利文艺复兴时期包括烹饪在内的各个方面都达到了前所未有的辉煌，并具有鲜明的独创特征。领主和国王竞相成为艺术、文学和精致生活的支持者。新兴的资产阶级依靠金融和商业资本起家，努力跻身贵族消费之列。然而，持续的社会动荡和亚平宁半岛的政治分裂最终导致了长期的经济停滞。17 世纪，各路外国势力在当地的饮食习惯上留下了深刻的烙印，意大利美食失去了领先欧洲的新奇精致的烹饪特色。

受外国影响的意大利

17 世纪的亚平宁半岛在政治上仍然处于分裂状态，西班牙控制了伦巴第和米兰地区，还有西西里岛、撒丁岛和整个南部。天主教会为限制宗教改革中新教徒势力的扩张而严加控制，种种措施扼杀了整个文艺复兴时期的创造精神。战争、饥荒和流行病使人口大量减少。尽管由于缺乏技术创新加之气候变得恶劣（冬冷

夏湿，有时被称为小冰期，始于中世纪末期，在1650年左右恶化)，农业生产下滑，但对粮食需求的减少使得城市居民反而更容易买到主食了[1]。由于谷物价格下降（部分原因是从乌克兰和东欧进口量增加），地主们（尤其是意大利中部和南部的）将种植重点转移到经济作物上，例如葡萄和大米，大米的种植区域扩大到了皮埃蒙特、伦巴第、威内托和波河下游平原。这些地区的土地在文艺复兴时期被开垦，由于缺乏水力控制而变成沼泽，大米种植的引进正好提高了土地的利用率。在托斯卡纳（马莱玛和阿诺河谷）和罗马以南的郊区平原也有一些类似的废弃耕地。随着疟疾的流行，狩猎和捕鱼常常是唯一可行的生产活动，因为农民无法安顿下来种植农作物[2]。

农业受到人口减少严重影响的同时，丝绸和羊毛制造等意大利传统奢侈品产业也面临着来自廉价外国产品的竞争。在北欧，纺织品生产已经从城市转移到农村，远离行会的控制，从而提高了效率并降低了价格。由于无法跟上技术进步，西方贸易重心从地中海沿岸向大西洋沿岸转移，意大利制造商的处境雪上加霜。商业危机进一步导致银行和金融业的发展停滞。依靠向意大利各王国的统治者们放贷而起家的帕特里齐亚托（Patriziato）家族，趁机大肆购买土地，希望能被接受为上流社会的一分子。历史学家埃米利奥·塞雷尼（Emilio Sereni）将这些变化定义为“封地的商业化”，反映在豪华别墅的建设上，这些豪华别墅周围环绕着华丽的花园，与生产活动没有任何联系，但能充分反映主人的财富和社会地位[3]。在威内托地区建起了许多别墅，这种情况一直持续到 18 世纪，像帕拉第奥（Palladio）这样的艺术家得以在这一时期充分展现自己的创造力。

在西班牙文化的影响下，对商业和金融类职业的日益厌恶塑造了贵族的认同感，这一点体现在世系崇拜、用决斗来解决争端和对荣誉的极端维护等行为中。这些做法还反映在司法体系中，例如长子继承制，确保贵族的所有财产都由他的第一个男性继承

贝纳尔多·斯特罗奇（Bernardo Strozzi），《厨师》，1625 年，布面油画

人继承，还有“遗产信托”，这阻止了继承人分割他所获得的财产。意大利南部的贵族地主被称为“男爵”（baroni），他们承受着来自西班牙政府的财政施压，对提高亩产的技术投资毫无兴趣，而是专注于牧业活动，特别是生产羊毛的绵羊。密集的作物耕种仅在城镇和村庄周围的小块土地与临时性耕地中进行，对生产力的贡献非常有限。

意大利中部和南部的农业生产力退化，因为教会组织广占田产而进一步恶化，这些田产免税，并由于那些后继无人的贵族捐赠而不断扩大。这些田产无人投资，疏于管理，而由于“永久管业权”（manomorta）的存在，未经教皇的明确许可也不能出售。在抵制宗教改革运动时期，罗马教会的文化和政治影响力因与贵族家庭的联系而加强，那时的贵族子女经常加入教会。意大利的新教流派几乎全部遭到镇压，只有韦尔多教派（Waldensians）除外。该教派于 13 世纪在皮埃蒙特的阿尔卑斯山谷避难时成立，因此发展出相对独立的烹饪传统，包括以荞麦为主要食材的稀粥、奶酪面包汤以及今天在该地区的一些村庄仍然可以见到的土豆肉馅饺子。

由于农业产值下降，贵族和地主们（无论是世俗的还是教会的）试图在土地租金、劳动服务和其他封建权利方面向农民施压，但在 15 世纪这基本是徒劳的。“去封建化”的趋势限制了农民传统上依靠无主的开放地块来从事自给农业、放牧和砍伐的可能。农村居民移居城市，增加了城市贫困人口的数量，并为社会动荡和骚乱埋下了隐患，尤其是在意大利南部。那不勒斯拥有

30 万居民，与巴黎和伦敦并列成为当时欧洲最大的城市之一。那不勒斯王国的大多数贵族居住在首都，所有省份的产品都涌向那里的市场。当时，那不勒斯人因饮食中蔬菜所占的较大比重以及对卷心菜和西兰花的喜爱而被称为“食叶者”。1647 年，那不勒斯的民众上街抗议一项新的水果税，组织者鱼贩托马索·阿涅洛（Tommaso Aniello）——又名马萨涅洛（Masaniello）——在骚乱发生后被暗杀。当地资产阶级继续从中协调，通过该运动寻求对王国政治的更大影响，抗议蔓延到农村后，农民也起义反抗。那不勒斯起义军宣布建立共和国并寻求法国势力的支持，但最终无济于事——男爵们加强了与西班牙势力的关系，以避免重蹈覆辙。

社会局势的紧张导致人民也躁动不安，比如在米兰有市民因被指控传播瘟疫而被处决。许多意大利城市强令犹太人搬入封闭的聚居区，犹太人也成为被怀疑的对象，被禁止向基督徒出售通心粉和烤宽面条；一些地方当局甚至颁布禁令以限制犹太食品的消费——他们大概不知道这些法律为后来创造经典的犹太 - 意大利菜式奠定了基础。例如在 1661 年，罗马的犹太人被禁止吃除凤尾鱼和沙丁鱼之外的任何鱼，于是他们开始将凤尾鱼和菊苣分层放在一起烤，从而创造了犹太 - 罗马特色的烤凤尾鱼[4]。面对严苛的财政限制，主要城市的犹太人都对饮食教规进行灵活运用，以应对拉比们的苛刻要求。鳗鱼和鲟鱼也广受喜爱。罗马的犹太人通常食用附近的乡村生产的奶酪，而艾米利亚的犹太人也会使用帕马森芝士[5]。同时，犹太人生产的甜点、饼干和小杏仁饼在聚居区之外受到高度赞赏，甚至出现在了达官贵人的餐桌上。

图书《马萨涅洛》（*Masaniello*）中的插图，描绘了那不勒斯渔民的代表。作者约翰·威廉姆·盖尔（John William Gear），1829 年—1833 年

衰落与声望

与 16 世纪专业的宴会管家们相比，意大利的宫廷烹饪风格这时失去了一些独创性和创造力。曼托瓦的巴尔多罗密欧·斯特法尼（Bartolomeo Stefani）在他的《精美烹饪的艺术和欠专业人士的培训》（*L'arte di ben cucinare et instruire i men periti in questa lodevole professione*，1662）一书中秉承了文艺复兴的传统，但却缺乏创造力，同时食谱和宴会变得更加复杂与奢靡。该

书反映了同时期盛行的巴洛克美学思想，即强调夸张的宏伟、繁复和戏剧性，而非精巧和克制。在1655年瑞典女王克里斯蒂娜女王到访罗马的晚宴中，斯特法尼描述了茶点的头盘：

> 用葡萄酒浸过的草莓上撒有白糖，围绕着内部填充草莓的贝壳状的糖；穿插着小杏仁饼制成的小鸟，看起来像在啄草莓。用牛奶和苹果酒烹饪的大鸽子汤，鸽子从汤中取出冷却后，填入浸泡在苹果酒中的天使蛋糕，再撒上糖和肉桂。鸽子被摆成玫瑰状，浇上开心果奶昔，再撒上在玫瑰水中浸泡过的松子。盘子边缘有用糖釉小杏仁饼制成的花饰，用金粉勾边。[6]

不断变化的医学理论

从16世纪开始，杰洛拉莫·卡尔达诺、亚历山德罗·彼得罗尼奥和乔瓦尼·多梅尼科·萨拉等作家基于个人的观察，都开始反对传统的营养学理论。来自德国霍恩海姆的提奥弗拉斯图斯·彭巴斯图斯（Theophrastus Bombastus）是一位四处行医的游医——他更为人熟知的名字是巴拉塞尔苏斯（Paracelsus），他开启了用化学元素来解释疾病成因的方式，并给出了每种治疗的具体方法。根据巴拉塞尔苏斯的理论，化学家和炼金术士们认为许多天然物质在加热后会分离，其中挥发性液体为汞化物，油性物质为硫化物，固体残渣为盐类。汞化物决定物质的气味，硫化物会带来甜味和水分，盐类物质则决定了食物的味道和质地。

随着体液理论受到化学家的攻击，认为消化过程类似于烹饪的观念逐渐被淘汰，将其解释为发酵的观念则建立起来。一些被称为营养学家的医生试图根据物理学和力学定律解释生理过程。克罗地亚的圣托里奥（Santorio）是弗留利。一位贵族的儿子，为威尼斯共和国工作，他通过称量人体的固体和液体摄入量及排泄物来进行研究。其他被称为“化学家”的医生坚持认为化学反应足以解释所有医学事实。其中比利时的扬·巴普蒂斯塔·范·赫尔蒙特（Jan Baptista van Helmont）认为，包括消化和营养在内的许多生理过程都是通过发酵将食物（被认为是无生命的物质）转化为生物而进行的。弗朗兹·西尔维斯（Franz Sylvius）试图将发酵（物质的分子运动）和“活泼的精神”作为身体内部动力来解释生理过程。

医学逐渐从饮食学中脱离出来，医生更侧重于识别和治愈疾病，而非保持身体健康。科学研究和消化理论中的发酵观点可能对人们感知和制备食物的方式产生了影响，尽管可能只是间接影响。富含黄油和油的酱汁被认为可以使盐与汞化物含量高的固体食材或者葡萄酒和烈性酒等易挥发的液体更好地结合在一起，容易发酵的食材如新鲜蔬菜和水果越来越受欢迎。

在前两个世纪的作品中经常出现的意大利面食和蔬菜几乎没有出现在斯特法尼的作品中，可能是因为这些食品已经变得太普通，不值得在精英阶层的餐桌上占有一席之地[7]。尽管经济形势停滞不前，瘟疫、战争和社会动荡使情况雪上加霜，但一些来自特定产地的高端食材在意大利各王国的精英阶层中仍然很受欢迎。博洛尼亚在1661年不得不发布法令禁止仿制本地的熟香肠（mortadella），这款著名的猪肉制品至今仍然是该市的骄傲[8]。一些食谱显示了当地传统的强大影响，例如弗朗切斯科·瓦塞利（Francesco Vaselli）的《宴会大师阿比休斯》（*L'Apicio ovvero il maestro de'conviti*，1647），但最明显的例子是那不勒斯人乔凡·巴蒂斯塔·克里齐（Giovan Battista Crisci）的《朝臣的油灯》（*La lucerna de corteggiani*，1634）和安东尼奥·拉蒂尼（Antonio Latini）的《现代宴会指导》（*Lo scalco alla moderna*，1692）。克里齐为我们详细列出了一份关于南部美味佳肴和食材的广泛而详尽的清单，包括阿布鲁佐、巴西利卡塔和卡拉布里亚等地区。克里齐的作品较少提及城市内容，主要是针对乡村和农村地区，揭示了在以土地收入为基础的贵族和地主主导的政治体系中，城市文化的重要性十分有限[9]。而拉蒂尼在序言中表达了他对那不勒斯的热爱：

> 自从我在那不勒斯写作以来，我决定使用这片土地上自己的词语，而不是在这里不被理解的那些外国词。此外，我声明自己特别喜欢这座城市，不仅是因为我从

这里获得了很多好处，还因为这里的每个人都不怎么在意所谓的特权，而且没人能否认这是一座为自然造化所钟情的城市。[10]

拉蒂尼在书中特别关注了半岛南部的本地菜肴，包括新引进的番茄。我们从一位1660年左右前往意大利旅行的英国博物学家约翰·雷（John Ray）那里知道，番茄在那时已经进入了日常烹饪[11]。在含有番茄的食谱中，拉蒂尼提到了一种用于水煮菜肴的酱汁，与现代墨西哥莎莎酱非常相似，将茄子、面瓜和番茄汤以及鸡蛋、小牛肉、鸽子和鸡脖子放在锅里炖煮。

拉蒂尼将咸味和甜味菜式区分得更加清晰，接受了从法国传来的烹饪革新[12]。那些随着医学和饮食理论的更新而发生的烹饪实践和文化偏爱，标志着体液理论营养学的终结和基于实验科学的思想与实践的转向。

贾科莫·卡斯特尔韦特罗（Giacomo Castelvetro）于1614年在伦敦撰写的《意大利可食用生熟根茎、草药和水果的简介》（*Brieve racconto di tutte le radici, di tutte l'erbe e di tutti i frutti che crudi o cotti in Italia si mangiano*），强调了意大利人如何比他们的北部邻居更多地食用蔬菜。他写道：

惊讶的是，这些美味又有益健康的植物很少被食用。或许是出于对植物的无知和冷漠，在我看来，他们摆在餐桌上的需求远不如炫耀自己异国情调和物种丰富的花园的心理强烈。[13]

关于外国人如何处理沙拉，他又沮丧地写道：

重要的是要知道如何清洗香草、如何调味。太多的

菲利斯·福图纳托·比吉（Felice Fortunato Biggi），《带水果花饰的普托》，布面油画，1750年。正如作家贾科莫·卡斯特尔韦特罗17世纪居住在伦敦时所观察到的那样，意大利人消费的蔬菜量超过欧洲北部人口

家庭主妇和外国厨师把他们的绿色食品准备好，放入一桶水或在其他锅中晃荡一会儿，然后，他们不是用手将菜取出来，而是将菜和水一起倒出来，这样泥沙都裹在里面，咀嚼起来很不愉快。[14]

壮 游

尽管从17世纪末到19世纪40年代中期意大利的经济发展滞后，但随着铁路运输的铺开，意大利成为欧洲北部国家上层阶级男士的重要旅行目的地。所谓“壮游”，主要目标是受教育，年轻人通过参观威尼斯、佛罗伦萨和罗马等城市的古代遗迹和艺术瑰宝，接受古典文化的熏陶。然而，从许多方面来说，这种旅行也被视为一种上层阶级的通行证，因为在旅行期间这些未来的上流社会人士可能会遇到在异国才有的麻烦甚至是危险的处境——由于只有最富有的家庭才能负担得起在意大利的长时间旅行，所以进行这类旅行也会被看作荣誉的标志。

德国著名诗人歌德在1786年至1787年开启了意大利之旅，并在1816年至1817年出版的《意大利之旅》(*Italian Journey*)中留下了关于这些旅行的回忆。歌德先后参观了意大利东北部的城市特伦托、维罗纳——当然还有博洛尼亚——以及中部的佛罗伦萨和罗马，之后他继续向南前往那不勒斯，

甚至乘船来到西西里岛探访巴勒莫和岛上的其他城镇。尽管食物不是他主要的兴趣所在，但他对意大利的饮食习俗特别是与当地上流社会的互动进行了有趣的观察。例如1787年歌德在那不勒斯与弗朗吉耶利（Filangieri）一家共进晚餐，以下是对晚餐场面描述的摘录，其中女主人在餐桌上揶揄僧侣，反映出当时知识界气氛的变化：

"'这顿饭非常好，'她告诉我，'除了没有肉，其他菜都很好。我会告诉你哪一样最好吃，但是在此之前，我需要折磨一下那个教士。他们简直让人不能忍受，每天都从我们家中带走一些东西。我们拥有的这一切，本来应该是和朋友们共享的。'

"这时候上汤了，这位本笃会修士谦逊地喝着汤。女主人说：'拜托，在这里没有那么多讲究的，教士先生。如果汤匙太小我会请人给您换一把大汤匙，您习惯大口吃东西。'在宴会中，这位和气的教士一直被有点暴躁的女主人叨扰着，特别是鱼端上来的时候，因为（在四旬斋期间）做成看起来像肉的样子，这道菜更是引发了无休止的和不太道德的评论。"[15]

歌德对圣诞节假期时那不勒斯的描述充满了生动有趣的细节：

"那些售卖草药并摆放着哈密瓜、葡萄干和无花果的商店，着实令人精神一振。食物摆出不同的花样沿街挂着，您可以看到金色的香肠盘成的皇冠，系着红丝带；火鸡尾巴上都插着红色的小旗。店主向我保证说已经售出了30 000只，还不包括在私人

那里养殖的那些。装满蔬菜（包括羽衣甘蓝）和山羊羔的大量驴车在城市和集市之间来回奔走，鸡蛋到处成堆，个头简直无法想象地大。就算吃掉眼前全部这些，似乎还不够——每年都会有一名军官与一名军号手一起穿越城市，并在每个广场和十字路口大声宣布那不勒斯人当年消耗的成千上万的母牛、小牛、山羊、羔羊和猪的数字。民众非常关注这些数字并感到高兴：每个人都满意地记得他们在那份喜悦中所贡献过的力量。”[16]

歌德还生动地描述了西西里岛的景观和居民。但从科学的角度看，作家似乎对自然环境更感兴趣，而不是品尝自然的果实。例如在描述塞杰斯塔周围地区时，他提到了耕种过的土地、工作中的农民、种植的菜豆和野生茴香，但是没有对这些物产的香气或风味给予任何描述。这也不足为奇，因为贵族旅行者通常会因为担心被污染和感染疾病而避免直接食用当地食物，特别是在下层场所用餐时。

启蒙运动

与上个世纪一样，18 世纪意大利各王国的政治命运仍然未能掌握在自己手中。托斯卡纳归属于与哈布斯堡家族有联系的洛林公爵；西班牙将伦巴第大区移交给奥地利；皮埃蒙特的萨沃伊王朝控制了撒丁岛；那不勒斯王国被移交给西班牙波旁王朝的后裔，建立了一个独立于马德里的王朝，统治意大利南部和西西里岛直到 1861 年。在紧锣密鼓的外交来往和此起彼伏的冲突之中，教会与意大利各个王国统治者之间的关系也愈发紧张，同时后者试图主张高于国家的权威，实现官僚体制、经济和军队管理的集权化。1728 年，维托里奥·阿梅迪奥二世国王在皮埃蒙特和撒丁岛建立了地籍注册处，这是一个出于财政考虑而对所有土地进行登记注册的办公室。伦巴第大区的奥地利当局在 1749 年至 1759 年间设立了同样的机构，减轻农民和牧民的财政负担，并开始对教会财产征税。许多意大利王国都关闭修道院并没收其财产，同时禁止在贵族遗赠的永久管业财产中增加土地。在欧洲君主们的压力下，教皇于 1773 年解散了耶稣会，并将他们的田产移交给地方当局。

尽管政治动荡，18 世纪还是有一些显著发展：由于美洲作物的种植和扩散，整个欧洲的人口显著增长；农业中引入了新技术和新的生产体系。曾经可疑的番茄和土豆等食物逐渐被大众接受，农艺师和政治家们大力促进土豆在农村和下层阶级中的接受度以减少饥荒的影响。

精英们似乎对这些食品的推广没有任何疑虑。1801 年，那不勒斯宫廷厨房服务员维琴佐·科拉多（Vincenzo Corrado）写了一篇关于土豆的文章，提出了第一个已知的土豆汤团（gnocchi）的配方，证明了这道菜已经被皇家宫廷接受[17]。玉米种植已经遍布意大利各地，经常替代其他谷物如高粱和小米等。谷类常以粥的形式融入当地饮食，过去一般是以燕麦为粥。农民们只在一些边缘地块上种植燕麦，作为一种廉价的口粮，而在较完整的地块上种植经济作物以售卖赚钱。尽管一般在贫困和种植条件不佳的地区才种植水稻，但稻米对许多地区而言仍然是解决粮食短缺的良方。还有一些经过育种的优良稻米品种进入了上流社会的精致菜肴中，例如那不勒斯肉酱饭和意大利北部的烩饭。

最先进地区的土地所有者投资他们的庄园，引进现代的技术，与农民建立新型的劳动关系，从而动摇了传统农村社会的根基。

萨沃伊国王维托里奥·阿梅迪奥二世和他的家人，1697 年，法国印刷品

属于奥地利的伦巴第大区在特蕾莎女皇的“开明”统治下，分成制逐渐被租赁合同取代。土地灌溉和更好的管理水平使水稻产量增加，发展集约农业和畜牧业的农场也获得了成功。这种管理需要相当多的投入，对那些有经济能力租用大庄园、投资养牛、组织农作物销售并支付劳动力薪水的农村企业家有利。此外，奥地利女皇将所有传统征税集中起来，从贵族手中剥夺了税权。1776年她还实行了促进自由贸易的改革，她的儿子约瑟夫二世也继续在伦巴第大区推行改革。仿照奥地利的例子，托斯卡纳大公制定了方便土地买卖的法律，允许农作物自由贸易，并在瓦尔迪基亚纳和马莱玛开垦了大片沼泽地。然而，在托斯卡纳以及罗马涅、马尔凯和翁布里亚大部分地区，分成制仍然是农业生产的普遍形式。

但有些地区的大庄园属于教会或贵族，他们不会分割或出售土地以筹集资金，引入创新也几乎不可能，这使得旧有的劳动关系得以存续[18]。由于男爵们的抵抗，波旁王朝试图在当地设立地籍注册处的努力以失败告终。他们拨出了最好的地种植价格不断上涨的小麦。贫穷的农民和拿薪水的农村劳动力首当其冲地受到通货膨胀趋势的影响，因为他们的收入增长追不上食品价格的上涨。同时，小麦供应量的增加促进了那不勒斯城市人口的饮食结构从以蔬菜为主到以面食为主的转变。那不勒斯人后来被称为“吃通心粉的人”，替代了原先“食叶者”的称呼。引入挤压机和其他手动操作的机器提高了干意大利面的产量和质量，同时也降低了成本。利用当地的磨坊业，那不勒斯南部的托雷阿农奇亚达镇和格拉亚诺镇成为主要的生产中心。制造商在生产的三个阶段完善了干燥工艺：首先在自然光照射下进行的“纸化”，在面条表面形成了一层硬皮，称为“纸皮”；其次在凉爽的地方放置一段时间，以使“纸皮”吸收面条内部的剩余水分；最后再次暴露在露天环境中（避免阳光直射）以进行最终干燥。细长意大利面和其他较长的面通常需要不止一次地重复第二和第三个阶段[19]。其他干意大利面生产的重要地区还有利古里亚，特别是萨沃纳和波托马里齐奥（今天的因佩里亚）以及普利亚地

乔治·索默（Giorgio Sommer），《吃通心粉的人》，1865年，蛋白相片

区，巴里的工匠利用他们与威尼斯的长期贸易关系来出口自己的产品。

并非所有食品生产都如此高效。农业部门发展迟滞是那些倡导企业自由和财产私有的人的目标，受到有类似思想的知识分子和商人的拥护。“启蒙运动”思潮对关于经济发展的辩论产生了重大的导向作用，并最终引发了法国大革命。重农学派的经济学家们认为，财富的创造基于土地，而创造的收入可以再投资于其他活动。通过将以前用于传统农耕的大片开放土地私有化、禁止自由放牧和废除限制农产品贸易的种种束缚，重农主义者将私有企业和资本视作经济活动中的关键因素。

新型经济理论主要的传播阵地是米兰、佛罗伦萨和那不勒斯。安东尼奥·杰诺韦西（Antonio Genovesi）的《商业与国民经济讲稿》（*Lessons on Commerce and Civil Economy*，1754）将政治经济学作为一个学术领域巩固下来，而朱塞佩·玛丽亚·加兰蒂（Giuseppe Maria Galanti）于 1786 年至 1794 年出版的《两西西里岛历史和地理新情况》（*The New Historical and Geographical Description of the Two Sicilies*）则严厉批评了意大利南部封建主义残余。在佛罗伦萨，主要的知识分子组织是“农业之友学会”（Accademia dei Georgofili，成立于 1753 年，重点是研究农学问题）。该学会的影响力体现于乔凡尼·法布罗尼（Giovanni Fabbroni）的作品中，这位住在法国的托斯卡纳人写下了《农业现状的思考》（*Reflflections on the Present State of Agriculture*，1780），介绍了意大利思想家中的重农学

派原则。米兰学术圈专注于政治并寻求表达公众的声音，创办了杂志《咖啡馆》（*Il Caffè*）。这份杂志在1764年至1766年由亚历山德罗·韦里（Alessandro Verri）和彼得罗·韦里（Pietro Verri）兄弟出版，后者也是颇具影响力的《政治经济学的沉思》（*Meditations of Political Economy*，1771）的作者，他在该书中探讨了供需问题。

这些知识分子不仅在粮食生产的政治影响和技术发展方面做出了贡献，而且还建立了被认为更现代、更进步的个人消费模式。他们参考的当然是法国，那里的沙龙和咖啡馆中出现了新的社交形式，提供了激发基于理性和逻辑的自由讨论的环境。很多意大利资产阶级人士接受了启蒙运动的政治和思想方法，赞赏其对人类理性、科学力量和进步理想的追寻。这些价值观对试图在政治、经济和国家管理中捍卫自己的角色（以牺牲贵族的特权为代价）的资产阶级来说意义尤为重大。知识的光明为对抗迷信、无知和偏见提供了必要的工具，那之前一直是宗教担负的责任，尤其是天主教。

资产阶级发展出自成一派的烹饪口味，食物及其消费成为一个可以塑造和表现文化特征的舞台。来自殖民地的异国情调和令人感到新奇的食材引领了潮流和时尚，在资产阶级口味的定义中发挥了重要作用。来自美洲的塔糖使食糖的消费更便宜可得。咖啡有助于提神醒脑，晚餐和聚会上的机智对话便可以一直持续到深夜。咖啡消费备受热捧，于是开始出现专业机构和店铺以迎合飞速增长的需求。咖啡厅起源于奥斯曼帝国，可供人们在家庭、工作场所和清真寺等环境之外聚会、放松和讨论问题。意大利的第一家咖啡馆于 1683 年在威尼斯开业。紧随其后的是犹太人在利沃诺和威尼斯等港口城市开办的其他咖啡馆，犹太人与地中海东部奥斯曼贸易中心始终保持着密切联系[20]。实际上，咖啡的伊斯兰起源问题直到教皇克莱门特八世批准基督徒可以消费才算解决[21]。

16 世纪，巧克力和可可饮料引入西班牙宫廷且配方保密。教

圣马可广场的一家咖啡馆，威尼斯。威尼斯市内在 17 世纪开办了意大利首家咖啡馆

皇格里高利十三世在16世纪末将巧克力批准为不会破坏礼拜仪式的神圣的饮料，得到耶稣会士的大力拥护并推广，但其他宗教团体似乎不怎么支持。直到1606年，佛罗伦萨的弗朗切斯科·安东尼奥·卡莱蒂（Francesco d'Antonio Carletti）才掌握巧克力的配方，并将其带到佛罗伦萨的美第奇宫廷[22]。17世纪下半叶，科学家弗朗切斯科·雷迪（Francesco Redi）发明出一种含有茉莉花的巧克力配方，科西莫·美第奇大公颇为赞赏并宣布为国家机密。到18世纪，热可可饮料已在意大利各地流行起来。这些新趋势激起了某些知识分子的反对，正如我们在诗人朱塞佩·帕里尼（Giuseppe Parini）的《年轻主人的觉醒》（*Il risveglio del Giovin Signore*，1765）中所看到的那样：

> 我看到头发梳理得一丝不苟的仆人再次进来，询问您今天想用那珍贵的杯子从最流行的饮品中选择喝点什么。杯子和饮品都来自印度，选择您更偏爱的就好。如果今天您想给自己的胃添点动力，使自然的热量适度燃烧并帮助消化，就选择棕色巧克力，这是危地马拉或加勒比人敬献的，后者的头发包裹着野性的羽毛；如果您被忧郁症困扰，或者躯体四肢周围脂肪过多，请喝一杯来自阿勒颇和莫卡的谷物经过燃烧制成的饮品。[23]

在资产阶级看来，旧贵族的饮食方式繁复昂贵，有过度矫饰之嫌，因此他们更喜欢与传统风味保持同步的简化用餐。然而这些新口味其实也经过精心的制作、提炼以满足人们更细致的口味要求，避免使用粗俗的香料和食材如大蒜、洋葱、卷心菜和奶酪等。菠萝等新奇产品的出现以及种植热带植物的温室的普及，刺激人们对水果和草药新品种的选育与研究投入极大精力。菜单被各种新花样丰富起来，包括橘子汁、柠檬水、果汁雪葩和冰激凌等，生蚝和松露也吸引了人们的注意力。正如美食大师皮耶罗·坎波雷西（Piero Camporesi）富有诗意地指出的：

> 令人惊讶的是，奢华的文艺复兴和巴洛克美食风格的来临标志着伟大的狩猎时代的结束，以及所有来自在空中飞翔或在地面奔突的动物性饮食的衰微和所有依靠风霜雨露来存活、移动和跳跃的动物性饮食的衰微。尤为令人震惊的是，这个充满智慧光明的世纪，作为黑暗与阴影的敌人，竟然更喜欢从潮湿阴暗的类似尸体的有机物中获取营养，这些生物暗藏在水中，或是生在厌光的鳞茎上，从阴暗潮湿的森林底土中获取营养。[24]

宴席招待时，主人更希望给客人留下深刻印象的不再是海量的供应，而是菜式多样、精巧和谐。菜品的视觉呈现得到了极大的关注，如色彩搭配、碗碟和餐具的布置等。中国瓷器、丝绸和木制品风靡一时。人们认为菜单的简洁和上桌食物的节制可以反映食者的精益求精。酱汁是法式烹饪的显著特色，可以使

食用者享受浓郁的风味而又不会增加太多的实物，不会给胃带来负担。

法式烹饪对富人的餐桌产生了前所未有的影响。对新鲜食材的偏爱、独特的风味、低调的香料使用以及甜味和咸味菜肴之间的清晰区分使得法式菜式在整个意大利逐渐流行。有能力的消费者对英国和法国商品的喜爱日益增加，而意大利传统产品被认为是地方性的、质量欠佳的。作者彼得罗·韦里写信给他的兄弟亚历山德罗·韦里，说他喜爱奥地利平庸的葡萄酒（可能是匈牙利托卡伊酒）胜过伦巴第出产的上佳葡萄酒，因为前者可以使人快乐，而后者只会让人喝醉[25]。然而，并非所有人都欣赏法国美食。修道院院长乔凡姆巴蒂斯塔·罗贝尔蒂（Giovambattista Roberti）在《18世纪的奢华》（*Lettera sopra il lusso del secolo XvIII*，1772）中颇具讽刺意味地写道：

> 巴黎人比其他任何欧洲人都更营养不良。但一些法国人如此挑剔傲慢，当他们到达意大利并品尝到不同于他们在阿尔卑斯山那一侧用惯常的烹饪方式做出的菜肴时便抱怨不断，即使他们自己也只不过是舞蹈编排师或者语言教师那样的穷人……这个民族的名声和荣耀在我看来是荒谬的。我们可以提醒他们，在卡特琳娜·德·美第奇（Caterina de'Medici）时代，是意大利专业厨师和茶点厨师来到法国教会他们饮食艺术的。[26]

厨房专业人士对法国的烹饪影响特别敏感。有经济能力的家庭更愿意从法国聘请厨师，这些厨师的地位比当地同行更高，并且更加熟悉法式菜式的风俗习惯。在那不勒斯和巴勒莫的贵族家庭工作的厨师被称为monzù，这是法语单词monsieur（“先生”）在意大利语中的变形，可以想见法国美食在南部贵族中的威望。所谓的法式菜式开始流行，每顿饭先上汤和开胃菜，然后是由几种主菜组成的第二道菜，最后是甜点。1693年拉瓦雷纳（La Varenne）开创性的作品《法式烹饪》（*Le Cuisinier françois*，1651年首版）和1741年马萨洛（Massialot）的《宫廷与乡村烹饪》（*Le Cuisinier royal et bourgeois*，1691），这两部经典代表作被翻译成意大利语，后来又出现了采用法国模式改良意大利当地食谱的烹饪书。其中有《皮埃蒙特厨师的巴黎进修》（*Il cuoco piemontese perfezionato a Parigi*，1766）和《皮埃蒙特女厨师》（*La cuciniera piemontese*，1771），体现了皮埃蒙特地区在意大利传统菜和法国新潮流之间扮演的和解者的角色。在皮埃蒙特郊外，罗马人弗朗切斯科·莱奥纳迪（Roman Francesco Leonardi）写出了六卷本百科全书式的具有里程碑意义的《现代阿比休斯》（*Apicio moderno*，1790），在书中他探讨了冷盘、猪肉产品和各种地方特色菜，提供了包含洋葱、大蒜、芹菜和罗勒的番茄酱的食谱，以及与今天的食谱基本相同的填馅番茄食谱。事实上早在1705年，罗马耶稣会士学院的厨师弗朗切斯科·加乌登齐奥（Francesco Gaudenzio）就收录了番茄酱配方，这表明番茄早已登上大雅之堂[27]。

拉瓦雷纳开创性的作品《法式烹饪》1721 年版本插图。这本书首版于 1651 年，对 18 世纪的意大利美食产生了巨大影响

那不勒斯宫廷的维琴佐·科拉多（Vincenzo Corrado）在其作品《品位高雅的茶点师》（*Il credenziere di buon gusto*，1778）中，尤其是他的杰作《风流厨师》（*Il cuoco galante*，1786）中，将法国的烹饪技术运用到意大利南部食材上。玉米粥、香草、刺山柑、箭鱼、凤尾鱼、帕马森奶酪、意大利熏火腿、小羊肉（已阉割的）、番茄和其他地道的物产均出现在多个食谱中[28]。科拉多对地方食品的关注也体现在《那不勒斯王国和王室独家狩猎的特殊物产》（*Notiziario delle produzioni particolari del regno di*

Napoli e delle cacce riserbate al real divertimento，1792）中。一方面作者想通过展示领土的广阔来向他的国王（和赞助人）致敬，另一方面他也对饮食题材表现出了真正的兴趣，称赞诸如托雷阿农奇亚达镇的通心粉、阿维尔萨的巧克力蛋糕以及卡尔迪多的奶酪和马苏里拉奶酪等[29]。蔬菜的价值在科拉多的《贵族和文人的毕达哥拉斯式饮食：即素食主义者》（*Del cibo pitagorico ovvero erbaceo per uso de' nobili, e de' letterati*，1781）中得到了高度凸显，他认为蔬菜是非常健康的，值得摆上最高贵的餐桌。

在《品位高雅的茶点师》的序言中，科拉多阐述了他关于烹饪的历史演变的理论。他认为人们只能根据自己的基本需要进食的那种俭省节制的时代是短暂的：

> 饮食习惯总是相同的，并且食物也几乎总以相同的方式制作。重复会引起厌烦，厌烦会激发新的探索欲，好奇的探索会带来新的经验，经验带来兴奋。人们品味、尝试，最终选择到令自己满意的食物。[30]

饮食发展的目的地是烹饪艺术，科拉多认为这是一种简单而自然的艺术，古罗马人已通过丰富、精致、多样和宏伟的特点不断加以完善。对那不勒斯厨师而言，意大利人继承了古罗马人对美食的热情并将其传递到法国，最终法国却超过了自己的老师。

将饮食作为享乐的手段，由该时期最著名的花花公子、自由

主义者之一贾科莫·卡萨诺瓦（Giacomo Casanova）开启，他把餐桌作为炫耀谈话技巧和引诱女性的场合[31]。路易斯·德·乔科特（Louis de Jaucourt）在其著作《百科全书》(*Encyclopédie*)关于美食的词条中对烹饪给予了消极评价，他认为烹饪艺术代表着过剩、堕落和被食物占据，这是因卡特琳娜·德·美第奇的到来而带给法国的消极影响[32]。其实许多意大利人也都持类似的观点，不认同对食物过分精致的处理。天主教保守主义者认为烹饪享乐主义和对过度人工雕琢的欣赏会对个人道德和社会道德产生

弗朗切斯科·纳里奇（Francesco Narici？），《贾科莫·卡萨诺瓦》，1767年（？），布面油画

腐蚀性的影响。但贵族成员更喜欢菜品丰盛，在其特权受到前所未有的质疑之时，丰盛的饭菜仍可作为其财富和权力的体现。

意大利各王国缓慢而有限的政治和经济改革被18世纪末至19世纪初撼动法国的一系列政治风暴影响着：法国大革命，路易十六被斩首，法兰西第一共和国成立，政治恐怖，资产阶级抗争直到最后拿破仑崛起。法国皇帝延续了除西西里岛外意大利大部分地区的控制权——西西里岛仍属英国保护。亚平宁半岛北部和中部建立了一些共和国，尽管当地革命者试图自治，但仍受法国军队控制。拿破仑在滑铁卢大败后，战胜国召开了维也纳会议以图恢复法国大革命之前的欧洲政治秩序，所有被废黜的意大利王室也都重新获得失去的地盘——即便如此，这种状况也很难再长时间维持了。

在政治动荡的大背景中，意大利的乡村文化和经济结构依然保持着惊人的多样性。阿尔卑斯山谷和附近的山地中，土地所有权被分割了。小农户和牧羊人利用传统权利在夏季放牧和在荒地开垦。在阿尔卑斯山以南的丘陵地带，一些家庭组成大型农场，共同生活和协作，各自对农产品拥有一半的权利。随着时间的流逝，这些农场逐渐分成由单个家庭占据的小块土地，比大集团更容易调整生产。新合同规定农民必须支付固定数量的小麦，小麦种植通常需要占一半以上的农场面积。农民被迫用自己最好的土地种植小麦，并以马铃薯和玉米为基础饮食。这样的种植模式导致农民的生活水平直线下降，并引起了普遍的黄褐斑病，该病可导致痴呆并最终死亡，并伴有腹泻和皮炎等症状[33]。黄褐斑是由维生素B缺乏引起的，当玉米没有经过碱化时（如前所述），烟酸（维生素B_3）就无法被人体吸收。玉米经常被排除在上流社会的烹饪中，并且在人们的认知中与“贫困”密切联系在一起。

在波河周围的平原上，农业生产主要以商品市场为导向。灌溉和公共工程方面的投资使该地区成为意大利农业建设最先进的地区。完善的法律促进了土地交易，采用的现代技术将农业与集约化养牛结合在一起。一些企业家被称为“承租人”，他们组织生产的流程已经非常成熟，这些商人向所有者租用中型或大型农场，设法给予他们最大的投资回报。提供劳动力的主要是按天结算固定工资的工人。在意大利中部，传统的分成制仍很普遍。土地被分成若干个“农庄”，其中包括农民家庭的房屋以及其他生产设施，如谷仓和马棚。分成制并不利于促进投资，因为所有者仅对农产品拥有部分权利。此外，由于农民通常生活在相对偏僻的环境中，生产旨在实现自给自足，这种模式不利于扩大种植经济作物。因此在意大利北部流行的轮作系统并没能扩展到托斯卡纳和其他意大利中部地区。休耕期间“藤缠树”的景观仍然很常见，田地狭窄，树木茂密，树木之上缠绕着葡萄藤。在意大利南部，贵族和教会机构仍然拥有大部分土地，在法国占领期间只有一小部分被征用。

农村贫困人口由于没有土地而不得不从事有偿劳动，有时他们租用小块土地，但通常难以保证自给自足。他们通常居住在山丘或山坡上的村庄里，每天不得不步行到自家的土地或要耕种的

19 世纪玉米遍植意大利，经常做成玉米粥来食用

土地上。落后的南部农业的唯一例外是在沿海地区，那里的果树、橄榄树以及葡萄树产出了质量极高的农产品，在市场上获得较高的价格。

总体而言，在意大利统一之前的一个世纪内，经济因素的影响打破了农民传统的生活节奏，资本主义生产方式对农业的渗透虽然缓慢但不可阻挡。当死亡率下降导致人口增长时，土地私有化、新式的生产合同和生产的重新组织使农民的生活条件恶化了[34]。

统一进程及其成果

从 19 世纪中期开始，上述复杂多变的乡村景观逐渐融入一个国家之内，即意大利王国。在维也纳会议上，萨沃伊王朝统治者得以将领土扩大到前热那亚共和国。因为萨沃伊王朝原先的领地已经包括皮埃蒙特和撒丁岛，这一次的扩张标志着拿破仑时代的结束和热那亚独立的终结，就像拿破仑将威尼斯交给奥地利一样。1848 年，经过一系列旨在消灭外国势力和专制政权的谋划与战斗，萨伏依国王发动战争，吞并了意大利北部和中部的大片地区。1860 年，朱塞佩 · 加里波第（Giuseppe Garibaldi）率领的红衫军从西西里岛出发一路向北征战，最终迫使波旁王朝倒台，1861 年意大利王国宣告成立。1866 年威内托被征服之后，意大利军队于 1870 年攻入罗马。教皇留在梵蒂冈，与意大利断绝外交关系，直到 1929 年《拉特兰条约》签署，该条约恢复了两者的正式外交关系。

或许意大利中部尤其是南部的农民，曾期望着加里波第军队的到来和国家的统一会带来命运的改变，然而他们很快就体会到了残酷的幻灭。加里波第在西西里岛登陆时需要当地人的帮助以推翻波旁王朝的势力，他宣布胜利后会将土地重新分配给有需要的人。但当布隆特镇的社会动乱演变成骚乱时，意大利陆军将军尼诺 · 比克西奥（Nino Bixio）实施了严厉的惩罚并处死了一些叛军以镇压这场运动。在 1870 年罗马被占领之后，贵族的财产几乎没有进行任何重大改革，教会土地的清算则增加了中部和南部日益壮大的资产阶级的财产。但是，大多数新的土地所有者并没有采用现代耕作技术，而是采取了与以往类似的管理模式，同时彻底消除了传统上农民在开放土地上耕作的可能性，以更现代

朱塞佩·加里波第，1861 年。
这是一张印在肖像名片上的照片

和更商业的方式主张自己的产权。

统一后的首届政府将农业建设交给了私营企业运营。在皮埃蒙特，以前首相加富尔（Camillo Benso di Cavour）的名字命名的运河网络于 1863 年至 1866 年建成，1878 年阿布鲁佐地区的富奇诺湖排水工程完成。直到 1882 年，国家才将有限的资金用于开垦沼泽地，但主要目标不是为增加农业产量，而是消除疟疾。拖沓的工作效率最终迫使政府将这一工程委托给私人公司和财团继续进行。在艾米利亚－罗马涅和罗马附近的乡村开垦了大片土地，在玛卡莱塞成立了重要的私人农业企业。为避免山体滑坡进行了大量的重新造林并为此立法，但该地的这一问题至今仍然困扰着意大利，2011 年 10 月席卷五渔村的大洪水将此暴露无遗。

国家统一后的几年内，内部边界和关税陆续取消，铁路建设便利了货物流通，并促使地主们种植作物时更加面向市场。南部柑橘和杏仁种植园的规模很大，皮埃蒙特和伦巴第大区则集中种植稻米，该作物在威内托和艾米利亚几乎不再种植。橄榄油和葡萄酒的产量增加，多用于当地消费；面食和奶酪则在国外越来越受欢迎[35]。总的来说，当时的意大利农业仍然遭受着运力不足、分销网络复杂、仓储设施缺乏、信贷供应不足以及令人难以置信的各种税费的困扰，同时农业与全球贸易的日益融合又使农村社会必须面对市场经济的不确定性。19 世纪 80 年代的全球生产过剩危机压低了农业收入，迫使农民放弃故土大规模移民，主要是前往美国、加拿大、委内瑞拉、巴西和阿根廷等美洲国家。这是此后漫长的意大利移民历史的开端，移民过程使意大利人逐渐遍布全球。经济危机使意大利人的平均每日卡路里消耗量从 19 世纪 70 年代的 2 647 在随后的 20 年中逐渐降到 2 197 直至 2 119[36]。

国家的统一并不意味着突然之间人民也能融为一体。大多数农村居民和大量城市居民是文盲，不会说标准的意大利语。社会和政治体系复杂多样，统一政府为建立自己的权威努力多年，尤其是在西西里岛和南部地区，那里的不法分子团伙隐匿山林，还常得到当地人的支持。就饮食种类和所含热量而言，农村的条件非常清苦。小麦的生产主要面向城市中产阶级消费者，农民主要以玉米、大麦、小米、荞麦、栗子、小扁豆、蚕豆和鹰嘴豆为主，将它们磨成面粉或制成粥、饺子、面包和意式薄饼。豆类和大米也提供了一些营养。只有西西里岛和普利亚大区的农民才能吃上小麦，因为这里是小麦的主产区，但当地农民的生活条件却没有改善，正如卡塔尼亚人马里奥·拉皮萨尔迪（Mario Rapisardi）在《收割者之歌》（*Il canto dei mietitori*，1888）中所写的那样：

> 我们是收割大军，
> 为贵族老爷们收割庄稼。
> 烈日当头，
> 六月的阳光燃烧着我们的血液，晒黑我们的脸颊，
> 手中的锄头滚烫，
> 我们正在为贵族老爷们收割庄稼……
> 家中的孩子没有面包充饥，或许明天就会死去，
> 连您的狗食都令人嫉妒。
> 我们继续为贵族老爷们收割庄稼。
> 太阳晒得我们每个人都萎靡不堪、站立不稳：
> 水和醋，一片面包和一块洋葱，足以平息饥肠。
> 这些食物将我们灌饱。
> 让我们为贵族老爷收割庄稼……[37]

在收获葡萄、采集橄榄、榨油和杀猪的时候，地主会为工人提供较多的饭菜以确保他们有足够的力气劳动[38]。现实主义作

家乔凡尼·韦尔加（Giovanni Verga）在他的短篇小说《东西》（*La Roba*，1883）中对西西里岛上葡萄收获场景进行了生动的描述：

> 葡萄收获时，整个村庄都涌向他的葡萄园；无论您在哪里听到有人歌唱，都是他们在采摘马扎罗家的葡萄时的歌唱。至于小麦的收获，马扎罗家派出的收割者像一支军队一样涌入田野，需要一大笔钱才能为所有这些人提供由面包、饼干和塞维利亚橙子组成的早餐以及田间的午餐和烤宽面条的晚餐，烤宽面条必须盛满像洗手盆一样大的碗。[39]

为了更好地了解意大利工人阶级的状况，中央政府资助了一些包含农村和农民阶级情况在内的调查和人种学研究，如斯特凡诺·贾西尼（Stefano Jacini）在1881年至1886年主持的研究[40]。工人阶级家庭预算的大约80%用于食品，其中大部分集中在基本口粮上[41]。

在那不勒斯以工人为主的街区内，通心粉经常在街边出售，可以直接在户外吃。肉类仅在特殊情况下才会少量食用。1892年罗马建立了一座大型屠宰场以满足市民对肉的需求，这与该市的首都地位以及新建立政府机关的雇员和官员们的涌入有关。然而，大多数工人无法获得他们屠宰的肉中最好的部分，只能负担得起一些内脏。牛尾、小肠和牛肚很快进入罗马下层阶级的美食

19 世纪末，动物的内脏成为下层阶级重要的食材之一

行列，著名菜肴包括炖羊杂（羊肺和羊心搭配切成薄片的洋蓟）、烧牛尾（用香料、猪油和切碎的番茄红烧牛尾，在某些版本中还添加可可粉和松子）以及罗马式牛肚（牛肚加番茄酱和薄荷炖煮，并配以磨碎的罗马羊奶酪）[42]。

意大利知识分子和政客经常从南北差异的角度分析食物不足的问题，被历史学家卡罗·赫尔斯托斯基（Carol Helstosky）恰当地形容为“两种饮食的传奇”[43]。但阶级差别所起的作用比地理环境更为明显，蓝领工人和农民时常要面对的地方粮食短缺经常引起社会动荡，比如，1868 年政府要根据磨盘的转数恢复磨坊税的时候；1887 年征收谷物税的时候；因 19 世纪 80 年代农业大萧条，粮食价格迅速上涨，1898 年许多主要城市爆发骚乱，最终引发米兰当局屠杀抗议者[44]。正如社会历史学家保罗·索西内利（Paolo Sorcinelli）敏锐地观察到的那样，“为了吃饭，意大利人必须学会示威和异议”[45]。在波河平原地区，固定工资劳动合同盛行，工人组织起来发动罢工并与雇主谈判以提高工资。

19 世纪末一些工业食品制造公司兴起，尽管那时大多数农业产品都是供当地消费的，无论是新鲜的、干燥的还是腌制的产品[46]。分销基础设施和体系也较为落后。1897 年米兰才建立了第一个大型冷藏仓库，比其他欧洲国家晚许多，随后意大利北部出现了许多类似的仓库，特别是用于保存屠宰后的肉制品。那时人们仍然对冷冻肉存有疑虑，然而在第一次世界大战期间军队的需要改变了这种态度，军人们在前线必须食用冷冻过的肉或罐头肉[47]。由于前几个世纪发生的技术创新，干意大利面成为首批能进行高效分销的商品之一。用小麦筛分机、机械捏合机和干燥机之类的蒸汽和电力操作机械生产的面食在全国范围内流通，甚至可以满足世界各地意大利移民的需求。格拉亚诺和托雷阿农奇亚达镇仍然是主要的生产中心，在阿布鲁佐（品牌有 de Cecco 和 Cocco）、艾米利亚（品牌有 Barilla）和托斯卡纳（品牌有 Buitoni）地区也开设了新工厂。意大利面传统上被认为是南方食品，尽管其形状和长度各异，但仍保留着地方特色，因此越来越被视为民族特色。消费者可以选择由粗粒小麦粉或面粉制成的意

那不勒斯一家意大利面工厂，1875 年，由乔尔乔·索默（Giorgio Sommer）拍摄

大利面，或两者的混合粉，有时面粉还用藏红花染成黄色、用番茄染成红色或用菠菜染成绿色。工业化的鸡蛋意大利面（添加新鲜鸡蛋或蛋粉）和填馅意大利面也制作了出来，食品公司试图通过添加麸质、铁、钙、啤酒酵母或其他可以增加营养价值的元素来使自身的产品脱颖而出[48]。那不勒斯地区通心粉配番茄酱的食用习惯迅速向北传播[49]。

尼古拉斯·阿佩特（Nicolas Appert）发明的罐装技术可以保存新鲜的食材，于是冬季调味料也不再只是传统上由沸腾后晒干的番茄酱制成的深色糊状物（conserva nera）。19 世纪 80 年代经济危机后谷物价格暴跌，农民需要寻找有利可图的种植作物，于

是番茄在南部的那不勒斯和萨勒诺地区以及北部的帕尔马和皮亚琴察地区占据了重要地位，并催生了活跃的罐头产业。成立于都灵的奇里奥（Cirio）公司拥有番茄罐头生产线，并在那不勒斯附近开设了分厂，从而迅速建立了国际分销网络。这一时期成立的一些品牌至今仍为意大利人所熟悉，例如佩鲁贾的佩鲁吉纳巧克力（Perugina），都灵的口福莱榛子巧克力（Caffarel）以及马天尼酒（Martini & Rossi）和仙山露酒（Cinzano），伦巴第大区萨隆诺的拉扎罗尼曲奇（Lazzaroni）和的里雅斯特的白兰地[50]。这些产品在国外享有盛誉，客观上促进了小众但持续增长的高端消费文化，流行于意大利的上层和中产阶级之间，他们依靠品牌来抵制日益泛滥的仿冒假货[51]。葡萄酒行业仍然较为落后，大部分生产集中于高酒精含量的葡萄酒，这些酒出口到国外与当地产品混合后再售卖，还有零售酒，即不同葡萄品种混合而成的佐餐酒。但葡萄藤根瘤菌 19 世纪 70 年代蔓延到法国，80 年代末蔓延到意大利，种植户们被迫重新安排生产。重新种植提高了葡萄产量，使许多低产的本地品种退居次席[52]。一些地区显示出商业扩张的迹象。在西西里岛西部，当地的弗洛里奥（Florio）家族以拿破仑占领时期英国人曾经推出的一款酒创立了新的品牌——加强型玛莎拉葡萄酒（Marsala）[53]，从此广受欢迎。玛莎拉葡萄酒与皮埃蒙特的味美思酒（Vermouth）一起成为资产阶级的首选，甘恰酒庄（Gancia）和仙山露等公司也积极鼓励农民提升作物品质。

意大利中央政府为统一饮食习惯也做出了贡献，只不过这是强制兵役的副产品。需要服役的年轻人不得不离开家乡 5 年（1875 年之后改为 3 年）去异地受训，然后被送到遥远的地方驻扎，那里会有不同的方言和不同的习俗[54]。意大利军事领导人清楚地了解物质条件尤其是食物对于军纪的重要影响[55]。对许多新兵来说，这是他们第一次每天吃上三顿饭。有些餐食不太受欢迎，特别是罐装肉类，但其他商品如咖啡、通心粉（加番茄酱）和奶酪已成为士兵的日常必需品。当服役期满，士兵带着已经习惯的口味回到家乡，这种象征着“意大利”的口味其实是这个新国家仍然在努力构建的。

由于政府、文化研究人员和慈善机构更加关注下层阶级的饮食和营养状况，因此有关中层阶级市民饮食的质量和数量的相关数据反而较少。但我们可以从当时的报纸、杂志和烹饪书中来了解他们的饮食习惯和餐桌礼仪，尤其是他们在塑造自己作为新国家公民的文化和社会认同时的倾向。在国家统一之前的几年中，烹饪书主要面向贵族阶级，介绍地方特色菜肴和食材，例如伊波利托·卡瓦尔坎蒂（Ippolito Cavalcanti）的《烹饪理论与实践》（*Cucina teorico-pratica*，1837），以及面向更广泛受众的《不骄傲的厨师》（*Il cuoco senza pretese*，1834）。其他如《皮埃蒙特山麓的烹饪和那不勒斯管家》（*Il nuovo economico cuoco piemontese e credenziere napoletano*，1822），则试图将不同的地区传统联系起来。

第一本有助于意大利资产阶级定义“民族”美食的书是《厨房中的科学与健康饮食的艺术》（*La scienza in cucina e l’arte del*

mangiar bene），由佩莱格里诺·阿尔图西于 1891 年出版。阿尔图西 1820 年出生在福尔利附近的一个小镇福林波波利，出身于成功的商人家庭。他于 1852 年将公司迁至佛罗伦萨，此后一直在这里生活直到 1911 年去世，享受着自己的财富并致力于文学和烹饪事业。由于找不到投资人赞助自己的烹饪书出版，阿尔图西自掏腰包出版了该书，第一版在 4 年内售出了 1 000 册。这本书很快便被中产阶级家庭的厨师们发现，到阿尔图西去世时该书已经售出了 200 000 册，考虑到意大利当时的识字率，这绝对是一个惊人的数目。该书先后共出版过 14 个版本，收录的食谱从 475 种增加到近 800 种。尽管最熟悉托斯卡纳、艾米利亚和罗马涅的美食，阿尔图西还是努力从意大利各地搜罗食谱，一手创建了全国范围内通用的美食和烹饪词汇。食谱虽然有时不是很精确，但语言活泼有趣且充满故事性，使读者阅读时感到非常愉快。阿尔图西的食谱包括米兰式小牛肉排和他自己家乡罗马涅风格的鳗鱼、用来自西西里的蒸粗麦粉（被认为是犹太特色）做成的南部菜肴，以及他认为是那不勒斯特色的比萨和杏仁干酪甜点。

书中没有提到辣椒，甚至没有提到撒丁岛，但是提供了一些外国食谱如烤牛肉和蛋奶酥等，揭示了外国美食对意大利资产阶级烹饪的影响。该书不仅反映了中产阶级的文化和社会价值观，还反映了他们获得食物的途径和消费能力。作者采取了一种教育式的口吻将家庭理财技巧、卫生提示和医疗建议相结合，致力于帮助读者节制而恰当地管理好家庭财务。笔调轻松有趣，提供的一些旁注使我们能更好地了解当时的文化。阅读他写的食谱，包括我在下文摘录、翻译的两篇，可以发现阿尔图西对食材用量的说明非常模糊，他假设读者（大多数是女性）会确切地知道如何量取食材。

资产阶级家庭喜欢全家一起用餐，这种模式加强了核心家庭的父权制结构，使他们与城乡低下阶层的人区别开来，后者倾向于单独进餐并吃得更俭省（节假日除外），如何用餐取决于他们的劳动时间和地点[56]。历史学家保罗·索契奈利（Paolo Sorcinelli）讽刺说，工人的饮食方式快速、粗放而又不注意举止，更像是现代快餐的风气，而不是传统家庭的理想[57]。在餐馆以及中上等阶级家庭中，逐渐形成的恰当的菜肴构成和顺序是头盘、第一道菜（通常是汤或面食，米饭较少）、第二道菜（肉或鱼）、配菜（通常是蔬菜）和最后的甜点。头盘有时在特殊场合才有，在南部通常在饭前或两餐之间上些小零食，如橄榄、萨拉米香肠片或奶酪等（今天的上菜顺序和结构基本上仍是这样，尽管现在意大利人倾向于吃得简单些，但特殊场合和周日用餐除外）。邀请客人时，新式的用餐安排可以使主人更好地决定菜品内容和上菜时间，在控制食物分量的同时展示出礼节。资产阶级家庭某种程度上试图将周日用餐塑造成一种特殊的场合，成为变相的小宴会。但在一周的工作日中饭食要简单得多，教人们如何利用剩菜的食谱受到欢迎。

佛罗伦萨式墨鱼烩饭

在佛罗伦萨，乌贼这种头足类软体动物又被称为“墨鱼”（Calamaio，意为“墨水瓶”），也许是因为它包含一个小墨囊（托斯卡纳美丽的语言经常基于相似性而构成词汇），这是大自然出于防御考虑而赐予墨鱼的东西，其中包含可以用来喷射敌人的黑色液体。托斯卡纳人尤其是佛罗伦萨人，对蔬菜充满热情，任何菜里都要放一些进去，因此他们将甜菜根放入这道菜中——我认为这是适合的，就像面包汤适合于信经祈祷那样。但我不希望过度食用蔬菜成为某些阶层的人身体虚弱的原因之一，在患有某些疾病的情况下身体无法很好地消化蔬菜，导致人会逐渐像深秋的落叶那样憔悴。

将墨鱼去皮并分离触手，清理掉无用的部分，如骨头、口腔、眼睛和消化器官，将墨囊放在一旁。洗净后切成小方块，尾巴切成小块。取两个洋葱切碎，或者将一个洋葱和两瓣大蒜切成小丁，放在倒入适量高级橄榄油的锅中并开火。当洋葱变成褐色时加入墨鱼，等待食材煮沸并变黄，然后加入约600克的唐莴苣，莴苣需去掉粗筋，切成大块。搅拌并煮沸约半小时，然后倒入600克大米（相当于墨鱼进行处理前的重量）和墨囊中的汁，将大米浸入酱汁中，慢慢加入热水煮熟——一般来说大米不需要煮得太熟。再将米饭沥水，在您所用的上菜托盘中堆出造型。

做好的烩饭应该用磨碎的帕尔马干酪调味，但如果您的胃不太好，就不要使用：干酪碎或其他相似成分与饭同煮后，会不容易消化。现在我将向您展示另一种制作意大利烩饭的方法，以便您选择自己喜欢的一种。这次不用唐莴苣，也不用墨汁，当墨鱼如我们所说开始变黄时，加入大米并通过缓慢加入热水和番茄汁或番茄酱将其煮熟，再加一点黄油使味道更丰富，接近煮熟时加入帕尔马干酪。如果您想做得更好，请在烹饪进行到三分之二时加入我们在“丁鲷烩饭”中提到过的豌豆。[58]

酿土豆炸丸子

土豆，300 克帕马森干酪，两汤匙鸡蛋，一点豆蔻粉，面粉按需要准备。

将土豆煮熟去皮，然后过筛，落在一层薄薄的面粉上。在土豆上戳一个洞，加盐、肉豆蔻调味，然后倒入鸡蛋和磨碎的帕马森干酪。尽可能少地使用面粉，将混合物摔成柔软的土豆面团，分成 18 份。用手指蘸面粉，然后在每份土豆面团上戳一个小孔，将切碎的肉填入，再用面覆盖住肉馅，再加面粉揉成球状。用猪油或橄榄油炸，然后作为炸肉类菜肴的配菜上桌。这道菜好看、好吃又便宜。您还可以只用一些鸡杂做成馅料。当您买整只鸡时，可以切下

> 鸡冠、鸡胗，加上还在鸡肚子里的鸡蛋，再加上一点切碎的洋葱和黄油，再来点切成丁的火腿片（肥瘦都要）。如果没有鸡肉，则可以用其他方式填料。[59]

旅馆和饭店蓬勃发展，成为资产阶级的主要消费场所。在餐桌服务方面，一种“俄式”新风格开始流行，与以往的多菜式服务的不同之处在于，它同时向所有客人展示一系列菜肴。那些去

卡尔·海因里希·布洛赫（Carl Heinrich Bloch），《罗马的小酒馆》，1866 年，布面油画

不起高雅场所的人仍然会光顾传统的小酒馆。周日，许多市民都乐于去城市近郊游玩，那里的农家餐馆提供简单的饭菜，有时甚至允许顾客在购买葡萄酒时自带食物。这些地方出售的葡萄酒品质各不相同，通常与价格成正比。最差的还有用葡萄渣发酵过的水或者醋酒和水的混合物。只有在19世纪90年代初与法国的关税战之后，以前用于出口的大量葡萄酒才进入本地销售，同时价格变得更加实惠，消费量也随之增加。在国外，理念最先进的医疗人员已经将酒精中毒认定为一种病症，但意大利的文化观念对此表现得更为矛盾。一方面人们认为葡萄酒是健康的，营养丰富且能抗疟疾，也不像烈酒那样刺激；另一方面，过量饮用葡萄酒也被认为会对个人和社会产生负面影响[60]。

农村地区居民的收入和生活条件仍然比城市蓝领工人要差。尽管1879年颁布了强制性的法律以普及小学教育，但文盲仍然很多。总体而言，妇女和儿童的营养不足状况比男性更普遍，后者被认为是养家糊口的人，因此值得在匮乏的家庭膳食中消费更大的比例：

> 妇女（单身和已婚）只能站着用餐，在厨房，在角落，或站在放柴火的箱子上，手中端着盘子，或坐在地上；她们不能用银器，银器只供男性使用；妇女们经常吃剩下的东西，就像皮埃蒙特的一位农村女工记得的那样，“当他们（男性）不在家的时候”。[61]

19世纪80年代的农业危机为波河平原的农业发展埋下伏笔，意大利中部和南部农村工人的生活水平却恶化了。北部许多地区的糙皮病则有所减少，农村家庭通过在不断增长的工业行业中季节性就业取得更高的收入，因此能负担得起种类更多的食物[62]。但意大利中部的佃农中糙皮病病例增加了，尤其是山区的农民，本来那里的病例非常少见。随着农民在大部分土地上种植经济作物以缴税和购买商品，同时被迫靠玉米维持生计，糙皮病越来越多[63]。意大利农民坚强节俭的神话形象成为上层阶级（包括政客在内）的精英们为没有能力改善农村生活条件而寻找的借口。同时，农村工人又被描绘成懒惰放纵和缺乏主动性的形象，而忽略了这些形象与营养不良之间的联系。在20世纪来临之际，大多数意大利人仍在从事农业工作，国家距离工业化和经济腾飞还有很长的路要走。

第五章

从世界大战到经济奇迹

美好时代

20 世纪初意大利的生产力和消费品价格迅速回升，反映了全球范围内的经济快速发展。日益增长的服务业中从业人员的生活水平得到了改善，办公室职员和国家公务人员的收入也增加了。1912 年所有男性公民都获得了投票权。此外，得益于更高的工资和国外移民的汇款，城市和农村的劳动者都享有了更好的生活条件。市场上出现了一系列新型工业化生产的食品，如浓缩肉汤、速溶巧克力和烘焙面粉，它们作为新兴的消费文化的代表，对消费者具有强烈的吸引力。

尽管政府出台了专门的法律帮助巴西利卡塔、那不勒斯、卡拉布里亚和撒丁岛等地区工业活动的发展，但农业仍然是上述地区主要的经济引擎。得益于机械化发展、化肥的使用以及在农牧业和乳制品生产之间进行的系统化协同，农业领域发生了一些重大变化，尤其是在意大利北部[1]。肉类在意大利饮食中一直扮演着次要角色，特别是与其他欧洲国家相比，但腌制和晒干的鱼类还是提供了一定数量的蛋白质。葡萄酒消费全面增加，城市中心比农村地区增长更多。玉米的消费量下降，同时小麦和面食的销量增加（尽管价格上涨了），部分原因是谷物进口量在19世纪末至“一战”开始期间增加了一倍以上。

许多意大利人将1915年至1918年意大利参与的“一战”视为“第四次独立战争”，因为本国与法国和英国一起进行了面向德国和奥匈帝国的斗争，而德奥控制着半岛东北部一些意大利人认为属于自己国家的领土，例如特伦蒂诺－上阿迪杰和威尼斯·朱利亚。由于大多数士兵是农村劳动力，因此在缺乏劳动力的情况下第一次世界大战导致粮食产量暴跌。此外，战时也很难确保肥料和其他供应的安全。战争期间政府管理所有经济活动，工业生产确保了不在前线的男性的就业，劳动力的短缺则导致了工资上涨。因此，尽管配给制和价格控制扩展到了小麦、肉、蛋、黄油和糖等产品，意大利人仍能获得健康和多样化的饮食。实际上，由于国家补贴，面包变得更容易负担了。国家补贴的目的是避免每次食品价格波动时都会爆发的社会动荡[2]。消费者开始采用人造黄油、糖精、大麦、大米等作为替代品[3]。战争临近结束时，更多的食物被运往前线，引发平民抗议。奥林多·古里尼（Olindo Guerrini）撰写的《利用剩菜的技巧》（*L'arte di utilizzare gli avanzi della mensa*，1917）在他去世后出版，似乎发扬了中下层阶级的节俭精神，加入了一些工人阶级的食谱，例如面包汤等[4]。但仔细阅读后会发现，诗人兼图书管理员古里尼实际上是面向相对富裕的读者书写的，例如有一个章节主要写的是狩猎。他在关于牛肉的章节中写道："因习惯或健康原因频繁或持续喝肉汤的家庭，会被判终生以煮肉为食。"[5]不难想象有多少意大利家庭只能梦想着被罚每天吃肉。这本书提供的米饭食谱与面食一样多，揭示了作者的北方血统并指出了意大利的饮食差异。

战争使来自意大利各地的年轻人聚在一起，去适应一种被认为是"民族的"和"意大利式"的饮食，它通常与各地实际的习俗和烹饪偏好大相径庭，并且在大多数情况下比各地的饮食要丰富得多。士兵们可以获得肉、奶酪、咖啡、糖甚至酒，这些对于来自农村的士兵在文化层面上的冲击更强烈，他们家乡的饮食往往比军队要贫乏一些。作战口粮每天的热量达到 3 650 卡路里，山地作战的士兵还有额外补充[6]。意大利第一次作为一个统一国家参与国际战争，并将意大利领土（特伦托和的里雅斯特）从奥地利的占领中解放出来，这有助于建立民族身份认同，这份认同感在接下来的几十年中发挥了重要作用。

战争结束后，消费文化在最富裕的人群中迅速扩展，他们向新产品和新潮流张开热情的怀抱。啤酒就是这些变化中的一个很好的例子。意大利几个本地的啤酒品牌展开激烈的竞争以争夺顾客，但战争期间因为麦芽的进口受到影响，啤酒的总产量下降了。当战争一结束，啤酒消费量迅猛回升。原先被奥匈帝国占领的领土夺回后，的里雅斯特的德雷赫（Dreher）、梅拉诺的福斯特（Forst）这样的重要工厂回归意大利，其他如卡利亚里的伊克努萨（Ichnusa）、比耶拉的麦纳布莱阿（Menabrea）、乌迪内

的莫雷蒂（Moretti）、那不勒斯的佩罗尼（Peroni）和布雷西亚的沃格尔（Wührer）等重要品牌也广受欢迎[7]。利用报纸和杂志广告日益增长的影响，意大利的利口酒和烈性酒销量大涨。随着识字率的提高，这种营销手段变得更加有效。早期的广告大多是印刷媒体，文字密布以描述产品的质量指标和给人带来的感官感受，还包括价格和可购买产品的地点。20 世纪的广告开始采取墙

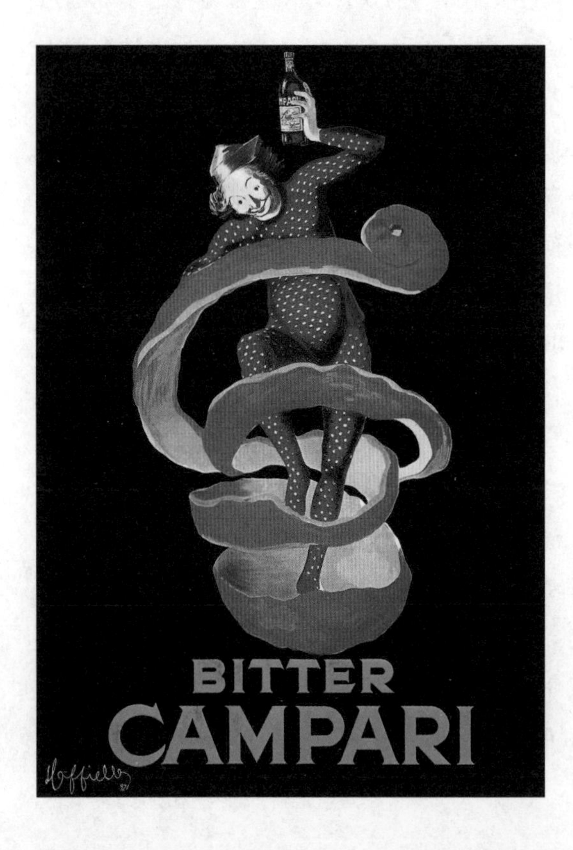

莱奥奈托·卡皮耶罗为金巴利酒设计的宣传海报，1921 年

壁海报的形式，将产品推销给不识字的人。艺术家莱奥奈托·卡皮耶罗（Leonetto Cappiello）率先设计了使产品令人难忘的品牌海报，其中包括：仙山露味美思酒（Cinzano Vermouth）；克劳斯巧克力（Chocolate Klaus），以其“绿衣女郎”的品牌形象而闻名；金巴利酒（Bitter Campari），有一只从橘皮间升起来的小精灵。后来海报中的流行形象也出现在明信片、扑克牌和日历上，而海报本身的尺寸逐渐变大，成为广告牌。马尔切洛·尼佐利（Marcello Nizzoli）和赛维罗·波扎蒂（Severo Pozzati）等艺术家在广告中放弃了装饰艺术风格，采用了一种更为抽象的表达方式。1919 年，福图纳托·德佩罗（Fortunato Depero）创立了“未来派艺术之家”，这是一家广告美术工作室，因其设计的一系列金巴利酒广告形象而闻名。

法西斯管制

第一次世界大战结束后，政府恢复了对市场自由放任的态度。意大利人愿意支付高价购买更好的产品，而不是继续使用战时已经习惯的那些商品[8]。尽管移民汇款减少，农村的人口压力导致土地被占用和社会不稳定，但在大宗主粮和其他农作物价格适度上涨的带动下，农民收入保持了稳定。得益于工会和社会党的活动，工人的工资和劳动安全得到了改善。同时，做军队生意起家并从中获利的工业集团在横向和纵向产业上都进行了投资整合，从而产生了半垄断的集团。中小资产阶级受通胀及货币贬值的影响最大，因为它们的生活水平取决于固定工资的水平。1919 年国家试图废除面包价格补贴，激起了强烈的政治反应，导致政府改选。作为对价格上涨的反应，始于 19 世纪 50 年代的消费者合作社在这一时期扩大了组织。它们像股份公司一样汇聚商业资本来购买和批发产品，从而获得了比小商店更低廉的价格。同时，消费者合作社建立了组织良好的分销网络，使刚起步的意大利农业食品资本找到了便利的农产品出口渠道。1920 年社会紧张气氛达到顶点。工厂被占领，农村动荡，推动工业家（工业联合会）和土地所有者（农业联合会）的组织纷纷成立，意大利共产党在随后的一年成立。

在这种风雨飘摇的背景之下，墨索里尼和法西斯党在 1922 年利用中产阶级的不满和社会局势的紧张攫取了政权。他们对报纸、政治组织、工会和农村劳动组织进行了大范围的恐吓与暴力行为。法西斯政府宣布罢工为非法，用包括工人和业主在内的“合作组织”代替工会，以掩盖劳资谈判中的分歧。他们还对意大利货币里拉重新估值，导致生产和出口减少，工资水平下降，物价上涨，而 1929 年开始的世界范围内的经济大萧条使情况更加恶化。为控制价格，政府采取了贸易保护主义，提高小麦进口关税，并于 1925 年发起了旨在提高小麦产量的所谓“谷物之战”。然而，正是由于全球范围内的过剩，小麦价格才出现了下跌。

当法西斯政权意识到这些措施仍不足以提供必需的粮食时，又发起了针对沼泽地的“全面开垦”计划，这些土地包括国有和私有的。这项计划在罗马以南的阿格罗旁蒂诺地区取得了成功，向大部分自东北部来到此地的农民分配了 3 000 块土地。时至今日，墨索里尼在该地区建造的两个主要城市拉提纳和萨博迪亚，均因其最初的定居者的名字而得名，与意大利东北部的城市博尔戈萨博蒂诺、博尔戈皮亚韦和博尔戈卡索等类似。同时，政府出台了一些政策以鼓励没有经济能力耕种土地的所有者将土地出售给工作效率更高的农场。这些干预措施的目标一是增加小麦生产用地，二是限制农民向工业城市迁移，特别是在北部，当时政府还一度阻止本地人向其他国家移民以维持意大利的人口数量。但由于生产力集中在小麦上，限制了国家对畜牧业和其他在国际市场上具有商业价值的农作物的投资，例如葡萄和柑橘。国家稻米委员会成立，以促进意大利中部和南部稻米的消费，因为那些区域食用稻米较少。直到 1937 年，国内小麦消费量的三分之一仍依赖进口[9]。面包成为法西斯政权宣传的重点，促使人们更多地消费它。全意大利人民被号召吃全麦面包以代替白面包，因为全麦面包更健康、饱腹更持久、更有营养。学校里的孩子们要学习墨索里尼为 1928 年“面包日”写的一首诗，设立这个节日意在让人们懂得珍惜食物：

我们爱面包，因为它是家庭的心脏、餐桌的香气和炉膛的欢乐；我们尊重面包，因为它代表着额头的汗水、工作的自豪感和牺牲的诗意；我们礼赞面包，因为它身后是田野的荣耀、大地的芬芳和生命的盛宴。不要浪费面包，它是祖国母亲的财富、上帝最甜美的礼物和最辛勤之人辛劳的奖赏。[10]

这首诗的措辞和语调体现了当时法西斯宣传的风格，对媒体产生了深远的影响。墨索里尼注重运用图形设计、海报和广播的宣传力量，由于电影已成为彼时非常流行的娱乐形式，他也对电影宣传寄予厚望。他是世界上最早使用自己的照片和新闻纪录片来宣传政策与政治活动的政府领导人之一。在“谷物之战”期间，墨索里尼在丰收季节出现在麦田里，赤裸着上身帮农夫们收割[11]。早在1924年，法西斯政府就成立了“电影和摄影基金会”，意大利各地的电影院都会播放基金会制作的长片和短片[12]。许多纪录片着重表现农村劳动力的生活和生产[13]。宣传部门的负责人还建起了“电影城”（Cinecittà），这是一个拥有现代化舞台设备的大型场所，后来成为20世纪60年代“台伯河畔的好莱坞”。法西斯政权还成立了电影学院“电影实验中心”，该学院培养了许多电影行业的专业人士，他们在接下来的几十年中家喻户晓。

当时一些科学家和营养学家认为，与其他血统的人相比，意大利人的平均代谢速度较慢，因此每日所需的热量摄入较低[14]。地中海人口的节俭习惯不是贫穷造成的，而是基于生理差异。毕竟，被法西斯政权宣传为文化典范的古罗马人也称赞节俭的好处。吃纯正的食物、在日常活动中锻炼身体、烹饪简单淳朴，综合所有这些因素，农夫被认为比城市工人更健康，甚至在性方面也更强[15]。无论如何，过量饮食被认为比少吃更危险。

1935年意大利对埃塞俄比亚实施占领，似乎带来了可能的解决粮食短缺的方法，即实现墨索里尼的殖民计划，埃塞俄比亚会有大片土地让意大利农民去耕种[16]。意大利还征服了索马里和厄立特里亚，宣布东非成为意大利的一部分。但这些军事冒险激起了国际社会的反对，对意大利实施的经济制裁影响了战略商品的进出口。墨索里尼于是在国内发起了一场运动以建立自给自足的经济机制，想要完全依靠意大利本国的产品，进一步提高进口关税并阻止采购商购买外国商品[17]。随后出现的便是粮食短缺和价格上涨，特别是肉类和奶制品，在意大利人民中引起强烈不满。法西斯政权开办了“热汤厨房”，向有需要的人分发食物，但这一举动更多是出于宣传目的，而不是为了解决严重的粮食短缺问题。许多资源被转移到非洲以支持殖民者，由于缺乏投资和基础设施，殖民者们耕种的土地亩产低于预期。殖民地出产的香蕉、芙蓉花茶和花生被运回意大利，但也不足以实现盈利。

法西斯体制下的饮食文化

自然而然地，食物消费、生活节俭、爱国主义和道德品质之间的联系成为法西斯政权宣传的焦点。家庭主妇们被鼓动肩负起将法西斯经济政策带入意大利家庭的日常生活的任务：

从未有哪个时期像现在这样关键，在走向牺牲的道

> 路上我们需要一股卓越的力量来完善那些积极有效的道德准则。您作为家庭主妇的使命从未如此重要，以多种方式与国家的利益紧密地联系在一起。在您的日常活动和精神潜能成为家庭生活的核心时，我们希望您成为一个榜样，说服那些冷漠和不负责任的人严格遵守我们要求自己的俭省原则，直至胜利的到来！[18]

宣传工作的对象也包括了农村妇女。“农村主妇运动”对农村女性进行了组织和宣传，因为男性越来越多地参与工厂劳动（至少在一年中的部分时间里），农业对女工的需求不断增长[19]。

家庭预算和饮食习惯的改变激发了人们对烹饪技艺研究的新热情，追随着美国家庭经济运动的榜样。1926年，“国家科学工作组织”成立，旨在促进家庭生活的现代化，包括推广电炉、电水壶、铝锅、平底锅、钟表、天平和其他厨房器具。冰箱几乎是闻所未闻的，但是许多家庭都有冰盒。制铝技术的进步使得大量生产的家用物品很快进入意大利厨房，例如比亚莱蒂摩卡咖啡壶，能在炉灶上制作类似意式浓缩的咖啡。

浓缩咖啡机首先由路易吉·贝泽拉（Luigi Bezzera）于1901年获得专利，后来由弗朗切斯科·伊利（Francesco Illy）进行了改进以使用压缩空气，在餐厅由受过训练的人员操作，但总的来说体积太大且价格昂贵。新式的咖啡壶可以置于家庭的炉灶之上，在家便可以享用类似的咖啡，代替了传统的那不勒斯翻转壶，即先将水烧开，然后将壶翻转过来，使水从咖啡粉上滤

比亚莱蒂摩卡咖啡壶，这款能在炉灶上直接加热的咖啡壶至今仍在许多意大利家庭使用

过[20]。然而法西斯政府推广自给自足制后，咖啡变成了稀缺品，女性杂志上出现了建议读者减少饮用的文字：

> 对维持我们的活力和机敏来说，咖啡并不是必需的，我们不需要刺激性物质来保持状态……咖啡不是必需品，更像是一种美味和一种习惯，源于人们认为它可以治愈疾病并且为劳动者提供必不可少的帮助的先入之见。即使工作令人不安、疲累或单调重复，我们也不惧怕工作。我们并非必须在意式浓缩咖啡柜台上停留才能保持身体健康。[21]

厨房里的现代厨具成为意大利家庭主妇地位的象征

家庭主妇们欣赏用曲柄操作的机械面食机，能将金属圆筒之间的面团压成薄片，这种工具至今仍然可以在手工制作意大利面的家庭中找到，用于制作特殊餐点或周末大餐。在经济制裁和禁运的背景之下，一种被称为“烹饪箱”的工具被制造出来以节省煤炭和天然气：这是一个用棉花、布和纸紧紧塞满的木箱，它可以创造出隔热的空间，将在炉灶上已经烧好的锅移至其上以完成剩下的炖煮。

法西斯政府还向主妇们传授新颖有效的“现代”烹饪习惯和烹饪方法[22]，许多广播节目应运而生。然而，在政府号召女性减少消费和避免不必要的购买的同时，广告商却在大力推广那些时尚品牌（尽管是意大利品牌），食品公司也会赞助著名歌手的广播音乐会[23]。1922 年，第一家广告公司 ACME 开始开展业务，推出了简短而朗朗上口的口号。广告商采用具有科学和技术色彩的营销方式，使人们相信消费不仅是满足个人梦想和欲望的手段，也是间接帮助建设国家的方式[24]。1934 年，布道尼－佩鲁吉纳（Buitoni-Perugina）公司赞助制作了大仲马名作《三个火枪手》（*The Three Musketeers*）的无线电广播剧，并印制了 100 张剧中人物的收藏卡。收集到全套所有卡片的听众会获得奖励，收集到多套的听众会获得更高的奖励，像菲亚特的托波利诺（Topolino）汽车这样的大奖则需要集齐 150 套。意大利人为这些卡片疯狂，“凶猛的萨拉丁”这张卡片是最稀有的。最终，政府在 1937 年禁止了这种促销活动。不断扩大的消费文化与食品工业的落后相冲突。除了世纪初推出的几个大品牌以外，大多数企业规模不大，局限于当地分销网络，获得技术创新的机会也很有限[25]。

烹饪书和女性杂志在对所有阶层的女性进行教化方面发挥了重要作用，传播了资产阶级的礼仪和节俭作风，同时在全国范围内宣传本地的食谱和食材。出版业也被用于推广法西斯政权的食品政策，促使意大利人注重效率，并以更节俭的方式烹饪。家庭主妇必须在减少浪费的号召（根据“爱国”指令进行饮食安排）和维持家庭健康的需要之间权衡，即使家用紧张，也要争

取给客人留下深刻的印象。费尔南达·莫米利亚诺（Fernanda Momigliano）的《艰难时期的好生活》（*Vivere bene in tempi difficili*，1933）为读者刻画了这一时期一个中等收入的四口之家的生活。1905 年意大利素食主义者协会成立后，出版了以拒绝肉类作为时尚和现代消费象征的烹饪书[26]。1930 年恩里科·阿利亚达·德·萨拉巴鲁达（Enrico Alliata di Salaparuta）公爵出版了《素食：自然主义美食家手册》（*Cucina vegetariana: manuale di gastrosofia naturista*），书中展示的饮食选择显示了一种带有精致上流社会色彩的哲学选择。1929 年，月刊《意大利烹饪》（*La cucina Italiana*）印在可折叠的薄纸上，自称为"家庭和美食家杂志"，在上层阶级的消费者和中产家庭主妇的需求之间选择了中间立场。1932 年，该杂志被出售给《意大利日报》（*Giornale d'Italia*）。该时期最受欢迎的书籍之一是阿达·博尼（Ada Boni）的《幸福的护身符》（*Il talismano della felicità*），该书于 1925 年首次出版，其标题已经向所有遵循该食谱进行烹饪的人"保证"了家庭的幸福。博尼的书至今仍然被认为是经典之作，常作为礼物送给新婚女性。随着时间的推移，书中内容进行了多次修改。法西斯主义消亡之后，书中的"爱国主义"和"宣传"色彩被抹去，使新版得以继续被大众接受。博尼作为一位十分关注流行趋势和新奇事物的罗马女士，早在 1915 年就已经发行了自己的杂志《珍品》（*Preziosa*），引起了人们对实用主义的兴趣，并为女性提供了一些家庭管理方面的建议。在此期间，还有其他一些撰写饮食类文章的女性作家也开始变得有名。1929 年阿玛利亚·莫莱蒂·福贾（Amalia Moretti Foggia）开始以笔名佩特罗尼拉（Petronilla）为周刊《星期日邮报》（*La domenica del corriere*）撰写有关健康和营养的文章。她是首批获得生物学和医学大学学历的意大利女性之一，在米兰担任儿科医生，开设的杂志专栏“炉灶之间”赢得了许多忠实的读者。她充满个性的精致笔调在家庭主妇间引起了共鸣，即使在食物配给和独裁统治的艰难时期，主妇们也努力想保持家庭的体面。

实惠烤面团

锅内放入150克白面粉，置于炉上，加入两个全蛋和两升牛奶搅拌，每次加少许以避免结块。加入50克切碎的奶酪丁，搅拌的同时开中火煮，直到混合物变得黏稠为止。在其中乳化30克黄油，加入少许盐，然后将锅从火上取下。将混合物倒在烤盘上，冷却后摊开，使其厚度均匀。将面饼切成大块，放在涂有黄油的烤盘中，再撒上少许黄油和磨碎的帕马森芝士，放入烤箱中烘烤，直到面团变成漂亮的金黄色。[27]

实惠豌豆肉饼

将牛肉切成宽而薄的片状，均匀撒盐，然后用

> 切片熟香肠（约70克）覆盖。将格鲁耶尔奶酪薄片放在上面（约50克），然后将肉片一起卷成小圆筒，用细绳将其绑紧。将一大片黄油、切成小块的咸肉片和切成薄片的洋葱放在锅内，置于火上，食材变色后将肉卷沾一层面粉再放入锅中。待其变成棕色，溶解一茶匙番茄酱在温水中并倒入锅里。盖上锅盖，小火慢煮一小时。然后加入300克新鲜豌豆，如果酱汁太稠则加几汤匙温水。加入盐、胡椒粉，然后慢慢煮一会儿。如果豌豆很嫩，则半小时就够了。滤去一些酱汁，搭配玉米粥食用。[28]

阿达·邦菲里奥·克拉西希（Ada Bonfiglio Krassich）撰写了一系列书籍来宣传“经济而健康”的烹饪，上面摘录了1937年版的两个食谱。当时的独裁政权对家庭主妇们进行了大力的呼吁和动员。我们可以注意到，对于较贵的食品如格鲁耶尔奶酪和熟香肠，食谱建议少量购买。尽管如此，作者的立场仍然是假设消费者可以买到肉类、黄油和其他商品，而这些商品在接下来的几年中基本上都很难弄到了。

法西斯政权的宣传机器甚至会在饮食领域进行直接的干预和引导，出版了诸如《如何健康饮食》（*Sapersi nutrire*）、《为什么要多食用鱼类》（*Perché bisogna aumentare il consume del pesce*，1935）和《被制裁时期的节俭烹饪法》（*La cucina economica in tempo di sanzioni*，1935）等书。在1938年墨索里尼颁布种族法之前，犹太社区也提出了一些用于传统节日的菜单，根据头盘—第一道菜—第二道菜的家常意大利菜用餐顺序来安排，还有配菜和甜点等[29]。

法西斯政权还强调正是地方特色菜肴和菜谱使意大利独一无二，希望以此促进本地产品的消费，还举办各种节日活动以突出传统习俗和民间传说，特别是与农业有关的节日。1931 年意大利旅游俱乐部出版了《意大利美食指南》（*Guida gastronomica d'Italia*）[30]，旨在在全国范围内增进对本地食品的宣传和推广，否则这些食品的消费将会仅限于很小的区域[31]。这种新的视角将传统地方产品视为可以吸引游客的"特色"和"地道"产品，并预设了游客的可支配收入和便捷有效的运输系统能够支持这些产品的销售。铁路系统是法西斯政权在国家发展方面优先建设的重点之一，铁路建设还促进了火车站附属设施的建设，这些火车站通常提供"意大利特色"食物而不是当地菜肴[32]。学者阿尔贝托·卡帕蒂（Alberto Capatti）指出，《意大利美食指南》背后的思想与运输现代化、农村发展、食品生产工业化或法西斯政权在不久之后实行的"自力更生计划"其实并不冲突：

> 食品工业为创造国家财富服务，保护消费者免受外国竞争者的"侵害"，也不会破坏农村和山区的小农生产。工匠、食品技术人员和家庭主妇都为集体经济项目做出了自己的贡献。[33]

展示意大利烹饪文化财富的渴望也反映在记者保罗·莫奈

利（Paolo Monelli）的《漫游的美食家》（*Il ghiottone errante*，1935）、阿达·邦菲里奥·克拉西希为家庭主妇撰写的食谱《地区美食年鉴》（*Almanacco della cucina regionale*，1937）以及“法西斯国家公共事业联合会”1939年出版的《餐厅指南》（*Trattorie d'Italia*）中[34]。

那时各种餐饮场所都可以提供葡萄酒和食物。在小酒馆，有丰富且廉价的葡萄酒可供选择（通常质量低劣且需要赊销），来此消费的顾客可以从家中带来食物边吃边喝。有时小酒馆也同时提供酒和食物，食物可能是从附近的炸货店、面包店或其他类型的食品店那里购买的，也可能是本店厨房做的。这种酒馆在城

照片中留着小胡子的是我的曾祖父，在罗马一家地方市场，1933年。那时罐头和包装食品已经很常见了

市比在农村更普遍，在北部比在南部更多，经常成为社会主义者领导的“戒酒运动”的批评对象——他们希望使工人摆脱酒精沉迷，多参与文化和政治活动，将“一本书代替一升酒”作为自己的座右铭。同时，这些酒馆提供了一个与朋友见面、打牌、讨论社会时局和出门社交的地方，这是意大利北部城市工人聚居的新社区的必要设施[35]。特别是在南部，酒馆通常被认为是男性空间，女性即使会参与酒馆的管理，也经常是待在后厨，由男性店员与顾客打交道。卢钦诺·维斯康蒂（Luchino Visconti）的第一部作品《沉沦》（*Ossessione*，1943）便体现了这种角色区分。这是一部新现实主义早期风格的电影，电影的开头是一个英俊、肌肉发达的流浪汉穿着一件汗衫，经过路边的小酒馆，径直进入了后厨，后厨内老板娘的美貌令他神魂颠倒。老板本身也是厨师。流浪汉直接从锅里吃东西，在老板娘眼里这是一种性感的调情。社会规则的打破预示着两者之间会产生强烈的激情，最终引诱着他们杀死了老板娘那大腹便便的丈夫。

当酒馆非常小且声誉不佳时也被称为“苍蝇酒馆”（bettola或taverna），但随着时间的推移，这个称呼逐渐获得了更多积极的含义。想要与低俗的小酒馆区别开来的正式餐饮场所会采用“餐厅”（trattoria或ristorante）这一名称，分别提供意大利和法国美食，更加注重服务和菜式。法西斯政权曾试图阻止意大利语受外国影响，trattoria变得不受欢迎，ristorante干脆在1941年被意大利皇家学院正式淘汰[36]。无论如何，早在1921年，德国作家汉斯巴特（Hans Barth）已经在他的《小酒馆》（*Osteria*）

20 世纪 30 年代，我的曾祖父母在户外享受野餐。在食物短缺的时期，城市居民仍然可以偶尔进行乡村野餐或者外出去小酒馆和餐馆就餐

一书中抱怨餐馆的高档化，这本写于 1908 年的开创性的意大利美食指南经过了多次重印[37]。

在意大利人民被迫努力适应法西斯政权的饮食政策的时候，一个引人注目的艺术运动“未来主义”（Futurism）出现了，它接受法西斯政权的食品消费理念，但采取了一种非同寻常的方式，表现出对现代性、机械和速度的迷恋。1930 年，艺术家菲利普·托玛索·马里纳蒂（Filippo Tommaso Marinetti）和菲利亚（Fillia）在都灵的《人民报》（*Gazzetta del popolo*）上发表了大胆的宣言，名为《未来主义美食宣言》（Manifesto of Futurist Cuisine），这一宣言与他们的晚餐一样具有争议性，表演、轰动性宣言与实际食物在他们的晚餐中占有同样重要的地位[38]。

《未来主义美食宣言》(1930)选摘

我们首先需要抛弃意大利面，这个荒唐的意大利美食宗教。也许鱼类、烤牛肉和布丁对英国人有益，用奶酪煮熟的肉类对荷兰人有益，酸菜、猪油和熏制香肠对德国人有益，但面食对意大利人毫无益处可言。例如，它与那不勒斯人的机智、热情、慷慨、直觉的灵魂形成鲜明对比。虽然每天进食大量意大利面，但这些人还是英勇的战士、有灵感的艺术家、打动人心的演讲者、机智的律师和坚韧的农民。而因为食用面食，他们形成了典型的讽刺和感伤的怀疑态度，这通常会挫伤其自身的热情。那不勒斯一位聪明的教授西奥莱利（Signorelli）博士写道："与面包和米饭不同，意大利面会让人狼吞虎咽而非细嚼慢咽。这种含淀粉的食物大部分在唾液中被唾液消化，转化工作是由胰腺和肝脏进行的。这会导致器官功能的失衡，结果就是人变得虚弱悲观、怀旧消极和信奉中立主义。"

我们要求废除仅仅愉悦味蕾的平庸的日常习惯。我们呼吁化学肩负起责任，用粉末或药丸的形式合成蛋白化合物、脂肪和维生素，由国家免费提供这些营养物质，迅速为人体提供必要的卡路里。这样我们将实现生活成本和工资支出的真正下降，以及相应的工作时间的缩短。今天，生产两千千瓦只需要一名工人，机器将很快成为顺服的铁、钢和铝的

> “无产阶级”，人民可以几乎完全摆脱体力劳动。工作时间减少到两个或三个小时，可以允许人有更多时间思考，从事艺术和进行完美的午餐。社会各阶层的午餐会非常不同，但它们的每日营养含量却是相当的。

《未来主义者的烹饪》（*La cucina futurista*，1932）一书中提供的菜肴和菜单拒绝了所有的意大利传统。该书在前言中指出：

> 迎着那些我们已经耳闻、未来也能预见的批评，这本书所展现的未来主义烹饪革命提出了高尚和有用的目标，即从根本上改变我们民族的食物，使我们变得更强壮、更富有活力，这些全新的菜肴以智慧、经验和创造力汇聚而成，以经济的方式替代了过去菜肴的冗余、陈腐、重复和成本。由于会带来水上飞机发动机一样高速和震撼的体验，未来主义美食在一些传统主义者看来像疯子一样危险。然而恰恰相反，我们的目标是在现在和未来之间、在人们的品位与生活之间创造和谐。[39]

但事实上，许多未来主义的烹饪作品都牵强附会且令人食欲不振，例如，“春日迷境”是在圆筒冰激凌上面加上香蕉和李子并装满熟鸡蛋；“自由的言语”，由海参、西瓜、菊苣、一块帕马森芝士、一块戈贡佐拉羊奶酪以及鱼子酱、无花果和杏仁饼干组成，“所有食材都整齐地摆放在一层马苏里拉奶酪上，闭起眼睛来吃，抓紧它，就像伟大的画家和‘自由言论者’德佩罗（Depero）将宣布他的著名歌曲《贾科普森》（Jacopson）那样”[40]。食谱大多是一些离奇的组合，经常有性、厕所或好战的影射，例如“被喇叭声撕裂的生肉”[41]：

> 先切出一块完美的牛肉块。用电流刺激它，将它在朗姆酒、白兰地和白色味美思酒的混合物中浸泡 24 小时。然后取出牛肉，放在红辣椒、黑胡椒和雪混合而成的物品上。将每口食物彻底咀嚼 1 分钟，用口中吹出的小号般的音符将肉撕开。
>
> 醒来时，战士们将得到一盘成熟的柿子、石榴和血橙。当这些东西吃完后，房间里将喷满玫瑰、茉莉、金银花和洋槐的温和香气，战士们会残酷地拒绝它们的怀旧和颓废的甜腻，他们会立即戴上防毒面具。在离开之前，他们将喝下一种被称为“喉咙爆裂”的浓稠的饮料，由浸泡在玛沙拉酒中的帕马森芝士球做成。[42]

墨索里尼从未参加过任何此类夸张的晚宴，但对未来主义者所做的工作表示赞赏和感谢[43]。

混乱与重建

尽管与希特勒的第三帝国有着密切的政治和经济联系，但在第二次世界大战开始时，墨索里尼宣告不参战并一直等到1940年6月才加入战场与英法作战。意大利军队的参战就是一场灾难：对希腊的军事侵略失败，派往苏联参加希特勒对苏进攻的意大利部队也被击败。1943年7月，在意大利城市遭到大规模轰炸和盟军在西西里岛登陆之后，国王维托里奥·埃马努埃莱三世解散了墨索里尼政权，后者被关押到阿布鲁佐。9月，新政府在马歇尔·彼得罗·巴多格里奥（Marshall Pietro Badoglio）元帅的领导下与盟军签署了停战协定。德军立即占领了包括罗马在内的意大利的北部和中部，而盟军和意大利政府控制了拉丁姆和阿布鲁佐以南的地区。墨索里尼被释放，在意大利北部建立了一个听命于纳粹的傀儡政权，以加尔达湖畔的萨罗为首府。全国解放委员会在占领区成立并汇聚了来自各政党的游击队伍，针对纳粹分子和法西斯残余部队开展了游击战。

战争不可避免地带来了饥荒。随着农业生产放缓和农村劳动力奔赴前线，粮食供应急剧下降。囤积居奇成为一种普遍现象，配给制早在1940年就开始了，首先是咖啡和糖，然后是油、米、面食和面包。政府分发了可以用来兑换基本物资的食品券，但这个体系运行得并不好。面对普遍的肉类短缺，那些有条件饲养鸡、兔子和猪的人都开始养殖以便自家消费和出售。农民们还建立了自己的分销网络，将农产品带入城市卖给商贩，商贩又以明

战后罗马的黑市

显更高的价格继续出售。商店老板们有时将用于配给制的供应物资藏起来拿到黑市上出售[44]。旅馆和饭店尽力维持营业，并提供菜单上所列的完整菜品给任何付得起钱的人。由于公职人员的默许和纵容，黑市得以运作起来，从工厂检查员到城市警卫都收受过食品回扣。关于战争期间获得食物的研究表明，黑市成为采购的主要来源，这限制了以固定收入为生的意大利人的选择[45]。仅仅依靠政府分配的定量饮食，每天只能确保约 900 卡路里的热量[46]。在农村有房产的城市居民选择搬离，希望借助农村地区相对容易获得的食物来提高生活水平。纳粹占领区的情况更加糟糕，德国军队大量征集军粮并搜捕男性劳动力为他们工作。

1944 年 6 月罗马解放，敌占区收缩到罗马涅的里米尼和托斯卡纳的马尔米之间的“哥德防线”以北。最终在 1945 年 4 月

25 日（现在这一天是意大利的法定假日），盟军发起对纳粹占领区的全面进攻。德军投降，墨索里尼被处决，尸体被倒挂在米兰的一个广场上，纳粹曾在那里枪杀了 15 名意大利游击队员。1946 年意大利经过全民投票成为共和国，并于 1948 年通过了新宪法。随着美国士兵到达意大利南部，后来又到达其他地区，炼乳、饼干、巧克力、咖啡和其他食品突然又再次出现在市场上，尽管数量很少。分销网络的效率仍然很低，大多数消费者要继

1945 年纳粹占领结束后，一个美军士兵拥抱一个意大利小女孩

续通过黑市购买生活必需品。政府努力尝试通过合法途径将粮食从农村转移到城市，但收效甚微。意大利粮食供应高级专员和联合国善后救济总署（United Nations Relief and Rehabilitation Administration，UNRRA）面对巨大的粮食缺口疲于应付。自19世纪90年代以来一直帮助农民获得信贷、种子和原材料的意大利乡村联合会也参与了口粮和农作物的分配[47]。无数意大利人在由政党和天主教会经营的“热汤厨房”和其他机构中接受接济，例如“教皇食堂”（Refettori del Papa）等。

1945年至1955年被认为是“重建”的十年。冷战期间，拥有强大的共产党和社会党力量的意大利处于东西方集团之间的枢纽地位。将意大利留在西方阵营对美国来说至关重要，因此意大利被纳入欧洲复兴计划（也称为马歇尔计划），由美国提供财政援助以重建生产体系，以避免失业加剧和社会动荡。国家在主导重建工业体系方面付出了巨大的努力，该体系集中分布在米兰、都灵和热那亚之间的工业三角区。在为新议会的第一次民主选举进行的政治辩论中，食品问题至关重要：由天主教团体组成的天民党强调了与美国的联系，美国是意大利经济援助和食品供应的来源。

1949年，因为农民们自行占领了卡拉布里亚的梅利萨地区的一片荒地后被警察杀害，农村地区特别是南部的矛盾一触即发。主要矛盾包括土地所有权集中、农业技术落后和劳动力报酬低，农民们长期处于营养不足的低下生活条件中。“将土地分给劳动的人！”是那时的口号。次年，反对任何形式大宗所有权的左翼政党与支持农村家庭并同时捍卫私有财产的天民党之间进行了长时间的谈判，而后发起了一项改革[48]。但改革仅涉及所有可用土地中30%的面积，力度太小且为时已晚。被没收土地的所有者获得了利率5%的公共债券，农民则有机会从该地区购买具有30年抵押期的土地。将近150万英亩的土地转移到了小农手中，但他们的传统耕作方式经常无法跟上农业领域的现代化步伐。政府的改革在沿海地区取得了更大的成功，设立了一项专门的"南方基金"用来进行公共基础设施建设以发展南部地区。尽管政府努力囤积小麦以保持其高价来支持农村收入，但农业年产量的增长仍

战争结束时，意大利人终于能获得充足的食物了

然只有 2.5% [49]。

大多数意大利人仍坚持后来被称为地中海饮食的方式，主要消费邻近乡村的谷物、新鲜的蔬菜和水果、面食、鸡蛋，偶尔消费鱼或奶酪。在北部，动物脂肪的消耗量较高。20 世纪 50 年代初期，人均肉类消费量仍然非常有限。土地改革启动后，议会组织的一项贫困调查表明，意大利南部超过 50% 的家庭可被认定为贫困 [50]。许多家庭仍使用炉膛或燃煤炉煮饭；较富裕的家庭可以负担得起“经济烹饪”，但仍然用煤炉或柴灶来取暖和烧热水。电炉或燃气炉属于奢侈品 [51]。

年轻的一代电影人如罗伯托·罗塞利尼（Roberto Rossellini）、维托里奥·德·西卡（Vittorio De Sica）和卢钦诺·维斯康蒂等用沉重的视角将那一时期生活的痛苦展现出来，但也由于政治原因，常常夸大了当时的艰难。他们拒绝以往的政治宣传，要反映自己所看到的周围的真实世界。他们选择在外景场地而不是在工作室拍摄，并且在可能的情况下更愿意雇用非专业演员。他们通过这样的努力建立了新的电影流派“新现实主义”，获得了全世界的赞誉 [52]。新现实主义题材主要表现工人阶级的人生变迁。卢钦诺·维斯康蒂的《大地在波动》（*La terra trema*，1948）叙述了西西里岛东岸一个贫穷的渔民家庭为改善生活而进行的毁灭性尝试；朱塞佩·德·桑蒂斯（Giuseppe De Santis）的《艰辛的米》（*Riso amaro*，1949）关注了稻农的生活和农民劳力的联合斗争。

西西里岛海岸兰佩杜萨的渔民。战后，意大利的某些地区客观上仍被排除在经济重建之外

插秧的稻农，电影《艰辛的米》的主角

那些被迫习惯了法西斯宣传的电影（既作为娱乐活动，也作为政治宣传的工具）的观众，对新现实主义的电影爆发出巨大的热情。德·西卡的新现实主义杰作《偷自行车的人》（*Ladri di biciclette*，1948）讲述了第二次世界大战结束后发生在罗马的故事，一个父亲决定带儿子到一家平时负担不起的餐厅去奢侈一次。孩子看着旁边的上流社会人士吃着丰盛的大餐，而他们只能享受着手中的油炸面包——简单地将一片芝士夹在两片面包之间然后油炸。他还与父亲一起喝了点葡萄酒，心里很清楚母亲肯定不允许这么做。这个孩子被周围陌生的环境震惊了，特别是当父亲提到工作用的自行车被偷，全家生计将陷入困境时，孩子几乎内疚得吃不下去东西。我们看到这个绝望的父亲试图维持自己养家糊口的角色，与贫穷和能获取的极为有限的食物形成对照，那场面尤其令人痛苦。电影里的许多场景都为我们提供了当时公共饮食的有用参考信息，包括服务情况、可以吃到的菜肴以及有关食物短缺的社会话题。贫困也是德·西卡在作品《米兰奇迹》（*Miracolo a Milano*，1951）中关注的焦点，在电影中，无家可归的人参加抽奖活动赢得"真正的鸡"，这只鸡最终将被幸运的获胜者在其他饥饿的参与者面前全部吃掉。

以德·西卡式的讽刺和轻松的态度讨论社会问题，在意大利电影中变得越来越普遍，这反映了20世纪50年代初经济形势的改善。卢西亚诺·埃默（Luciano Emmer）的《八月的星期日》（*Domenica d'agosto*，1950）以讽刺的口吻讲述了在八月假期罗马人蜂拥到海滩上，随身携带着大量食物，展示了市民们虽

然在物质方面有了新的安全感，但同时又缺乏教育和修养。正如马里奥·马托内（Mario Mattone）的《贫穷与尊贵》（*Miseria e nobiltà*，1954）中明确表现的那样，粮食和饥饿对大多数人来说已经不是紧迫的问题，于是很快就变成了喜剧表现的对象。电影中最著名的一幕场景发生在那不勒斯，家喻户晓的喜剧演员托托（Totò）因为能吃到茄汁意大利面而兴奋得将面装满了口袋，跳上桌子直接用手吃了起来。电影所拍摄的内容还记录了美国饮食模式的影响和外国食品在国家重建过程中的传播。斯戴诺（Steno）的电影《一个美国人在罗马》（*Un americanoa Roma*，1954）中，年轻的男主角将自己当成美国人，幽默地模仿了美国人的言语和行为来表达自己的新身份。像许多意大利人至今可以逐字背出的电影台词那样，男主角表示希望能享受一下那些虽然看上去迷人但并不怎么好吃的外国食品，如酸奶和芥末酱。同时，他对意大利面和葡萄酒等传统美食做出评判，嘲笑它们既过时又无趣，却又渴望将它们当作舒适生活的标准。电影中有一句著名的台词："意大利面，你惹了我，现在我要吃掉你！"这句话现在还经常被引用，一般发生在意大利人面对看似时髦、新鲜但吃起来并不如传统菜肴的全球化食品的时候[53]。

20世纪50年代中期，随着面食、奶制品、糖、葡萄酒和烈酒生产的工业化程度加深，粮食短缺的状况已不复存在。里兹饼干、威士忌和可口可乐等外国消费品被视为国际主义和物质丰富的象征。烹饪书的内容敏感地反映了这种变化，书中开始出现充满异国情调的大胆的食谱，力求使客人在享受用餐乐趣时感到惊

演员托托在导演马里奥·马托内的电影《贫穷与尊贵》中

艳。但是，家庭内的饮食习惯并没有太大变化。正如历史学家卡罗·赫尔斯托斯基所强调的：

> 消费者购买比战前更多的食物，但并未改变日常膳食的内容或结构。意大利食品工业集中力量生产和销售具有地中海特色的食品——意大利面、橄榄油、番茄、葡萄酒和面包，从而固化了原有的饮食习惯。[54]

妇女们重塑了传统中产阶级家庭主妇的角色，通过日益丰富的消费品获取了满足感和自我表达的渠道，她们自然而然地肩负

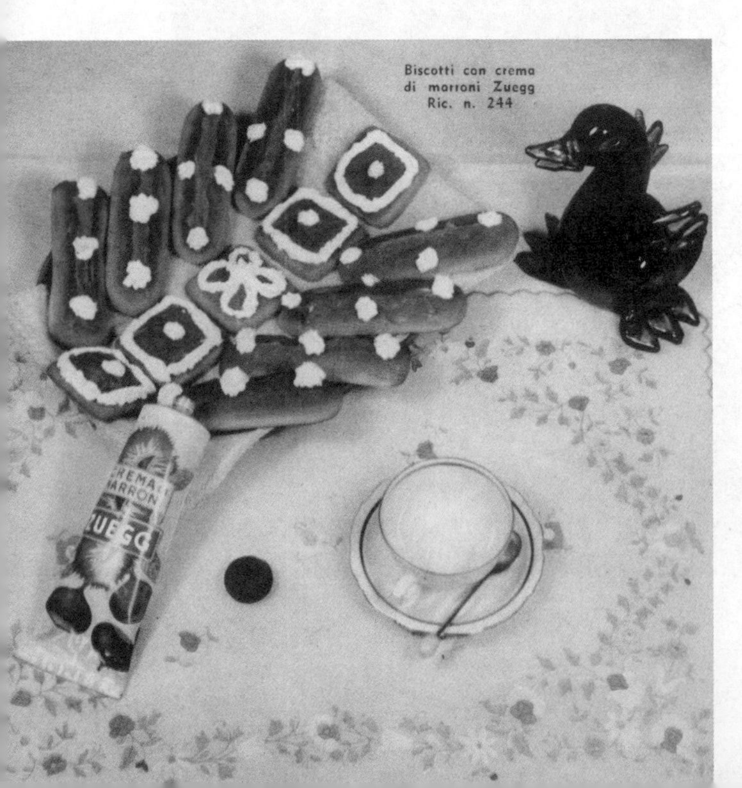

战后，新工业产品作为现代和进步的象征风靡意大利（例如管状的栗子膏）

起照料家庭的责任[55]。然而经济情况的过快变化使得传统上的性别分工无法再继续维持。在20世纪60年代和70年代，妇女成群结队地进入就业市场，引发了社会的时代变迁、与家庭相关的法律改革、离婚的出现①以及妇女对自身身体和性生活空前的控制。

甜蜜生活

归功于和平的国际环境、稳定的货币体系以及消费品的内需不断增长，20世纪50年代后期意大利开始进入所谓的“经济奇迹”时期，许多意大利人的生活变得更轻松了。1958年至1963年的国内生产总值平均增长率为6.3%，1961年达到7.6%的峰值。1963年失业率迅速降至2.6%[56]。经济发展集中在工业部门。1957年意大利加入了欧洲经济共同体，该组织采用基于专业分工和扩大消费者需求的自由市场模式。次年，“共同农业政策”（Common Agricultural Policy）为多个欧洲国家的农产品开拓了巨大的自由贸易空间，同时，在整个欧洲层面进行的集中决策重点是关注效率，但与意大利土地改革目标相抵触。“共同农业政策”的价格补贴主要集中在谷物、牛奶、奶酪和肉类上，这些产品主要在意大利北部平原生产，而南部商品如橄榄油和葡萄酒等几乎被忽略了。1961年和1966年意大利政府先后批准了两

① 1974年5月全民公决后意大利才引入法律上的离婚程序，此前不允许离婚。

项“绿色计划”（Piano verde），强调发展技术、机械化、肥料、农药和基础设施建设。这些措施增加了农村地区对工业产品的需求，工业制成品又流向大型农业企业。但是，意大利政府采取的新的欧洲框架和政策对改善小农的生活水平没有多大帮助，他们最终往往将其财产卖给大土地所有者。

尽管1957年颁布的一项法律在意大利南部建立了工业投资

从20世纪50年代开始，意大利重建了生产体系，开始了农业的工业化进程

区，但米兰、都灵和热那亚周围的工业三角区的快速增长刺激了南部人口向北迁移的内部移民浪潮。这种快速的人口变化加剧了意大利统一以来人口长期从内陆向沿海、从农村到城市的流动趋势。从 19 世纪 80 年代开始，每十年就有近 100 万农村居民迁往中心城市。法西斯政权禁止内部移民的法律被废除后，在 1951 年至 1961 年这一数字增加到 320 万人，在随后的十年中也达到了 230 万人[57]。1955 年至 1971 年，总共约有 900 万人变更了居住地[58]。1951 年至 1961 年，尽管农村的工作机会占总劳动力的比重从 44%下降到 29%，但农村生产率提高了，为不断增长的消费市场提供了商品。“经济奇迹”结束之后这种趋势也继续存在：到 1981 年，意大利只有 14.1%的工作机会是在农业领域[59]。

电影人敏感地抓住了这些时代变迁，拍摄主题包括移民、表达怀旧的食物、新移民对本地市民社区缺乏了解以及离开家乡到陌生目的地时所经历的恐惧和挣扎。在反映这些问题的电影中，卢钦诺·维斯康蒂的《罗科和他的兄弟》（*Rocco e i suoi fratelli*，1960）对一个巴西利卡塔家庭搬迁到米兰的生活进行了戏剧性的描写[60]。其他电影也以更轻松、更喜剧化的方式叙事，例如卡米洛·马斯特罗钦奎（Camillo Mastrocinque）的《托托、佩比诺和一个坏女人》（*Totò, Peppino e la malafernmina*，1956），电影主角由于担心北方的寒冷，从那不勒斯到米兰途中穿戴着厚外套和裘皮帽旅行并带着大量南部食物，马里奥·莫尼切利（Mario Monicelli）的《圣母街上的大人物》（*I soliti ignoti*，

1958）则讲述了一群毫无经验的盗贼发生在罗马的喜剧故事，其中许多人是移民。

大规模的内部移民引起了深刻的社会变革，并导致了家庭结构的撕裂和维持这种结构的传统价值观的分崩离析。许多农业工人决定放弃农业劳动进入工厂工作，后者可以提供稳定而可观的收入。但是农业劳动力的突然流失和对劳动密集型的低产作物的忽视导致生物多样性遭受了空前的打击，许多与粮食有关的生产技术和手工技术几乎都消失了。

前往北部工业区定居的移民通常对自己的饮食习惯含糊不清，这取决于他们的个人情况、家族故事、定居社区的社会融合程度和经济条件。有些人是故意想忘记过去以便更快地融入新的环境，还有许多人认为那些伴随他们长大的菜肴即便不是低贱的也是老土的，带着贫困的影子。其他一些人则对他们的烹饪传统表现出了令人钦佩的依恋，竭尽全力来寻找和采购必需的食材。

在节假日期间，移民们通常会制作和分享更具故乡传统的菜肴，以提醒自己的文化身份。但这些特色食谱一般只在家庭或最亲密的朋友间流传，随着移民经济状况的改善，这些食谱变得更具传统的象征意义，平时几乎不会去做。另外，过去负责厨房烹饪的女性经常不得不离开家庭去找工作，客观上减少了准备饭菜的时间。女权主义政治意识的兴起也将许多妇女“赶出”了厨房，在当时的女权意识中厨房被认为是剥削女性的地方。

无论如何，人口的大规模内部流动仍使一些地方食品在新的地域广为人知。尽管这种地区间的交流对上层阶级来说一直存在，但之前农民和手工匠人却只能消费在附近生产的熟悉且价格合理的东西。现在迁移到北部的南部移民渴望购买地中海沿岸的农产品，从而产生了之前未曾有过的食品流通需求，比如水牛奶芝士、晒干的番茄和橄榄油等。许多移民在北部城市的露天市场中找到了自己的第一份工作，例如先是从事非法贩卖，然后能够购买自己的合法摊位或拥有商店[61]。市场是新移民可以找到工作、在周日与同乡聚会、说着方言闲逛的地方，这引起了北方居民的疑虑和批评[62]。随着时间的推移，逐渐有南方企业家成功开设了商店、饭店、面包店和糕点店，不仅满足了移民社区的需求，还作为“南北文化调解人”发挥了重要作用，使当地人了解到一些前所未闻的特色菜和食谱。

由于经济持续发展，即使是在移民中，蛋白质的消费也以前所未有的速度增长。尽管欧洲政策人为地将一些食品价格维持在高水平，但牛奶、奶酪和肉类在意大利饮食中占据了前所未有的分量。肉类消费量增长特别迅速，不仅是数量，也包括肉的质量和类型。在 1881 年，人均每年肉类消费为 11.25 千克，而在 1974 年则为 45 千克[63]。能吃得起牛排和小牛肉成为生活舒适和经济稳定的象征，以取代口感较硬或不那么多汁的传统切肉部位。新的消费产品充满市场，包括莫塔（Motta）冰激凌、阿尔吉达（Algida）冰激凌、帕维西（Pavesi）饼干、能多益（Nutella）巧克力酱。但食品工业的增长受到农业产能的限制，只有少数大公司例外，如百味来（Barilla）、布依道尼（Buitoni）、费列罗（Ferrero）和奇里奥等。消费类产品的生产情况要好得

多。燃气灶在家庭中已经很普遍，冰箱也很流行，冰箱的小隔间里慢慢地填满了各种冷冻食品，尤其是鱼类，然后是蔬菜[64]。意大利人喜欢通过购买汽车、周末旅行和较长时间的度假来展示自家财务状况良好，经常度过整月的假期。每到 8 月，全国停摆休假，许多移民借此回乡探亲。旅游成为一种普遍的休闲活动。

1954 年 12 月公共电视广播的开办，标志着消费文化新时代的开启。在 1957 年就有一档名为《卡洛塞洛》（*Carosello*）的

1953 年食品杂志《意大利烹饪》的封面。战后，食物富足的象征就是肉类消费量的增加

长达 10 分钟的广告节目播出，该节目安排在晚间新闻之后和主要娱乐节目之前的空档，内容是播放一些简短的仅有几秒钟的广告片（有真人演的，也有动画片）用于推销商品。在这个黄金时段，广告商所创作的故事和冒险经历中的人物角色迅速成为流行文化的一部分，为展示其产品打下坚实基础。孩子们通常在看完《卡洛塞洛》之后就要上床睡觉，这也是一种惩罚——不许看[illegible]面喜欢的节目。《卡洛塞洛》于 1977 年停播，当时长时间的广[illegible]已经非常昂贵，广告商们开始采取其他更直接的促销形式[65]。

在广告和收入提高的刺激下，意大利人逐渐熟悉了美国人发明的超市，于 1957 年在米兰由纳尔逊·洛克菲勒（Nelson Rockefeller）创立的国际基础经济公司（International Basic Economy Corporation，IBEC）的参与下开设了第一家超市[66]。尽管著名的“复兴”（Rinascente）百货商店于 1917 年开业，更高档的服装店“乌比姆”（UPIM）和“斯坦达”（Standa）在法西斯当政时期已经开业，但新型的食品超市的出现开始改变意大利人过去习惯的购物方式：顾客可以自己从货架上取货，以往都是由传统杂货店的店员代劳；有更多可供挑选的商品；还必须开始熟悉以新颖的方式包装的食物。由于意大利食品工业的生产规模较小而农业综合企业又整体落后，超级市场会从国外进口许多商品，或者自己生产面包、咖啡、香肠和奶酪等。小店主通过他们的商业联合会抵制超市，指责超市压低价格并通过向政客施加压力破坏当地商业。消费者合作社也采取行动，扩大规模，使自身能与私营企业集团竞争。合作社联盟成立于 1886 年，其商店

数量和购买力不断增长，已成为左派与消费者之间交流的重要纽带。在过去的几十年中，联盟与私人企业家之间的紧张关系会因政治局势加剧，两者相互指摘并进行法律斗争[67]。1962年，小商店主们还建立了自己的合作社“科纳德”（CONAD），后来成为超市行业的主要参与者之一。

伴随着“经济奇迹”，小酒馆几乎绝迹，并被酒吧等新的消费公共场所取代，年轻人更喜欢聚集在更加现代和有趣的环境中。美式酒吧早在19世纪90年代后期就开始在意大利出现，那里的

我的祖父在家庭聚餐中，20世纪60年代。“经济奇迹”带来的变化在意大利餐桌上清晰可见，食物更为丰富

咖啡师用浓缩咖啡机制作咖啡，并由酒吧服务员端上来[68]。客人可以在柜台前喝咖啡或与朋友坐在一起。在 20 世纪 60 年代酒吧再次成为时髦场所，内部采用简洁设计，用亚麻毡、胶木和钢材等贴面装饰。点唱机里播放着流行音乐，桌上足球则提供简单的娱乐。大量生产的碳酸饮料和酒精饮料如啤酒、烈酒、苦啤酒和较少见的混合饮料代替了葡萄酒。当传统的小酒馆（osterie）消失时，新的场所取名为 hostaria，加一个 h 来暗示历史和传承，体现着对过去的流行事物的怀旧。从 20 世纪 60 年代开始，传统与创新之间、对本地身份的依恋与全球化现实之间的矛盾，成为意大利人体验食物的方式中的一个恒定因素。

Al Dente

A History of Food in Italy

第六章

当下与未来

“在意大利迅速发展的同时，饮食也紧跟着不断改变风格、方式、习惯、过程和烹饪语言。时间和地点、节奏和停顿、烹饪时间和技巧都在做出调整。在厨房工作的人群及其品位也变化了。从农业国快速过渡到高工业化国家，伴随着农业从古老向现代的艰难转变，这一切都深刻地改变了农田、果园、市场和家用厨房之间传统的平衡。”[1]

学者皮耶罗·坎波雷西（Piero Camporesi）以他引人共鸣的语调描述了近几十年来改变意大利饮食体系的巨大变化。然而，过去仍然对现在产生着明显的影响，许多消费者在对传统和本地特色的依恋以及对现代性和全球化的喜爱之间感到矛盾与困惑。

新千年之交

“经济奇迹”带来的变化给意大利社会留下了深刻而持久的印记。在 1964 年至 1973 年，尽管 GDP 的年平均增长率为 4.8%，但与之前的快速发展相比生产力已经略有下降。社会局势紧张导致了频繁的罢工和1969年被称为“火热的秋天”的联合抗议。保守派选择了所谓的“紧张局势战略”，进行一系列的袭击、谋杀和其他恐怖活动，米兰广场上炸弹爆炸导致17人伤亡，恐怖气氛达到高潮。随着短暂性地前往瑞士、法国、比利时和德国的矿山和工厂工作的工人返乡增加，失业率上升了。国家的应对措施是建立包括退休计划、医疗保险和其他工人福利的公共福利系统，许多人享有了终身受雇的权利。该制度一直持续到21世纪第一个十年初期，当时蔓延全欧的经济危机、巨额的公共债务以及欧元区内部财政政策的日益紧张迫使政府采取了一系列措施从而大大缩小了福利保障的范围。1974年至1982年，在1973年第一次石油危机的影响下生产停滞、通胀高企，引发了工会抗议活动。国民生产总值在1975年缩水了3.6%[2]。随着共产党在1976年的选举中获得超过三分之一的选票，社会局势陡然紧张。意大利国内左右翼极端主义团体均频频制造事端，以至于意大利人将这一时期称为“铅色年代”（gli anni di piombo，piombo指用来制造子弹的金属铅）。

1983年，贝蒂诺·克拉克西（Bettino Craxi）领导的中左翼政府的到来，标志着“辉煌的八十年代”的开始。这一时期政治稳定，通胀适度，国民生产总值略有增长，私人消费增加。同时私人生活重新变得重要，个人成功和金融安全被重视，仿佛是之前那个一切都公开透明、符合政治逻辑的时期的重现，因此被称为“辉煌重现”。罗马和米兰优雅刺激的夜生活中到处可见拥抱个人主义和享乐主义的雅皮士。外交部部长詹尼·德·米凯利斯（Gianni De Michelis）因其惊人的食欲和家中永无休止的晚宴而闻名。在社会名流中，食物及其消费方式非常重要。在时尚的餐厅里，设计和氛围比菜单和菜肴更为重要，并以此来吸引那些想要造访餐厅并享受被人注视的有钱顾客。

对外国食品日益增长的兴趣使法国新式料理得以流行起来，扩大了意大利饮食的影响力。厨师和家庭主妇们渴望尝试一些新的看似勇敢的吃法，但结果往往颇具争议。吃带有新鲜奶油和鲑鱼的意大利面、在两道正菜之间来点柠檬雪葩是很时髦的事。在我成长的20世纪80年代，下列食谱非常流行。美食家们在20世纪70年代就已经很熟悉这几道菜了，后来的几年中这些菜更是成了普通人餐桌上的常客。相比母亲在大部分时间内烹饪的传统菜肴，这些菜式令人感觉更加新颖精致，食材（包括无处不在的鲜奶油）颇具异国情调。那时胆固醇的危害尚未引起广泛关注。

三文鱼伏特加笔管面

4人份

用料：中等大小的葱1根，100克（1½支）黄油，100克（4盎司）烟熏三文鱼，150毫升伏特加，175克（1杯）樱桃，1个番茄，1汤匙番茄酱，

130毫升（1/2杯）新鲜奶油，切碎的细香葱，450克（1磅）笔管面，1汤匙切碎的葱。

做法：将葱切碎，在黄油中炒至变软。将烟熏三文鱼切成细条加入葱中，然后用伏特加将所有食材浸没后煮沸。将番茄切成4块，与三文鱼一起炒一会儿，再加入1汤匙番茄酱，最后加入奶油。几分钟后关掉火，撒上香葱。同时，在盐水中将笔管面煮熟沥干，然后与三文鱼一起放入锅中，迅速搅拌。趁热食用。

蘑菇意大利方饺

4人份

用料：450克（1磅）意大利式方饺，100克（4盎司）意大利熏火腿（可以用煮熟的火腿代替），250克（10盎司）白蘑菇，200克（7盎司）带壳豌豆，130毫升（1/2杯）鲜奶油，盐，胡椒粉，帕马森芝士碎。

做法：锅中烧开盐水，煮意大利方饺。同时，将火腿切成小块，将蘑菇切成薄片，与豌豆一起放在厚底平底锅内翻炒。炒至食材变色，如果粘锅，可以加入一点煮饺子的水。大约10分钟后，加入奶油，再加入盐和胡椒粉调味，煮3～4分钟。饺子煮熟后沥干水分，倒入平底锅中加入奶油汁。将所有食材混合均匀，撒上帕马森芝士碎，趁热食用。

在 20 世纪 80 年代，达能、雀巢、联合利华和卡夫等外国食品公司开始进入意大利市场。一些历史悠久的本地品牌失去了独立性：加尔巴尼（Galbani）奶酪和佩罗尼（Peroni）啤酒被达能收购，酒类品牌马天尼酒庄被百加得收购。1985 年，麦当劳在意大利的第一家分店于博尔扎诺开业。这些新的餐饮公司不仅被视为对意大利传统和生活方式的冒犯，也被视为对劳工组织、当地生产者和餐饮业的打击。为避免市场流失，麦当劳干脆收购了遍布整个半岛的本土快餐连锁品牌博茎（Burghy），并从摩德纳的克莱默尼尼（Cremonini）集团购买了肉类食材，该集团也向其他意大利连锁品牌供货。

在 20 世纪 80 年代的辉煌背后，是公共债务激增、社会不平等加剧。南北方之间生产力的鸿沟甚至比"二战"结束时还要深[3]。曾经最大的公共食品集团 SME 收购一案，引发了工业家卡罗・德・贝内代蒂（Carlo De Benedetti）与商人兼媒体大亨西尔维奥・贝卢斯科尼（Silvio Berlusconi）之间长时间的法律缠斗。欧洲政策的影响更加强烈。为了减缓价格支持对农产品的扭曲影响以及过剩农作物的破坏性——对农民来说这是成本高昂且带来困扰的两大问题——欧洲经济共同体于 1984 年修订了"共同农业政策"，并引入了限制牛奶生产的国家配额。1991 年进一步使补贴与农业产出脱钩，目的是利用补贴来支持经济脆弱的农民。意大利的食物消费方式变化如此之快，以至于营养学家对国民健康和日益增长的肥胖率（尤其是在儿童中）感到担忧[4]。

麦当劳在米兰维克多·埃马努埃莱二世广场的分店

那时政治和金融腐败猖獗，不少部长和议员牵涉其中，甚至形成了贿赂和非法政治献金网络。1992年米兰的一群法官发起一系列调查，被称为“净手运动”（Mani Pulite），最终导致了若干传统大党的解体，许多人将这件事看作所谓的“第二共和国”的开端。1994年贝卢斯科尼决定直接参加政治活动，并通过组建的“意大利力量党”（Forza Italia）赢得了选举。但由于与政治盟友之间的关系紧张，新政府成立八个月后即倒台。贝卢斯科尼在2001年至2006年以及2008年至2011年再次担任总理。

2008年全球金融危机的影响至今仍然难以评估，时任总理马里奥·蒙蒂（Mario Monti）采取了严格财政政策，继任总理恩里克·莱塔（Enrico Letta）的措施稍显温和，但意大利食品生产、分销和消费情况仍出现了明显衰退。国家债务增加，失业率飙升（根据国家统计局的统计，2012 年失业率为 9.7%，年龄在 15 岁至 24 岁的青年人失业率达到令人震惊的 32.6%），福利国家的危机和公众对公共机构及政客的期望幻灭，使未来蒙上了一层阴影[5]。食物消费领域的变化也显而易见。意大利人努力减少浪费，确保购买的东西利用价值最大、购物频率更高、数量更少，因而充分利用附近的杂货店。牛肉购买减少，便宜的蛋白质增多，例如鸡蛋和豆类。一些人会选择价格较低的产品，尤其是在超市大幅打折的时候。尽管通胀率比较平稳（2012 年约为 2.2%），但从经济危机中恢复过来可能还需要很长的时间，意大利人也为国债融资引入的税收做好了准备。饮食习惯的两极分化反映了意大利社会日益严重的不平等现象。根据农业食品市场服务研究所（Institute of Services for the Agricultural Food Markets，ISMEA）2011 年的报告，与其他所有食品行业一样，高端产品的销售在 2009 年至 2010 年增长了 13.75%[6]。虽然少数人负担得起餐桌上的花销，但更多意大利人可能会接受更为节制的地中海饮食，而这是他们的父辈在数十年的经济增长中曾经抛弃的方式，是贫穷和落后的象征。

哪里买、买什么

意大利食品行业中最明显的变化之一就是不同的销售网络的

发展（通常是竞争关系）。超市和自助式大卖场以及大折扣商店和购物中心在城市和乡村地区已经取代了传统的露天市场和较小的家庭式街角商店。大型经销商通过多个分销公司共享的采购中心进行集中的大宗收购，并从中获利，他们在价格谈判中比生产商更具优势[7]。大生产商规模继续扩大，供应和管理流程更加简化、顺畅。寡头垄断获取高额利润的同时也带来了生产的低效，对消费者造成了影响。连锁店通过推出自有品牌的商品来控制价格，这些产品通常也由大众熟悉的广告投放较多的知名品牌背后同一供应商生产[8]。此外，外国企业在大型连锁商场中起了主导作用，例如德国麦德龙以及法国欧尚和家乐福。庞大的购物中心通常位于土地价格便宜的大城市郊区，那里能够建造巨型停车场，方便顾客驾车前往[9]。自从德国商店历德（Lidl）于 1992 年进入意大利以来，这家低价零售连锁店已在全国各地开业，主要出售低成本的本地产品，营业面积相对较小，品种也多为本市范围内的非知名品牌。

大多数意大利人不再每天购物，而是隔一段时间才去超市采购一次，尤其是城郊的大型超市，以节省时间和燃料。便利、可负担和实用已成为食品行业的新目标，它们需要对人们生活节奏加快、时间总是不够用的变化做出应对和改变。广泛使用的冷柜支持了这一趋势的发展。此外，工业化生产使全国各地都可以买到地方特色食品，例如在任何地区都可以轻松找到北部的罗比奥拉（Robiola）奶酪、斯特拉基诺（Stracchino）奶酪等软奶酪，南部的斯卡莫扎（Scamorze）奶酪、马苏里拉奶酪，以及各种令人眼花缭乱的萨拉米香肠、意大利火腿和香肠。

但满足不同消费者需求的传统分销渠道并未消失。店主了解顾客及其喜好的邻里商店近在咫尺，步行即可到达。对于想迅速买到少数几样东西的顾客，邻里商店还是非常有价值的。这些小商店通常由移民们开办，在深夜和周末也会开着，它们之所以能提供较低的价格是因为店主们甘愿接受微薄的利润。在最富裕的城市地区，一些独立的商店已变成美食胜地，专门出售高品质和高附加值的商品，这些商品受到那些收入较高、要求较高且见多识广的客户的喜爱。尽管大多数商店的规模与传统的邻里商店相差无几，但在过去几年中，一家较大的零售连锁品牌 Eataly 从其在都灵的第一家店铺扩展到了全国的多家商店，包括在罗马火车站的多层店铺，并在东京和纽约设有分店。Eataly 将超市的结构和组织与精心挑选的高质量产品（通常是本地生产的、手工的或半手工的产品）以及餐馆的环境融为一体，本身就成为一种极具吸引力的购物形式。

Eataly 试图重新诠释感性的购物环境、购物体验和市场氛围，这些因素在意大利人的购物习惯中仍然扮演着重要角色。在市中心，地方当局将许多市场从室外转移到了新的、更加卫生和方便的室内建筑中。转移过程通常会遇到波折，摊主们担心在冗长的过渡时期客户们会跑去其他地方购物，并对现代楼宇带来的高昂管理费不满。但顾客们似乎更喜欢组织更完善、消费体验更好的室内市场，除了食品外还可以容纳其他业务。露天市场仍然很普遍，在一些较小的城市中心每天营业，或者是每周或每月营业数天。

一些露天市场依靠传统和古朴的样貌吸引游客，特别是在大城市，高档社区的其他市场则专注于高端商品。在移民人口众多的城市，很多摊位已被出租给新移民，他们经常出售一些意大利人不太熟悉的商品。在露天市场上找到的工作通常会成为他们融入新社区的第一步 [10]。其他一些人则固守自己原有的文化，从而为市场带来了更加国际化和多元文化的氛围，这些市场曾经是传统意大利食品的天下。

Eataly 零售店，罗马

在市场上能买到的食物通常是从中央批发配送中心进货，这些批发中心汇聚了全意大利和全球的商品。购物者有时更喜欢购买所谓的“零距离”商品，即附近地区生产的并直接由农夫出售的商品，这种“农夫市场”在英文中被称为 farmers' market，于 2007 年依照法律设立[11]。无法向批发中心提供足够商品或采取有机农业种植的小生产者聚集在农夫市场上，直接出售食品给愿意支付溢价以维持当地经济、减少远距离运输对食品影响的客户，并维护他们与当地传统和附近乡村社区的社会联系。

与消费者直接交流的重要性促使许多超市开设了专门的柜台，消费者可以在这里与售货员打交道，品尝产品并进行一定程度的社交，就像他们过去在邻里商店或露天市场习惯做的那样。其他区域允许消费者触摸和挑选食物（尽管需要戴上塑料手套），重现了露天摊位的感性体验。消费者会发现自己身处不同销售网络中，可以在不同情况下根据个人的、财务的甚至政治方面的考虑购买不同的商品。具有强烈社会意识和道德意识的客户会通过购买“社区支持农业”的农场产品来表达自己的价值观和喜好，这些社会农场一般是由药物成瘾者、有犯罪前科者和其他有社会危害风险的个人进行生产，土地也是从黑手党手中征用来的[12]。“公平贸易组织”（Fair Trade Networks）也在大城市开设了商店，出售发展中国家的巧克力、咖啡、茶和其他产品。

市场上仍然可以提供一些在别处很难买到的东西，比如蜗牛

粮食政治

对葡萄酒、食品、烹饪传统和本地特色产品等重新燃起的兴趣达到新的高度，恰逢欧盟内部正在进行旨在加强 27 个成员国之间融合的重大政治变革。这种融合不仅体现在行政方面，也包括经济和财政方面，过程并非一帆风顺。食物也是欧盟谈判中绕不开的话题。

从 20 世纪 90 年代后期开始，诸如疯牛病危机之类的事件激发了欧洲公民对食物到达餐桌过程的普遍关注。2000 年欧盟执行机构欧盟委员会提交了一份白皮书，重点介绍了处理紧急情况、食品安全和消费者信息方面的优先事项。遵循这些指示，欧盟实施了一系列法规以确保“从农场到餐桌”的食品安全。第178/2002号法规规定，所有食品、动物饲料和饲料成分必须在整个食物链中可追溯。为了确保可追溯性，供应链中的每个企业都必须按照所谓的“一步向前，一步向后”的方式来识别其供应商和买方。为了安抚消费者对食品安全的担忧，最大的连锁超市也特别参与到了可追溯性措施的实施中，将其标准加给生产商、制造商和包装商，以便在紧急情况下能迅速确定责任。在这些标准中实施最广泛的是“全球良好农业操作认证”（GlobalGap，以前称为EurepGap），世界各地凡是向欧洲超市出售农产品的人都很熟悉。英国零售联合会（British Retail Consortium，BRC）和国际食品标准（International Food Standard，IFS）规定的标准还涵盖了非农产品。当然，可追溯性带来了溢价，使大型分销商可以收取更高的价格，同时增强了对商业网络的控制能力。可追溯性在销售层面上并不那么有效，因此，虽然销售商相对容易知道产品的来源，但要查明在哪些具体卖场出售却更为复杂[13]。

2002年，欧盟建立了欧洲食品安全局（European Food Safety Authority，EFSA），作为评估风险的独立机构。该机构在意大利帕尔马设有办事处，有权对有争议的科学问题发布公告，并帮助管理欧盟一级的任何紧急危机。欧洲食品安全局没有任何执法权限，但可以将其建议传递给欧盟委员会。尽管如此，该机构仍被赋予直接向公众提供信息的自主权，但在紧急情况下必须与委员会和成员国协调沟通。在管理与食品相关的风险时，欧盟选择采用“预防原则”：如果有合理的理由，则欧盟委员会可以采取行动限制风险。基于这一原则，欧盟早在20世纪80年代初就禁止在养牛过程中使用生长激素。根据2002年发布并于2005年实施的通用食品法规（第178/2002号法规）以及2006年实施的卫生法规（第852/853/854/2004号法规），将食品安全法规进行了调整。尽管有欧盟的干预措施，但消费者仍然对食物抱有疑虑，这是长期以来人们对公共机构和政客缺乏信任的恶果。人们认为机构和政客之间裙带关系盘根错节，效率低下且腐败频发。因此通常是市场营销人员和零售商来重建消费者的信心，尽管他们表达的重点更关注食物的质量而非安全[14]。

由于没有确切的证据证明转基因生物对人类无害，欧洲当局已尝试通过预防原则来控制转基因生物在欧盟领土内的扩散。欧盟公民对此极为认可，其中大多数人对任何潜在的基因改造产品都非常担心。在通过有关此事的立法之前，欧盟于1999年对转基因生物的研制进行了事实上的暂停。但在2001年，欧盟规定将转基因生物向环境中进行实验性释放，并制定了避免常规和有机作物被污染的措施。2003年欧盟还对转基因食品和饲料进行了立法，规定含量超过0.9%时应公开转基因成分的标签，这一含量也被认为是合理的“偶然存在”水平。但用转基因谷物喂养的动物的肉不需要贴标签。在美国提出申诉、世贸组织裁定欧盟对转基因作物的限制违反了国际贸易协定后，欧盟于2004年取消了禁令并通过了测试和引入转基因生物的法规。

这些决定使转基因玉米、棉花、油菜、土豆、大豆和甜菜等品种获得批准，转基因饲料也被允许使用。但奥地利、法国、希腊、匈牙利、德国和卢森堡仍然禁止在其领土范围内使用转基因生物，并援引了2001年指令中包含的所谓“安全条款”。此外，西班牙、意大利、英国和比利时国内的一些行政区域与禁止转基因的成员国之间建立了一个网络，以保护其农业政策免受引入转基因生物带来的危险和侵害（但该网络基于政治协议，不具有法律约束力）[15]。在意大利，有12个大区和自治省博尔扎诺加入了该组织。即使已经获得欧盟的批准，意大利政府仍然要求农民在计划种植转基因作物之前先征得政府的许可。传统农民，特别是那些田产较少的，意识到他们在种植高产转基因作物用于工业用途方面几乎没有什么优势可言。许多人押注于那些附加值高、本地特色的品种，这些品种使他们能够在社区市场之外寻求盈利，若获得地理标志认可的话可以要价更高[16]。此外，由于缺乏创新，缺乏与研究机构的联系，中小型农场经常在种植规模和品种上务实地混合不同的生产和销售模式，以求最大限度地获利[17]。但过多的命名和标签也会引起消费者的困惑，他们并非总是很了解或在意食品生产过程及其法规的复杂性[18]。

有机农业被视为实现可持续农业的一部分，已成为欧盟的一个重要议题。2009年欧盟引入新法规，定义有机农业生产的目标和原则。只有当制成品中至少有95%的成分是有机的才能标记为“有机”。包装有机食品的生产商必须使用欧盟有机徽标，该徽标也可以用于进口商品，只要它们是在相同或同等条件下生产的。

在意大利，有机农业的发展并不那么顺利。因为消费者兴趣的增加和欧洲对有机农业的补贴刺激，1990 年至 2000 年意大利的有机农场曾经从 1 300 个增长到 56 000 多个，但在 2002 年至 2004 年，在三年过渡期内未能产出有机产品的农场按规定被取消了补贴，导致该行业急剧萎缩 [19]。

目前意大利仍然有超过 100 万公顷（约 270 万英亩）的土地专门用于有机农业种植，2001 年至 2009 年有机食品的消费量增长了 8.7% [20]。根据生物样本库（Bio Bank）意大利有机食品数据库 2012 年的报告，有机食品运营商数量最多的三个大区是伦巴第、艾米利亚 - 罗马涅和托斯卡纳。2009 年至 2011 年有机食品消费量全面增加：在以有机食品为重点的“社区支持农业”中增长了 44%，在电子商务中增长了 27%，饭店参与得更多了（增长 17%），农场（增长 16%）和观光农业（增长 10%）的直接销售也有增长。增长中还有一个重要的组成部分是学校有机产品的消费量，增长了 33% [21]。1999 年通过的新立法规定学校管理部门必须使用有机产品和 PDO/ PGI（地理标识体系，Protected Geographical Indication）产品，虽然没有指明具体的方式或数量 [22]。这项措施的广泛实施反映了父母们对儿童食物的担忧。许多年轻的母亲宁愿购买更昂贵的有机食品，并非完全出于对环境的关注，而是担心孩子们的健康。2009 年意大利政府启动了“学校和食品”计划，将饮食教育引入中小学的公共教学中。该项目还通过“学校水果”（增加学校食堂的水果消费量）和“获得健康”等活动得以充实，以帮助学生预防慢性病的发生。

有机农业和常规生产之间一个有启发意义的折中方案是意大利进行的“综合农业试验”。该计划涉及开发自然资源以替代常规农业中采用的技术手段，尤其是化肥和农药等，并且仅在必要时才能使用，以优化环境、健康与经济之间的平衡。大区政府一直负责对综合农业进行监管，直到2011年建立了国家综合农业质量体系。

消费者文化、性别和身体

制造技术、新的购物方式、产品的商业标准化以及国家内部和国际层面的政治辩论，都给意大利消费文化带来了深刻变化。长期的社会变革在家庭的父权制缓慢但不可阻挡的瓦解中发挥了重要作用。女性进入就业市场和女权主义的影响都是原因之一。此外，年轻人越来越难找到工作和建立自己的家庭，越来越多的人选择单身，使得食品行业通过引入单人份产品、即食意大利面和冷冻汤等来利用这一趋势继续赚钱。

即使妻子有自己的工作，老一辈的意大利男性仍然希望妻子负责购物和做饭。然而年轻夫妇倾向于对与食物相关的琐事做出不同的安排。在过去的父权制社会中，妇女负责将烹饪知识和经验传递给家庭中的女性后代。由于物质不太丰富且缺乏现代的销售体系，那时人们几乎没有创新食谱的需求。食谱和烹饪技艺以口头和实践的方式进行着代际传递。年轻女孩要帮助母亲做

家务，先从最简单和最不危险的工作开始，渐渐学习到复杂的事务。女性在向长者学习烹饪知识的同时也潜移默化地继承了维持父权制社会的角色，即要在出嫁前学会料理厨房。一名缺乏烹饪能力的妇女是会被人侧目而视的。

在20世纪60年代女性开始进入职场时，仍被期望能同时照料好厨房并通过烹饪能力赢得尊重和钦佩。许多女性这时开始觉得每天做饭实在是一件累人的琐事，她们希望自己的女儿将来不必再面对这一琐事。同样，年轻女性也不想让迫使自己的母亲进厨房的父权制度一直存在下去，从而可以将自己的精力集中在学业和职业上[23]。我的母亲曾在一所高中任全职教师，但她从未少做一顿饭，而且要我（男性）和姐妹们同时都学会做饭。当家里有很多客人时（经常发生），我们都会被要求帮忙，随着年龄的增长，被交办的任务也更复杂。但父母亲这一代男性，包括我的父亲，都不会在厨房里伸出援手，他们通常仅限于在得到非常详细的说明后去进行一些采购。

我的经历并不具有共性。许多出生于20世纪七八十年代的年轻人，特别是那些来自城市家庭的，大多数没有学过做饭。烹饪技艺的传递链条似乎无可挽回地中断了。同时，随着方便和可负担的工业化生产的食品出现，烹饪方法和偏好也发生了变化。运输业持续进步，使人们能够获得以往不熟悉但更好和更便宜的食物。例如，生活在意大利北部地区不靠海的人以前只能吃到淡水鱼，而现在，米兰的鱼市是意大利最兴旺的海鲜市场。易腐烂食品的运输仍然依靠卡车进行，铁路网络的使用非常有限。由于冷藏和冷冻技术、温室农业、食品生产的非本地化和全球贸易带来的常年供应，许多消费者失去了食品的季节性意识。不管是新奇的还是熟悉的菜肴，21 世纪的意大利人经常通过杂志、电视节目和烹饪学校来学习并掌握烹饪技能。不管是在露天市场还是在超市，听见顾客向售卖的人询问一些非常基本的烹饪技巧已经是常事了。

罗比奥拉 DOP[1]奶酪，这款地方特色产品如今在全意大利都可以买到

① DOP，全称为Denominazione d'Origine Protetta，意为“受保护的原产地名称”，英文为 PDO（Protected Designation of Origin）。

当烹饪成为职业

尽管女性在家庭厨房中一直扮演着重要的角色，但当烹饪成为受尊敬的职业，情况却大不相同。在意大利，成功的餐厅要么是代代相传的家族企业，要么是近些年来出现的由主厨从零开始成功创业的新餐馆，主厨们之前可能从事其他职业且没有经过任何正式的烹饪培训。在第一种情况下，女性经常成为人们关注的焦点，例如伦巴第大区渔夫酒馆（Dal Pescatore）的纳迪亚·桑蒂尼（Nadia Santini）和托斯卡纳南部蒙特马拉诺的卡伊诺餐厅（Caino）的瓦莱丽亚·皮奇尼（Valeria Piccini）。但是在新餐馆中主事的女性越来越少，厨房中的创意负责人经常是男性，相对初级和低下的岗位则留给了女性或年轻的男徒弟。从19世纪开始，豪华餐厅和酒店的厨师一直都是受过专业培训的人，而在家庭经营的小酒馆中，厨师主要是女性，丈夫则在前厅工作。

过去，专门的烹饪教学几乎完全由“酒店学校”（相当于高中阶段）进行，但其教学风格和内容越来越被认为是乏味过时的。毕业生通常经验不足，但又不能在医院、学校和公司食堂等集体部门工作，这些机构更愿意雇用受过较少培训、薪酬较低的员工。因此酒店学校的毕业生最终往往会进入没什么名气的旅馆、游轮和其他旅游公司工作。随着学生高中毕业后可以就读的私立专业学院的兴起，整个烹饪行业发生了重大变化。学校请来的讲师经常是著名厨师，不仅提供前沿的和令人兴奋的培训，还提供在业内知名酒店参观和实习的机会。这些学校不仅能帮助学生更好地进入职场，还满足了这一代在烹饪秀、美食杂志和名厨光环的氛围中长大的年轻人对未来的期望。

文化变迁也影响着食物和身体形象之间的联系，主要是女性，但也越来越多地影响着男性。对苗条健美的身材的渴望决定了饮食的多样性和对清淡食物的偏爱，这类食物不一定不含脂肪或糖，只是在文化上被认为更易消化且不易发胖，马苏里拉奶酪、意大利熏火腿和罗比奥拉软奶酪通常都属于此类。对胆固醇、糖尿病和肥胖症的宣传引发的广泛关注，使人们对健康和烹饪的医疗功用日益重视，已经撼动了“意大利食品对身体好”这一根深蒂固的观念。对安全无污染食品的渴望也表现在广泛建立的“农夫市场”和人们对有机食品（意大利语中称之为 biologico，这个词更多地指向个人和环境健康，而不是体系问题）不断增长的兴趣中。

新的场所

对有益健康的安全食品的需求、通过重新发现传统来表达的文化认同，这两者共同促使意大利人重新发现乡村生活的价值，包括生活质量高、休息充分、节奏舒缓和饮食健康等。欧盟通过新的“共同农业政策”后采取的行政措施进一步加强了这一趋势，这些措施强调保护环境、乡村景观、优质农产品的文化价值和经济优势以及农村活动的多样化。在过去的 20 年中，以饮食和葡萄酒为当地文化和传统特产的新型旅游业得到了发展。“观光农业”作为一种新型农村企业，使用农场的产品为游客提供食物和住宿，有时还组织娱乐或文化活动等。国家和大区政府都努力推广这种新型的旅游业，希望吸引农民们留在他们的土地上，并更好地保护自然景观。

根据规范此类业务的法律，农业和动物育种必须一直是主要活动，而旅游业只作为额外的收入来源。因此，只有实际在土地上工作的农民才应该尝试“观光农业”。在乡下拥有农场或田产并不是充分条件，土地还必须要进行耕种才行。此外，只有现有的房屋能进行翻新，向游客提供住宿；除当地法规确定的一些例外情况外，不允许新建。少量的闲置土地可以用于建设营地、容纳不太多的帐篷等。这些新农业企业迅速获得了成功，它们以非常便宜的价格提供住宿和餐饮，通常还会向游客出售农产品。在吸引城市居民到乡村地区游玩一事上，观光农业起到了非常重要的作用，也涉及那些原本不会获得旅游业红利的偏远地区。事实很快就证明观光农业是一项很好的投资。与当地生活和传统没什么联系的金融集团也会购买一些废弃的田产，常常会使当地几十年前就已经中断的农业活动重新振兴起来。许多行业中人纷纷利

卡拉布里亚大区的橄榄树。新的“共同农业政策”正在改变欧盟原有的农业补贴制度

用地方法规中的漏洞，把重点放在了真正的资金来源——旅游业（而非前述的耕种土地）上。高档酒店开始遍布各地，店内提供按摩浴缸和游泳池，当然还有极富乡村魅力的精致用餐体验。一些本身生产能力较小的企业甚至从附近农场购买食材回来在厨房中烹饪。无论如何，观光农业为当地农村带来的新生活和重新激起的人们对特色食物的热情对各方都有益无害。

1987 年，“葡萄酒之城”（Città del Vino）在同样的热情下诞生了，该协会最初由 39 个市长共同建立，现在已经包括 500 多个乡镇、自然公园和社区，其中许多拥有与葡萄园相关的历史、传统和文化。“葡萄酒旅游运动”（Movimento Turismo del Vino）成立于 1993 年，有 900 多家葡萄酒生产商接待游客。地方当局、

葡萄酒和食品生产商、酒店、观光农业很快就开始合作以提供诱人的优惠和套餐，吸引对特定地区独特的文化、传统和美食感兴趣的高端游客[24]。1999年全国性法律颁布，进一步规范了这些旅游活动，现在被称为"葡萄酒之路"(Strade del Vino)，即"有着标志性的自然、文化和环境景观，向公众开放的葡萄园和葡萄酒生产农场组成的路线"。

这些举措仰赖于葡萄酒鉴赏家和业余爱好者对葡萄酒重新产生的浓厚兴趣，发掘本地特色产品成为潮流。现在大多数杂货店甚至超市都提供不少优质葡萄酒作为选择。葡萄酒旅游业正在蓬勃发展。一些名为"酒庄"(enoteca)的专门商店也出现了，迎合越来越多的消费者新奇的需求，他们渴望对品酒和这一领域其他知识有更多的了解——直到几年前，葡萄酒领域还只有少数爱好者和专家涉足。酒庄由以前出售散装葡萄酒的商店直接发展而来，原本的售卖方法是将酒倒入顾客带来的瓶子中。enoteca一词首次出现在1934年的《葡萄酒之国》(*Enotria*)杂志中，现在主要用来指以出售瓶装葡萄酒为主，同时售卖果酱、蜜饯、蜂蜜和其他带包装的美食的店铺。可对应英文中的wine bar("葡萄酒吧")，指提供佐酒食物的营业场所。许多酒庄都有一个附属的酒吧，根据不同的执照营业，允许在店内提供食品消费。这样做一方面是为了满足客户不断增长的需求，另一方面会使顾客对葡萄酒更有热情，一些酒庄和红酒吧组织品酒会和品酒课程。这些活动在酒吧举行的同时还会提供一些小点心，使客户对在家中品尝葡萄酒的食物搭配有更多了解。

位于锡耶纳的蒙特奥利维托马焦雷修道院酒窖

通过专注于高端产品、乡村和手工产品、当地传统、有益的健康食品而取得成功的企业，不应因其他饮食形式的流行而转移自己的注意力。在麦当劳的领导下，包括汉堡王和赛百味在内的其他国际餐饮巨头纷纷进入意大利城市。斯比奇科比萨（Spizzico Pizza）、福卡奇先生（Mr Focaccia）、十六饼（Sedici Piadina）等意大利连锁企业也学习了这种快餐模式并将其应用于意大利特色菜，设法以相对较低的价格提供食物。

各种各样的公共场所开始流行，尤其是在年轻一代中。比萨店的环境轻松，提供价格合理的传统菜肴。尽管像那不勒斯比萨或玛格丽特比萨这样的经典菜品仍然很受欢迎，但对创意和探索的渴望促使厨师们尝试各种不同的配料，从虾到芝麻菜等不一而足。近年来一种新趋势席卷了比萨世界：年轻的厨师们尝试用不

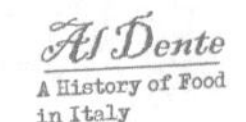

同的面粉、酵母品种和配料，在不同的季节里进行制作。通过将面团的发酵时间从48小时增加到72小时，比萨变得更柔软、更易消化。外卖店中也可以买到比萨，称重或按块数出售带走。便利性已成为主要卖点，一些杂货店和超市生产熟食以供客人带走（送货到家仍然极为罕见）。“热桌服务”可以将热菜带走或堂食。“油炸烧烤店”专售油炸或烧烤这些准备起来过于麻烦或难以在家中制作的食品。在移民社区较为成型的大城市，民族餐馆越来越常见，尤其是中餐馆和土耳其烤肉店。

围绕着意大利人对啤酒日益增长的热情，也出现了一些经营场所，例如年轻企业家们创建的大量手工啤酒厂，他们在其中尝试不同的技术、成分和有趣的营销形式。啤酒是啤酒吧（birreria）中出售的主要酒精饮料，店内装饰通常也与其他餐厅不同，只有木制长椅，桌子没有桌布，仅限于基本服务。餐厅供应异国风味的菜肴，例如泡菜配维也纳香肠和热狗、汉堡配薯条和辣椒。啤酒吧还提供沙拉、意大利面，尤其是口味俱全的各种意式三明治（panini）。一些被称为三明治店（panineria）的店铺则专注于售卖使用创意食材的三明治，经常是热食的。

其他店铺则主要售卖卷饼，一种和面的时候加入猪油或橄榄油的不发酵饼，源自罗马涅地区；或者小烧饼，这是一种来自艾米利亚地区的面包，配以奶酪和冷肉食用。曾经被当作街头小吃的油炸食品也有了自己的店铺，售卖罗马式炸鳕鱼、西西里式炸米球（小个儿的炸米球）和阿斯克里的肉馅橄榄等。

夹火腿片的意式三明治

文化、媒体和公民运动

现在，这些改头换面的传统产品重新得到广大消费者的重视和喜爱，虽然他们更多的是出于好奇和对不同凡响的东西的渴望，而非对意大利烹饪历史有什么特殊的兴趣。实际上，在 20 世纪 60 年代经济迅速发展之后，几百年历史的农牧传统已经所剩无几了。在 70 年代和 80 年代，消费者对食品的价格、便利性甚至时尚性给予了更多的关注。但出乎意料的是，这种情况从 80

年代后期开始发生了根本性变化，从当时的文化和政治的角度来看，食物已不再只是一种炫耀性消费的手段，而成为人们关注的对象本身[25]。一小部分知识分子、社会活动家和激进主义者都认为过快的现代化进程、大规模生产和全球化正威胁着本地的饮食传统和特征以及优良的品质和食品安全。“慢食运动”应该能够解决这些问题，并逐渐成为一个连贯而丰富的计划。

“慢食运动”1986年始于皮埃蒙特大区山麓朗盖葡萄酒产区的一个小镇布拉，起先取名为阿奇戈拉协会（ArciGola）。Arci是意大利共产党娱乐协会（Recreation Association of Italian Communists）的首字母缩写。在意大利语中，gola一词既代表食物又代表贪吃，是指美食的乐趣。阿奇戈拉协会由同样来自皮埃蒙特的卡尔洛·佩特里尼（Carlo Petrini）创立。该协会首先通过美食杂志《大红虾》扩大了知名度，该杂志开始发行于1986年，是左翼政党日报《宣言》（*Manifesto*）的补充性月刊。因为阿奇戈拉协会和《大红虾》肯定了消费优质食品的乐趣中包含的社会和文化价值，一度还成为主流左翼组织的丑闻[26]。

罗马市中心西班牙大台阶附近的麦当劳餐厅开业，促使阿奇戈拉协会于1989年11月9日在巴黎喜歌剧院（Opéra Comique）成立“慢食运动”，许多国家的代表签署了宣言。该宣言指出，只有坚定地捍卫平和安静地享受物质的乐趣，以及长时间慢节奏地享用食物，才是高速生活的解毒剂，后者迫使人们食用乏味、不健康和破坏社会关系的食物。“慢食运动”的支持者认为，第一道防线就在餐桌上：消费者应该塑造自己的品位，能够欣赏和

“慢食运动”创始人
卡尔洛·佩特里尼

保护当地的食品、手工艺知识和环境[27]，因此绝非在公众舞台上倡导回归纯粹的享乐主义。捍卫慢食的乐趣已成为使公民重新参与社会和政治行动的武器[28]。该运动用一只蜗牛的形象作为标志。

1994年，“慢食运动”的影响力扩展到意大利以外，投票通过并建立“慢食国际”（Slow Food International）在国外推广其模式。同年，该运动组织了“味道实验室”（Laboratori del

Gusto）工作坊，以帮助越来越多的美食爱好者了解特定产品或葡萄酒。1996 年，该组织在都灵启动了首届“品位沙龙”（Salone del Gusto）活动，旨在扩大公众对小型食品制造商和传统产品的认识。“品位沙龙”的文化宣传比一般的纯商业化的食品展示更有效果，因此“慢食国际”决定每两年举行一次该活动。《大红虾》和“慢食国际”帮助人们建立了一种文化观，不仅从时尚、市场、经济学的角度来看待食物，还将其当作一种集体共享和团结社区的主要手段[29]。通过这种方式，个体可以聚在一起，重新发现他们与重要传统之间的纽带，并在这个步伐越来越快的世界中找到自己的节奏[30]。

作为挽救正在消失的食物的方式，“慢食运动”还于 1997 年发表了《味觉方舟宣言》（Manifesto of the Ark of Taste），指明了识别濒临灭绝的产品和农作物的方法，并提出了保护策略。1999 年成立的一个科学委员会确定了食物入选“味觉方舟”的基本原则，包括较高的品质、与特定区域及其居民的文化习俗的联系、小生产者进行的限量生产以及其他潜在的或实际消失的危险。例如，在美国进入“味觉方舟”的食物列表中，我们找到了路易斯安那州的罗马太妃糖、华盛顿州的奥林匹亚牡蛎和加利福尼亚州的一种蜜瓜。2000 年“慢食运动”设立了“保护生物多样性奖”和“主席团奖”，旨在帮助和支持小生产商与食品手工艺人等。

2004 年对“慢食运动”来说是意义重大的一年，联合国粮农组织正式将其认定为非营利组织。“慢食运动”还成立了慢食生

物多样性基金会，以维持“味觉方舟”的活动、“主席团奖”和其他奖项等。后来，美食研究大学在“慢食运动”总部所在的小镇布拉附近的波伦佐开办。在第五届意大利“品位沙龙”期间还举办了第一个“大地母亲日”（Terra Madre），被定义为“食物社群的世界大会”，成千上万的农夫与专家、厨师和文化机构在那里会面，讨论如何推广确保生物多样性的农业模式、捍卫人类的生存环境并尊重当地社区的健康和文化。

“慢食运动”经常从食物出发，落脚到社会和政治辩论，而且由于所关注议题的紧迫性和种种精于媒体公共关系的活动，许多批评家指责它为精英主义。“慢食运动”的成员通常是中上阶层，参与其倡议和活动需要一定程度的可支配收入，并且通过“主席团奖”保护和推广的产品通常是很昂贵的[31]。还有其他批评家将“慢食运动”称为“烹饪愚蠢主义”，声称该运动在意识形态神话的基础上罔顾可能的危机，为保护所谓的传统和民族食品，不惜呼吁停止世界范围内食品加工的工业化进程[32]。

“慢食运动”从来没有在这方面表达过明确立场，“传统的捍卫”也可以被其他组织用作武器，将定居在意大利的成千上万移民的食物和传统边缘化。不幸的是，这一切正在发生，这使任何在社会问题上持渐进立场的人（包括“慢食运动”）都感到沮丧。在下一章中，我们将尝试从移民社区的日益壮大和意大利食品在世界范围内的传播扩散方面评价全球化的影响。

Al Dente

A History of Food in Italy

第七章

意大利食品的全球化

我们对意大利美食的探索始于重新关注传统和本地身份的兴趣。我们注意到，这些价值观和维持它们的生活经历远没有人们以为的那么静止和古老。恰恰是“地域”（territo rio）这一概念影响了许多意大利人对食物及其生产地之间联系的理解，也受到了法国“风土”（terroir）这一概念的影响。作为欧盟成员国的公民，意大利人在健康、安全和可持续性的思想与实践方面都越来越多地参与了国际辩论。我们回顾了过去，观察了亚平宁半岛上自史前时期以来与食物相关的食材、产品和技能是如何传播的。地理环境、自然资源和技术的多样性一直以来都推动着人口迁徙、文化交流和贸易发展。希腊的殖民统治、罗马帝国的扩张、日耳曼部落的迁徙和定居以及伊斯兰文化的融合，都曾在意大利塑造饮食习俗和生产过程中烙下了印记，诉说着更宏大的历史背景中文化、经济和政治的变迁。自文艺复兴以来，来自意大利的厨师和食品工匠也走向了世界各地。换言之，意大利饮食长期以来都是历史复杂变化的结果，而今天正在经历的过程我们倾向于将其定义为全球化——但走向这一结论仍需谨慎。过去和现

经典基安蒂葡萄酒产区的葡萄园，著名的托斯卡纳景观

20 世纪第一个十年初期，纽约，小意大利区，桑树街

在存在着巨大的差异，特别是在变化的速度和烈度方面，食品生产、运输和通信技术的进步日新月异。正如历史学家杰弗里·皮尔彻（Jeffrey Pilcher）所指出的那样，“20世纪‘全球化味蕾’的出现并不代表与过去的根本背离，而代表着现有跨文化联系的加强”[1]。

19世纪最后几十年，意大利人大量移民到其他国家，特别是北美和南美地区，意大利食物的国际性传播也随之突然加速。为了建立远离故土的家园，移民们发展出的饮食传统与故乡保持着牢固的联系，但同时也受到新环境的影响。在这一时期，意大利的食材和菜式被世界各地的烹饪文化采用和改良——全球化在许多方面都发挥着作用。也有越来越多的外国移民前来意大利定居，他们从事食品行业，开设餐厅，使本地人接触到以往没见过的做法、菜式和食材。与过去一样，饮食文化身份在看似无关的世界之间那些可见或不可见的因素交互作用中被不断塑造着。

散　居

19世纪80年代至第二次世界大战有900万意大利人陆续离开本国，相当于全部人口的四分之一。大多数人在19世纪90年代至20世纪20年代踏上了寻找新家园的旅程[2]。1908年已有120万意大利移民到达美国，其中67%来自农村，但这其中只有6.6%的人继续在美国从事农业活动，表明移民渴望向更现代的行

业发展。与之相反的是，在南美国家定居的大约100万意大利人中有60%从事农村工作[3]。20世纪第一个十年初期，美国学者阿尔贝托·佩科里尼（Alberto Pecorini）认为意大利移民在农业上有前途是毫无疑问的。

> 毋庸置疑，意大利人能更好地适应集约化耕种……他们热爱土地，擅长那些必须手工操作且需要大量耐心的活计，并且还懂灌溉。他们更喜欢与其他人住在一起而非独自生活，并且渴望尽快拥有属于自己的那块土地。[4]

西西里移民出发前往委内瑞拉

在路易斯安那州，许多意大利人（主要来自西西里岛）在甘蔗和棉花种植园工作，还有一些人在城市里做瓦工和锻铁工人[5]。一些人开办了农业企业，例如在新奥尔良附近坦吉帕霍阿郡从事草莓生意，而另一些人则经营商店、饭店和冰激凌制造厂，发展自己的美食事业。“穆弗莱塔”（muffuletta）就出现于这一时期，它是传统的新奥尔良圆形芝麻三明治，里面夹有各种冷食的肉类、切片奶酪和橄榄沙拉[6]。在加利福尼亚，淘金热时期首批来到这里的热那亚和皮埃蒙特人，在葡萄和其他水果种植行业以及葡萄酒生产行业重新找到了工作[7]。在加州海岸定居的意大利移民从事渔业和罐头业，他们带来了类似意大利本土鱼汤的菜式“意式海鲜汤”。

通常是男性首先移民，计划着挣些钱后就返回家园，或者，

穆弗莱塔三明治，新奥尔良

如果在新国家找到了工作和安稳的住所，也会将家人全部接来。为了将更多的钱寄回家，许多意大利移民省吃俭用，与他人合租在膳宿家庭中，通常由来自意大利同一地区的雇主来管理。被称为“主人”的雇主可能会压榨初来乍到的移民。随着意大利社区的数量增加，人员构成变得复杂，越来越多的妇女和儿童出现在社区中，对意大利特色菜的需求也在增加，特别是对橄榄油、硬奶酪、干意大利面和罐头番茄的需求[8]。海外市场刺激了由于国内市场规模有限而一直落后的意大利食品生产。在 20 世纪 20 年代初，部分出于满足美国移民需求的考虑，意大利番茄厂商将产品从糊状改成将完整去皮的番茄连汁一起装在罐头中。厂家还选择了最适合这种包装的杂交番茄，例如著名的圣马萨诺番茄，现

1876 年费城百年纪念展，农业厅举行的意大利展览，蛋白相片

在已经是明码标价的 PDO 产品[9]。

移民与其原籍地保持着密切的联系，许多人经常往返于美洲和欧洲之间。第一次世界大战结束后，出现了诸如《美国厨房中的实用意大利食谱——为意大利士兵家庭义卖》（*Practical Italian Recipes for American Kitchens Sold to Aid All the Families of Italian Soldiers*）等为意大利退伍军人筹集资金的小册子，展示出移民对祖国千丝万缕的感情和对战争期间以及战争之后粮食供应的担忧[10]。此处介绍的食谱是鼓励人们使用剩余的肉。

碎肉舒芙蕾

用料：25 克（1 盎司）黄油，1 汤匙面粉，570 毫升（1 品脱）牛奶，1 杯冷却的煮熟或烤熟的碎肉，2 个鸡蛋，磨碎的奶酪（调味用），盐，胡椒。

做法：将黄油熔化，然后与面粉和牛奶混合成白色酱汁，煮至混合物起泡并开始变成褐色，再加入牛奶并煮至光滑为止，晾凉。将碎肉放在平底锅中，加一点脂肪或水，再加入盐和胡椒，使其变成褐色。将炒肉的锅从火上移开，加入白色酱汁和搅打好的鸡蛋。再加入磨碎的奶酪、盐和胡椒调味。在模具上涂黄油并撒上面包屑，倒入肉汁混合物，然后蒸或烘烤一个小时成固态。可搭配任何优质肉类或番茄酱一起食用。

来自意大利四面八方的移民讲着多种多样的方言，有着五花八门的饮食习惯，但却居住在相同的区域并建立起社会联系。美国本土居民倾向于将意大利移民归为具有明显特征的一个民族。新移民对传统菜肴和饮食习惯表现出强烈的依恋，他们购买进口商品并在必要时自己制作食物来维持原有的饮食习惯。移民在地下室饲养鸡或猪的情况并不罕见 [11]。他们还会外出采集，例如在公园和空地里采摘蘑菇和野菜等 [12]。成功置办自己的产业之后，他们会在自己的花园里种上熟悉的植物，如无花果树、桃树和樱桃树以及可食用的药草和蔬菜，点缀着户外的空间 [13]。在美国，社会工作者认为意大利移民没有食用足够的肉类或奶制品，当时这两者被认为是重体力劳动者的最佳营养 [14]。移民的习俗成为笑话的源头，又继续产生了刻板印象和歧视 [15]。

随着可支配收入增加，意大利移民消费了更多他们习惯的食物，包括一些来自意大利的昂贵商品，而不是用新社区的习俗替代旧习俗。以前专为特殊或喜庆场合准备的菜肴，尤其是那些包含肉类的，已逐渐成为餐桌上的常客，并在意大利餐馆的菜单上随处可见。尽管饮食的文化身份很重要，但意大利移民还是积极利用了新社区能够提供的食物。比如在美国可以大口吃肉，而因为原本在意大利的家里很少消费，于是“吃肉”很快就成为移民成功和富裕的象征。在巴西南部和阿根廷的意大利人向自己远

新奥尔良麦迪逊街，1906 年。当时该地区有众多的西西里移民

意大利市场，桑树街，纽约，约 1900 年

在祖国的亲戚寄出了吃各种烤肉的照片，甚至有人在信中抱怨牛肉吃得太多了[16]。关于“移民在美国吃牛排很平常”的传言满天飞，导致意大利南部的地主们十分担心会有更多的工人离开[17]。部分食物的替代是不可避免且可以接受的，旧世界和新世界元素的融合更催生了独特而充满活力的美食[18]。但有些习惯例如偏爱使用香草（包括大蒜）、喜欢喝咖啡等，都尽可能保留了下来[19]。

饮食成为定义意大利移民文化特质最重要的特征之一[20]。周日晚餐成为鲜明的民族象征：家人和朋友悠闲地聚在丰盛饭菜旁，这原本是意大利的小康家庭才能负担得起的方式。在美国，当一个家庭建造自己的房屋时通常包括两个厨房：一个在楼下，用于日常烹饪；另一个在楼上，仅在特殊场合和客人来访时使用。两个厨房的存在清楚地表明了保留传统习俗的私人家庭领域与本地社区进行文化交融的公共领域之间的区别[21]。

新的烹饪文化不仅在家庭环境中兴起，也成为一些移民融入东道国的途径，他们选择进入餐饮业工作。最初，移民通过贩卖水果和蔬菜，特别是在自己的社区，设法进入食品销售体系。当获得更多资金时就开设杂货店和专卖店，以及最初主要迎合自己社区的特色小餐馆。这些地方成为后来的意大利移民聚集地，同时以其异国情调的菜肴、悠闲的氛围和低廉的价格吸引着当地人。

法西斯的移民限制政策带来的短暂停滞之后，“二战”后来自意大利的移民再次增加。他们也经常选择迁往其他欧洲国家，例如德国、瑞士、法国和比利时，这些国家在遭受严重的战争破坏后迫切需要廉价劳动力重启生产。这些国家与意大利政府签署了协议，以意大利重建所需的煤炭和其他原材料换取劳动力[22]。尽管1956年在比利时马丁内尔采矿事故中136名意大利人身亡，导致移民暂时减少，但总体趋势一直持续到20世纪70年代中期，直到欧洲北部的工业发展在1973年石油危机冲击下萎缩。在五六十年代，意式冰激凌店是德国的城市中不可缺少的风景，便利了进一步建立的意式餐厅和比萨店[23]。在英国，意式咖啡馆一直流行到20世纪60年代，并在90年代中期重新流行[24]。

意大利面包售卖者，桑树街，纽约，约1900年

和风柚子酱意大利面

4 人份

用料：225g（1/2 磅，日本菜的分量一般没有其他国家的多）意大利面，225g（1/2 磅）茄子，110g（1/4 磅）姬菇（东亚品种，鲜味浓郁），1 瓣大蒜（切碎），2 汤匙橄榄油，1 汤匙柚子酱（用辣椒、香橙皮和盐制成的发酵酱汁），4 汤匙清酒，4 汤匙酱油，30 克（1/4 块）黄油，5 片或 6 片紫苏。

做法：将茄子切成 1/2 英寸厚的薄片，并将其浸泡在盐水中 5 分钟，以去除苦味，再轻柔挤压去除盐水。

将 2 汤匙橄榄油倒入锅中，加入大蒜，然后放在小火上炒至蒜头略呈褐色。将茄子片放入锅中，小火炒至变黄变软。再加入姬菇煮 1 分钟，然后倒入 4 汤匙清酒。继续小火炖煮，直到清酒蒸发。

另起锅，盐水加热至沸腾以煮意大利面。

清洗紫苏叶，然后用纸巾吸干水分。将它们翻卷并切成细条，用于装饰。

意大利面煮好后，向面锅中加入 2 汤匙开水、2 汤匙酱油和 1 汤匙柚子酱，然后关火。沥干意大利面，放入酱汁中，再加入黄油并充分混合。撒上切成细条的紫苏一起食用。[25]

世界各地的意大利食品

正如第一章所述，意大利食品现已在全球范围内广受欢迎，产品出口到世界各地，年轻的意大利厨师在国外也赢得了声誉。远自日本和韩国的厨师都来到意大利向当地从业者学习如何烹饪，然后回到自己的国家开设意式餐馆。例如在日本，消费者对意大利食品的喜好已经开始取代法国美食，而意大利和日本本地的比萨厨师都会烤制这种美味[26]。日本厨师与意大利食品之间的爱情故事已成为漫画《Bambino！》的主题，这部漫画讲述

和风柚子酱意大利面，《澳大利亚美食旅行家》(*Gourmet Traveler*) 杂志第 88 期，2010 年

了 2005 年至 2008 年一个年轻人的冒险经历，他在东京一家虚构的意式餐厅实习期间发现了意式烹饪的美妙。日本用和风特色的调料新创出自己的意大利面，在家中和餐厅均可烹饪。正如前面的食谱所示，日式意大利面会采用一些日本调味料如味噌、芝麻油、干海带和各种酱菜等[27]。

意大利食品行业努力抓住消费者对意大利美食的日益重视，努力寻求发展。一些大型食品公司已经成功地在国外市场站稳了脚跟，例如百味来、费列罗和布依道尼。中小型食品和葡萄酒生产商也竭尽全力扩大其出口，尽管许多企业的业绩喜忧参半。食品营销的重点通常不仅强调产品本身的品质和纯正，而且强调其作为完整的意式生活方式的象征[28]。

意大利食品行销海外的最大竞争来自海外当地制作售卖的意大利食品，包括意大利面、番茄罐头和奶酪，比漂洋过海的进口食品便宜很多。这种现象始于 20 世纪上半叶，一般是由意大利移民创立的公司售卖。美国为我们提供了一些有趣的案例，其实从加拿大到澳大利亚，在大批意大利人定居的地方都可以发现类似的过程。在 20 世纪 20 年代后期，来自皮亚琴察的埃托莱 · 博亚尔迪（Ettore Boiardi）在克利夫兰开设了一家意大利餐厅，并出售打包好的意大利面、番茄酱和奶酪碎，后来用“博亚迪大厨”（Chef Boyardee）品牌生产罐装意大利面[29]。还有其他一些成立于那个时期的公司至今仍然活跃，例如“农夫”（La Contadina）番茄和“隆佐尼”（Ronzoni）意大利面。

这些海外产品的价格较低，不仅因为不需要付进口关税，还

布鲁克林制造的工业和面机，纽约，1914 年

因为生产中经常应用现代技术，并投放到较大的消费市场形成了规模经济。1935 年国际社会对意大利实施禁运，至“二战”时期意大利本土的生产基本停滞，而海外的意大利食品生产份额有所提高。比萨是最好的例子之一。在美国，最早有记载的比萨店是 1905 年在纽约市开业的伦巴底（Lombardi’s）面包店。芝加哥的乌诺比萨店（Pizzeria Uno）于 1943 年创建了深盘比萨，至今仍很受欢迎[30]。20 世纪 50 年代冷冻比萨在美国大量生产，到 60

年代这种产品的销售范围已经扩展到世界各地。

获得“意大利”产品认可是一个敏感话题。很多产品在使用外国原材料制成的意式产品上标注“意大利”标签。意大利政府正在努力推广“意大利制造”（made in Italy）的营销活动，但是并不容易。首先，版权和商标的使用方法在全球范围内都有所不同；其次，意大利的小型公司通常缺乏有效的营销策略和全球分销的能力，这给挑战高价的意大利进口商品的本地竞争者带来了机会。例如在中国，尽管部分民众对意大利食品比较认可，意大利企业家还是无法成功打入这一复杂广阔的市场[31]。

意式主题餐厅已经在世界范围内扩张，利用意大利文化的特质创造出具有辨识度的品牌并促进“休闲用餐”文化的发展。为了不使顾客产生批量生产的印象，意式餐厅的全球连锁店试图在人们心目中关于意大利的刻板印象（例如家庭价值观、传统、共同用餐、温暖和活力）基础上去营造积极的形象[32]。在意式餐厅用餐是化解大规模生产将食物庸常化的解毒剂。通过新鲜、纯正和手工技艺来营造怀旧氛围，让人联想到过去的美好时光。

在世界各地工作的意大利厨师正在试图对这些工业化生产采取应对措施。2010 年，意大利厨师虚拟团体（Virtual Group of Italian Chefs，GVCI）宣布 1 月 17 日为国际意大利美食日（International Day of Italian Cuisines，采用复数形式暗示着意大利美食固有的多重性），旨在保持意大利美食特色并彰显烹饪专业人士所做的工作。该协会在全球范围内推动了“难以抵挡的意大利肉酱面风潮，以支持正宗优质的意大利美食，反对世界各地伪造和假冒的意大利食品与产品”[33]。同年，该协会组织了第一届意大利美食世界峰会，世界各地均有厨师前来参加。

随着意大利菜在世界各地的流行以及商业价值的增长，意大利的生产商正在为保护其商品免受仿制和假冒而奋斗。并非所有国家都有像欧盟那样基于特殊立法的地理标志保护模式。一些国家如美国、加拿大、南非和澳大利亚等致力于建立私有商标体系，这一体系被认为是企业家自由的表现，也是对投资和创造力的保证。

黑公鸡，经典基安蒂酒的标志

在美国，集体商标和认证商标可归外国机构所有，因此是意大利生产商最常使用的法律工具，用于在无法自动识别欧盟地理标志的系统中保护其商品。例如经典基安蒂（Chianti Classico）的生产商将带有Black Rooster（“黑公鸡”）字样的设计与Chianti Classico Consorzio Vino Chianti Classico一起作为集体商标。但由于嘉露酒庄（Gallo Winery）提起诉讼，他们被禁止使用Gallo Nero（意大利文，意为“黑公鸡”，传统的意大利视觉符号）一词。帕尔马火腿协会和帕马森芝士协会的生产者们则将产品注册为一个集体商标。

食品巡逻队

对传统的重视有利于限制全球化的影响并捍卫多样性，但也同样会被排外情绪利用。食物一方面具有将人与文化融合在一起的能力，另一方面也会刺激种族隔离加剧。种族主义有时会通过食物渗透到地方政治中。1989年具有财政联邦制和区域自治权的政党北方联盟党成立后，意大利的南北局势再次紧张起来。北方联盟党拥有庞大的选区，作为北部组织的同盟而试图疏远意大利中部和南部[34]。他们指责中央政府缺乏效力，收受贿赂并利用北方的企业家精神、职业道德和经济实力。罗马被不怀好意地称为“罗马大盗”，被视为腐败和短视的国家项目的象征。该党还强调帕达尼亚——古代凯尔特人居住的波河沿岸和北部地区——

与其余在历史上受罗马影响的意大利地区之间假定的文化差异。正如凯尔特研究专家诺拉·查德威克（Nora Chadwick）所指出的：

> 直到20世纪我们仍然没有摆脱凯尔特的传说……“凯尔特”正迅速成为欧洲统一的隐喻，遭到政客和跨国公司的滥用。这些言辞套路里没有一个称得上是绝望的呐喊。历史在冷静的旁观者眼中，“凯尔特”一词在经年累月中被赋予的不同解释已使其罩上了远高于现实的光环。而我们离现实有多么接近还是一个有待商榷的问题。[35]

全球市场中的食品之争

在美国与其他主要工业国家采用的商标模式下，通常有三类标志用于保护农产品。第一类是商标，要求将私有所有权授予产品的合法“发明人”，并且商标可以作为资产进行买卖。商标通常用于保护产品名称，例如“可口可乐”，但一般不适用于一些基本食品，因为这些商品通常不能与合法所有者进行具体的绑定。

第二类是集体商标，可用于证明该商品源自该

标志所标识的特定地理区域。在美国，集体商标需在美国专利和商标局（United States Patent and Trade Office，USPTO）注册，由相关协会、董事会或集体组织进行管理监督和质量控制。与商标不同，单个企业不可以申请集体商标的全部所有权。

第三类是认证标志，归认证实体所有，而非生产者本身。认证设定了标志使用人必须满足的标准，只要产品能够保持这些特性，任何人都不能将其排除在认证标志之外。认证标志的例子包括佛罗里达柑橘标志（Florida Citrus），由佛罗里达州柑橘部持有；维达利亚洋葱（Vidalia Onions），由佐治亚州农业部持有。

所有地理标志均受《世界贸易组织与贸易有关的知识产权协议》（Trade-Related Aspects of Intellectual Property Rights of the World Trade Organization，TRIPS）第22条的保护。同一协议的第23条为葡萄酒和烈酒提供了更高级别的保护，如地理标志后不能加上诸如“种类”“类型”“风格”“仿”之类的表达。因此，葡萄酒标签上不能使用“经典基安蒂风格”（Chianti Classico style）一词，而可以使用“方蒂纳型奶酪”（Fontina-type cheese）。但是在欧洲范围内就连这样的描述也已被取缔：英格兰和德国的奶酪生产商不能够使用的拼写包括parmigiano、parmigiano-type甚至parmesan，上述词语被认为是已在人们心中形成固定印象且长期存在的用语，特指来自意大利艾米利亚 - 罗马涅大区帕尔马的奶酪产品。

方蒂纳，假冒率最高的意大利奶酪之一

对人类学家迈克尔·迪特勒（Michael Dietler）而言，凯尔特人遗产的重新发现在欧洲各个地区一直扮演着意识形态的角色。建立与凯尔特人的身份联系被用来“在不断发展的欧洲共同体背景下促进泛欧统一、共同体成员国之间的民族主义以及对民族主义霸权的区域性抵抗”[36]。北方联盟党还强调大量移民涌入的危险，尤其是那些“来路不明”的移民。由于食品在意大利文化背景中具有重要意义，因此这些问题通常以与食品相关的议题来表达也就不足为奇了。2004 年北方联盟党的成员在科莫市组织了一次游行示威，准备了 36 公斤的玉米粥（用玉米粉煮的粥，

添加了当地的奶酪和黄油）向路人免费分发，以提醒大家自己的民族之根，并凸显传统菜肴的情感和文化价值——而这些传统菜肴，在过去只会被视为贫穷的象征[37]。我有点怀疑当地餐馆是否会在这道食品中使用非本地的食材[38]，但在某种程度上，玉米粥已成为传统食品抵制外来风格渗透的象征。

除了具有象征意义，以食物为中心的议题已进入影响深远的政策辩论中。2009年春季，托斯卡纳大区卢卡市议会通过条例，禁止在市中心历史街区内的所有商店销售土耳其烤肉、快餐以及其他非意大利和非传统商品。彭博社的弗拉维娅·克劳斯-杰克森（Flavia Krause-Jackson）观察到："出于维护当地烹饪传统以及所有建筑、文化和历史正统的考虑，所有会联系到其他民族的商业活动都不允许继续存在。"[39]当地政客希望确保游客们能够找到、嗅到和品尝到他们在一个有着百年历史的城市中所期望的东西。饮食方面也应为游客提供可控的地道的"意式"体验，而不是处处可见的全球化和后现代美食世界的另一种翻版。

同样在2009年，伦巴第大区政府规定凌晨1点以后不能在正式餐厅外售卖食物。为了避免人们在商店外闲逛，为了维护公众安宁，不再有凌晨的土耳其烤肉、比萨或冰激凌。反对党当然认为，该规定是北方联盟党密谋的新步骤，意在破坏移民们通常的营生[40]。

北方联盟党的贝卢斯科尼政府农业部长卢卡·扎亚（Luca Zaia），后任威内托大区主席，一直非常活跃地参与食品相关的政治议题。扎亚提议与麦当劳合作，用意大利生产的面包、肉、亚细亚哥奶酪和朝鲜蓟酱制成一款名为 McItaly 的三明治，专门投放意大利市场，引起了全社会激烈的讨论。提出这种建议的理由是，一方面在青睐快餐店的年轻人中推广意大利风味，另一方面确保麦当劳购买了意大利产品。但这个如意算盘被国际媒体知晓后，《卫报》的博客作者马修·福特（Matthew Fort）提出了严厉批评，指责扎亚是机会主义者，并且这种做法也不尊重他声称坚持的那些传统[41]。扎亚第二天即以一封信回击，发誓说他和他的追随者将“成为现代耶稣会士”，去尝试“改变左派的异教徒”，这些人从来没有在户外的工作中弄脏过他们的手，“他们阻止我们为确保所有人都能享有高质量食物而付出的努力，而非只关注精英消费者的奢侈需求，然后带着他们沉重的钱包和轻巧的良知奔向超市的‘有机食品’柜台”[42]。

这些话对“慢食运动”的创始人卡尔洛·佩特里尼来说有些难以承受，在此之前，他与扎亚一直保持着亲密的关系，两者共识的基础就是意大利食品对全球化、标准化和转基因的抵御。几天后佩特里尼在《共和国报》（*La Repubblica*）上发表了一篇文章，指出了扎亚做法中的一些有争议的因素，并认为即使超市中没有 PDO 产品，也无法确保向制造商公平付款。此外，佩特里尼还指出，从文化特征上来说，“全球化”意大利口味的尝试实际上反而有可能是一种并不长远的做法，最终会被那些国际大牌吞没或吸收。这位“慢食运动”的创始人提出了北方联盟党的成员们非常反对的论点，他辩称：

味觉与“身份”一样，仅在存在差异时才能保持其价值，身份的价值即在于区分。实际上，我们可以肯定地说，在味觉方面不存在单一的意大利身份——发明McItaly的人可以安心——因为有成百上千种不同的意大利身份。[43]

在关于McItaly的辩论之后，麦当劳继续尝试开发一些意大利传统风味的菜品。2011年10月，该公司与公认的意大利“当代高端美食之父”瓜尔蒂耶罗·马尔凯西（Gualtiero Marchesi）合作，推出了两种全新的三明治“柔板”（Adagio）和“快板”（Vivace），以古典音乐术语命名。“柔板”包含茄子慕斯、番茄薄片、酸甜茄子、牛肉汉堡和意大利乳清干酪，而“快板”则包含培根、炒菠菜、腌制洋葱、牛肉汉堡和芥末蛋黄酱。在新品发布会上，马尔凯西说：

就像生活一样，美食在不断发展。当您抚今追昔时，会意识到这种转变之快已经超越了您的认识，就像当我第一次将“新潮料理”引入意大利时，以及开始用毫无偏见的视角关注年轻人的生活时一样。他们喜欢在哪儿吃东西？吃些什么？这些简单的问题正是我在与麦当劳合作之前就在思考的。[44]

北方联盟党和“慢食运动”都指出，发展和保护包括食品生产在内的本地文化身份与传统是相关联的政治问题。不同的是，“慢食运动”将这些主题作为推动多元文化和保护全球多样性议程的一部分，而北方联盟党将它们视作一种以捍卫本地特权、排斥外来者和政治自治为核心的话术。进入政坛后，扎亚对于北方联盟党的做法在《我们赖以生存的土地》（*Adottare la terra per non morire di fame*，2010）一书中以更谨慎、更谦逊的表达给予评价。他着重强调了“古老而有个性”的意大利农业应如何进行保护以免受“保加利亚和罗马尼亚农民”的竞争以及“盲目的意识形态全球化”带来的侵害[45]。但他坚持认为自己的立场不是出于种族主义，而是源于“数百年的辛劳、汗水、研究、投资和对法规的反复修改”，正是这些事实使南欧的农业与其他国家区分开来[46]。从他的观点来看，北方联盟党倡导的联邦制是“一种求同存异的文化倾向”[47]。他希望发展“不脱离其自身历史的基于地域身份的农业”，重点是应季和本土，因而批准了2008年的“菠萝罢工”，号召所有市民不要在圣诞节购买菠萝或智利樱桃。前任农业部长的平衡法案恰恰揭示了意大利民主辩论中左右食品问题的政治力量，以及可能引发的极端化倾向。

那不勒斯比萨的有趣案例

在众多传统的意大利食品中，比萨最近成为备受关注的对象，这可能是由于其标志性的地位。在世界许多地方，人们对比萨的

意大利起源的认知已经非常模糊，比萨几乎被认为是一种真正的全球性食品，具有无数本地改良版本[48]。全世界的比萨在配料、面团、厚度和烹饪方法等方面各不相同，也部分归功于速食比萨连锁店的流行。

在这些挑战之下，那不勒斯的比萨制造商四处游说以强调自身的存在，并重申意大利在比萨行业中不可动摇的地位。2010 年 2 月，“纯正那不勒斯比萨协会”（Associazione Verace Pizza Napoletana）和“那不勒斯比萨制作者协会”（Associazione Pizzaiuoli Napoletani）从欧盟获得了“那不勒斯比萨”传统特色产品保证标志（英文为 Traditional Specialty Guaranteed，TSG；意大利文为 Specialità Tradizionale Garantita，STG）。根据规定，只有三种比萨可被称作“那不勒斯式的”：马里纳拉比萨（配料番茄、牛至、大蒜和橄榄油）、玛格丽特比萨（配料番茄、马苏里拉奶酪、罗勒和橄榄油）和超级玛格丽特比萨（另加新鲜的樱桃番茄）。比萨的配料、烤制工艺甚至感官感受都进行了明确定义。

“那不勒斯比萨”的特征是边缘凸起，呈现烘烤制品特有的金色，触感和口感柔软；饼心中央以番茄的红色为主，与橄榄油、牛至的绿色和大蒜的白色完美混合；撒在饼上的奶酪块或近或远，而罗勒叶的绿色则随着烘烤而变浅或变深……烘烤完毕后，比萨会散发出独特的香气，馥郁美妙。仅损失了多余水分的番茄保持致密口感；DOP 坎帕纳水牛奶酪或 STG 马苏里拉奶酪熔化在比萨饼表面；罗勒、大蒜和牛至产生浓郁的香味，无焦煳[49]。

理论上讲，全球的比萨制造商只有在遵守TSG准则的情况下，才可以合法使用“那不勒斯比萨”的名称。但上述两个协会、意大利政府、欧盟都不太可能投入大量资金和精力以确保在世界上任何地方都不会发生侵权行为，因此争取TSG认证的部分动机其实是希望推广那些被认为应该用来制作正宗比萨的意大利产品，例如DOP坎帕纳水牛奶酪或STG马苏里拉奶酪。但是，由于比萨的制作未指定大多数食材的来源，并且法规主要侧重于规范过程和最终产品，因此进行这种努力的目标还在于呼吁人们忠于民族的口味而抵御全球化的侵扰，并增强根据那不勒斯的方式受训的比萨厨师们的传统技能和文化价值。

随着TSG认证的实施，比萨可以作为意大利食品的典型代表来进行推广。但是，这种认识可能会抹去——或至少部分地隐藏——比萨生产中的许多全球化因素。在不少意大利店铺中，比萨制作师傅都是移民，反映了餐饮业中外国雇员的广泛存在。2008年《纽约时报》撰文指出，意大利一些最成功、最高档的餐厅聘请了来自印度、突尼斯和约旦等国家的厨师，并且大多数餐厅的主厨都认为这没有什么不妥。员工们都喜欢意大利美食及其技术[50]。摄影师马可·德劳古（Marco Delogu）和米凯莱·德·安德雷斯（Michele de Andreis）专门为在意大利工作的外国厨师举办了一个展览，展示了意大利专业厨房中的移民不仅在洗碗或擦桌子，也会进行烹饪工作。虽然这些照片明显会引起争议，但摄影师的初衷还是庆祝意大利美食行业出现的这些

来自阿尔巴尼亚、摩洛哥和孟加拉国的新面孔，男性和女性都有[51]。德劳古已经不是首次将镜头对准民间了，他还曾拍摄过一系列居住在罗马南部平原小镇马莱玛和阿格罗旁蒂诺的牧羊人移民的肖像，小镇上生产大量的水牛芝士。这些照片于2007年举办展览，于2009年成书出版[52]。意大利美食家开始注意到，有时甚至也以欢迎的态度来面对外国厨师用自己家乡的烹饪传统来进行表达。权威的意大利美食杂志《大红虾》专门报道了罗马的皮涅托街区，原本该地区一直是首都东郊最沉闷落后的地区之一，经过一段时期的快速发展现已成为民族特色餐馆和夜生活的热门

玛格丽特比萨

地区[53]。

并非所有的比萨原料都必须产自意大利。根据气候变化的研究预测，意大利将无法维持目前的小麦产量水平，而目前的水平已经不足以满足面粉需求了[54]。由于面包和面食的消费，意大利占整个欧盟进口小麦的80%以上的比例[55]。百味来作为世界上最大的面食生产商，需要从美国、加拿大和东欧采购小麦[56]。

在比萨的供应链上，非洲移民（通常没有合法证件）除了从事养牛和放牧的工作（水牛奶酪的原材料就来源于此），还会采摘番茄，包括用来制作比萨酱的著名圣马萨诺番茄。多年来，意大利番茄种植者在收获期都会雇用大量合法及非法的移民工人进行采收。根据意大利农民协会的资料，2010年有9万名有记录的欧盟外来移民工人在意大利田间工作，其中1.5万名签订了长期合同[57]。意大利人原本并不太在意食品行业中移民的大量存在，但这个问题在2010年1月卡拉布里亚大区罗萨诺镇发生的事件之后被紧急提上日程。在罗萨诺，一批没有合法身份的农场工人参加了仇外袭击引发的暴力骚乱，这是极端低下的生活条件、微薄的工资以及当地犯罪组织勒索等种种问题积累起来的爆发[58]。纪录片电影《绿血战士》（*Il sangue verde*）便以此为主题，该片在2010年9月的威尼斯电影节上进行了放映。

在意大利农业行业中工作的移民经常不得不忍受艰苦的生活条件

意大利的民族餐馆

移民在餐馆和分销业务中比在食品生产链中所占比例更大。民族餐厅的出现是一个相对较新的现象，起先仅限于大城市的中心，后来在较小的城镇也出现了。直到20世纪70年代，除了地理位置便利的北非人和中东人外，很少有其他的外国移民选择来意大利开始新的生活。因此早期的移民大多是穆斯林，他们在意大利一般的市场上无法获得清真的肉食，但能够从遵循犹太教规的商店购买到所需食品。现在的穆斯林社区规模更大、更为稳定，里面也有专门的清真肉食店，尤其是在大城市[59]。

20世纪80年代，一大批中国移民的到来标志着来自世界各地的移民潮的开始，新移民来自南亚、南美和许多非洲国家（尤其是与意大利的殖民历史有关的国家，例如埃塞俄比亚、厄立特里亚和索马里）。随着柏林墙的倒塌，大量东欧人也涌入了意大利。在20世纪90年代，许多阿尔巴尼亚人挤在小船上穿越亚得里亚海前来。沿海频繁发生的沉船事故使意大利人意识到自己国家的人口结构正在发生变化。尽管与其他欧洲国家相比，居住在意大利的外国人所占的比例仍然很低，但本地居民表现出越来越明显的排外心理，普遍担心本地文化身份日渐丧失。然而，移民社区的形成是不得不面对的现实。年轻一代浸淫在充满外国同学饮食习惯的环境中，意大利婴儿正在被来自世界各地的保姆喂养，不断增长的老年人口也是由外来护工在照顾，老人需要他们做饭。衡量日常交流和照顾起居带来的影响并不容易，但是文化间的交互作用会在意大利烹饪未来的发展中留下自己的印记。

除了米兰、都灵或罗马等大城市外，移民社区的规模通常不足以维持民族餐馆的经营。但是，出售异国情调产品的摊位和商店比过去更多了。中国杂货店是最常见的，产生这一现象的原因有很多，比如华人社区通常很大（例如托斯卡纳大区的普拉托市，华人经营着当地的皮革和纺织工业）；他们倾向于固守原有的饮食习惯（至少第一代移民如此）；等等。无论是在历史街区还是在大城市的郊区，中国餐馆的存在都已经成为普遍现象，增加了对中国产品和食材的需求。中国餐馆低廉的价格、闲适的环境和新奇的口味，对许多意大利人尤其年轻一代来说是酒吧或比

萨店以外的物美价廉的选择。但这些中餐馆的声望和地位目前还不如其他一些民族美食餐馆，比如日本或中东餐馆等[60]。

中餐馆无疑是意大利最常见、数量最多的民族餐馆，为中国新移民提供了就业机会。餐馆由中国人拥有和管理，不需要工人会说意大利语。此外，店家通常会提供食宿，这对薪水微薄的员工来说是非常必要的。因为厨师经常来自不同背景且没有经过专业培训，中餐馆的平均食物水平相对较低。但这一切似乎并没有阻止中国移民都想在厨房里碰碰运气，因为他们知道很少有意大利人尝过真正的中国菜。中国美食的复杂和精致（包括任何地方特色）几乎已被忽略，一套新创造出的混合菜式复制、粘贴在意大利各地的中餐馆，它们易于制作且充满异国情调，足够让客人满意。中国厨师改良出适合意大利人的口味以及更节省成本的办法。意大利人能接受中国菜上菜迅速，不会大惊小怪，能接受厨师使用预煮或冷冻的食品，例如饺子、春卷和一些海鲜。在中国的杂货店和超级市场也可以买到这些包装食品，还有各种各样的大米、面条、酱汁和干菜，但是对意大利人来说，要自己进行采买就太有难度了。

意大利的中餐馆改变了中国菜传统的膳食结构以适应意大利人的口味和习惯。开胃菜包括各种点心、春卷、越南冷卷和饺子（煮熟的、蒸熟的，或者锅贴）。仿照意大利第一道菜的样式，中餐的第一道包括汤、面条和米饭等。第二道菜是不同的蛋白质，如鸡肉、牛肉、猪肉、鱼和其他海鲜（通常是虾）。当菜品有全鱼（带有鱼刺、鱼头和鱼尾）时意大利人也不会畏缩，因此中国厨师可以坚持自己的传统做法。配菜包括鸡蛋或豆腐类菜肴，当然还有蔬菜，通常是蒸熟或炒熟的。第二道菜和配菜的分量通常按客人的人数来算，而不是整桌的分量（在中国则是按桌算）。中餐几乎不存在甜点，但也会有些炸糖渍水果和炸冰激凌等新奇事物，以及异域风情的水果如荔枝等（大多数是罐头水果，即便有新鲜荔枝的时候也是）。饭后，经常为顾客提供甜酒，代替传统的意大利苦酒和烈酒。至少到目前为止，还没提供过意式的幸运饼干。中餐馆有时会在桌上提供筷子和碗，但更多的时候服务员只有在客人要求时才提供。

经过几年的适应和文化转型，意大利的中餐馆以其贴心的服务、华美的装饰和低廉的价格已被广泛接受，越来越多的意大利人也熟悉了其固定的菜式。然而2003年由于中国“非典”疫情引发的恐慌，意大利人暂时不再前往中餐馆，许多店几乎被迫关门。餐馆老板们动用各种手段努力吸引客人，比如安装卫星电视，客人可以按次付费观看足球比赛；提供比萨和意大利菜，并有便宜的固定价格套餐。疫情结束后大多数餐馆恢复了正常营业，许多都保留了疫情期间做出的改变。

新一代时尚餐厅的兴起正挑战着这种现状。这些餐厅通常由意大利人拥有和管理，他们尝试做现代氛围中的融合菜，在这样的餐馆中装饰、音乐和饮品扮演着重要角色。当然这类餐厅的目标顾客也完全不同，中餐厅是预算有限的顾客的最佳选择，但这些时髦的餐厅瞄准的是更富裕、注重时尚的顾客。意大利厨师正在探索将非同寻常的食材和技术融合到菜肴中的各种可能。年轻

戈里齐亚的中餐馆

的烹饪专业人士不仅会亲身探索周围的民族餐馆，也会通过广泛旅行来了解和熟悉外国饮食传统。

此外，他们与来自世界各地的其他厨师积极沟通，交流食谱和技巧，甚至组织正式的会议。美食爱好者和媒体都十分关注这些新趋势，烘托出一种几年前还不常见的烹饪世界主义氛围。烹饪学校举办寿司课程和墨西哥美食讲习班，出版商也出版了很多宣传民族美食的作品。但是，对外国饮食习惯的更多了解并不会减少大多数意大利人对本国烹饪传统的依恋和自豪。全球化体现在个人层面会掺杂进复杂多样的因素，具体取决于文化积累、财富水平、个人经验和兴趣以及社会环境和接触途径。同时，个人的实践也不能与更大的经济政治背景割裂开。

几十年前意大利人还不知道猕猴桃是什么，现在已是世界上最大的猕猴桃生产国之一。在 20 世纪初了解比萨的人还很少，甚至在意大利的某些地区也是如此，但是现在这道美食已成为一种全球流行食品。像 carpaccio（“生牛肉片”）和 risotto（“意大利烩饭”）这样的词不再是只有美食家才会涉足的领域。

正如在整个历史中反复出现的那样，意大利食品受到全球发展的影响，在广泛的商业贸易和专业交流中扮演着自己的角色。虽然未来难以预测，但我们可以肯定地说，通过将意式饮食与世隔绝的方式来进行保护的任何尝试都不太可能成功。哪一种是更加“意式”的，是祖母做的传统蔬菜通心粉汤，还是新锐厨师对味噌汤的实验？意大利人要如何在保持传统习俗、菜肴和产品的愿望与不可避免的变化和现实之间取得妥善平衡，只有时间会告诉我们。

Al Dente

A History of Food in Italy

第八章

城镇和大区构成的民族：意式乡土观念

比萨？老土……那不勒斯比萨、罗马比萨和普利亚比萨都有新的花样了。意大利面？无聊！来点手工制作猫耳朵面或口感强韧的“神父面”怎么样？随着越来越多的美食爱好者希望通过新颖的形式来表达和扩展他们的烹饪知识与文化经验，一家标榜为“意式”的餐馆有可能被视为过时或不够“地道”。精明的食客们会查阅各种专门信息，很可能也去过意大利，知晓当地美食传统的复杂性。我们在回顾意大利历史的过程中可以发现，这些变化并不是什么新鲜的事，但同时又在不同的时间和地点以不同的方式影响着亚平宁半岛的烹饪故事。15 世纪 60 年代中期马蒂诺写下著作《烹饪技艺手册》时，就已经建立了当地的烹饪传统。当然，某些地区因其特色食品拥有更高的知名度，这些食品拥有明确的地理身份。马蒂诺就能够清楚区分不同地区的传统意大利面食，如下页的食谱所示。

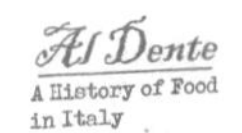

罗马意大利面

取一些较细的白面粉，加水和面，制成比千层面厚一点的薄片，绕在擀面杖上。然后将擀面杖取出，将面片切成手指宽度，最终形状看起来像条状。根据季节不同，选择在肉汤或清水中将面煮熟。如果在水中煮，则加入新鲜的黄油和少许盐。煮熟后，将面倒入盛有优质奶酪、黄油和甜味香料的盘子中。[1]

西西里通心粉

取一些极细的白面粉，然后与蛋清（或玫瑰水）、白开水和在一起。如果你想做两盘面，那么放入不超过两个蛋清，使面团更紧实。将面揉成一掌宽的长条。拿一根长度等于或大于一掌宽的铁丝，将其放在面上，然后用双手在案板上滚动面条将铁丝包进去。取出铁丝，面中间就会拉出一个贯穿中心的孔。这些通心粉在阳光下晒干后，可存放两年到三年，若在8月制作则更是如此。用水或肉汤煮熟，倒入放有优质碎奶酪、新鲜黄油和甜美香料的盘中。这种通心粉需要煮两个小时。[2]

但广泛存在的“意大利美食”常常引起争议。例如在美国，早在20世纪70年代末期许多餐馆就将其菜品定义为“北意”风格，试图与看似老派和移民们所习惯的“南意”烹饪风格区别开来。80年代在媒体、旅行社和市场营销的推动下，托斯卡纳曾经掀起过一阵风潮。最近的热点又转移到普利亚、撒丁岛和瓦莱·达奥斯塔等以前鲜为人知的地区、城镇和乡村美食上，人们对这些地方的传统重新产生了兴趣。这种趋势由于20世纪80年代末以来意大利人对当地烹饪的重新发掘的兴趣而强化，已深刻改变了意大利的饮食偏好和习惯。如今，产自特定地理产区的葡萄酒品种风行一时。20年前只会从葡萄酒专家和酿酒师的口中听到的令人生畏的词语如黑曼罗（Negroamaro）、勒格瑞（Lagrein）

猫耳朵面，一种普利亚的特色面食

和卡诺纳乌（Cannonau）等葡萄品种已经越来越为人们所熟悉，而新近发现的佩科里诺（Pecorino）和圣格兰蒂诺（Sagrantino）等品种正受到媒体和消费者的关注。曾经默默无闻、朴实无华的小餐馆也纷纷获得了新生。

现在，人们将地方特色的美食和风俗当作抵御大规模生产和全球化食品入侵的盾牌。年轻的企业家们开始开办小酒馆，以利用顾客对这些传统公共场所日益增长的兴趣以及这些场所将会孕育出的社区意识。地理标志是一种可以识别食物及其产地的知识产权类别，也被广泛认为是高品质的象征。商业实体和公共机构都在竭尽全力从欧盟获得这些梦寐以求的认可，包括“受保护的原产地名称”（PDO）、“地理标识体系”（PGI）和“传统特色产品保证标志”（TSG）。

左：DOP 产品的欧盟标志 / 右：IGP[①] 产品的欧盟标志

① IGP，全称为 Indicazione Geografica Protetta，即“地理标识体系”（英文为 Protected Geographical Indication，PGI）。

欧洲饮食政治

对商人、媒体、公务人员和政客来说，利用食品这一与人们生活最密切且最普遍的话题来推动自己的议题，已经相当常见。当代社会问题日益影响着地方、国家和国际层面的食品话题的讨论，影响着传统和典型食材的识别方式、保护方式以及转化为经济发展动力的方式。

意大利和其他欧盟国家如法国和西班牙等，已站在建立和发展地理标志（Geographical Indications，GIS）国际法规的前沿。根据1994年签署的《世界贸易组织与贸易有关的知识产权协议》（TRIPS），GIS用来标识产品在成员国中特定地理区域的名称或标志。尽管这些标志仅能证明产品的产地，但消费者通常将GIS视为高质量和良好声誉的保证。食品制造商意识到GIS可以提高商品的价值，保护自身免受竞争对手以相同名称出售类似产品的竞争，并给那些不能遵守复杂法规体系的生产者制造壁垒；消费者和地方当局则会受到更高程度的保护，进一步远离欺诈。

TRIPS遵循的是欧盟于1992年颁布的广为人知的第2082/92号法规，该法规允许特色产品同时注册两种类别：PDO和PGI。PDO是指产品起源的地区、特定地点或国家/地区的名称，产品质量或相关特征基本上或完全是特定地理环境造成的结果，意味着生产过程必须在PDO法规指定的地理区域内进行。意大利的

PDO 产品中有帕尔马火腿、亚细亚哥奶酪和来自托斯卡纳北部鲁尼佳纳地区的蜂蜜。应当指出的是，有些产品在美食家和普通消费者中已经获得了长达一个世纪的认可，但其他产品则可能是循着或多或少的历史痕迹，在人类学研究、商业贸易和政治推动的共同作用下对失传的实践进行复兴的结果。例如，在托斯卡纳大区的锡耶纳，当地生产商原本生产的是已经取得 PDO 标志的羊奶干酪，最近他们决定再次采取用野生菜豆（类似洋蓟的地中海物种）来帮助发酵的历史传统取代小牛凝乳酶，以区别其产品并

帕尔马火腿，最受欢迎的 PDO 产品之一

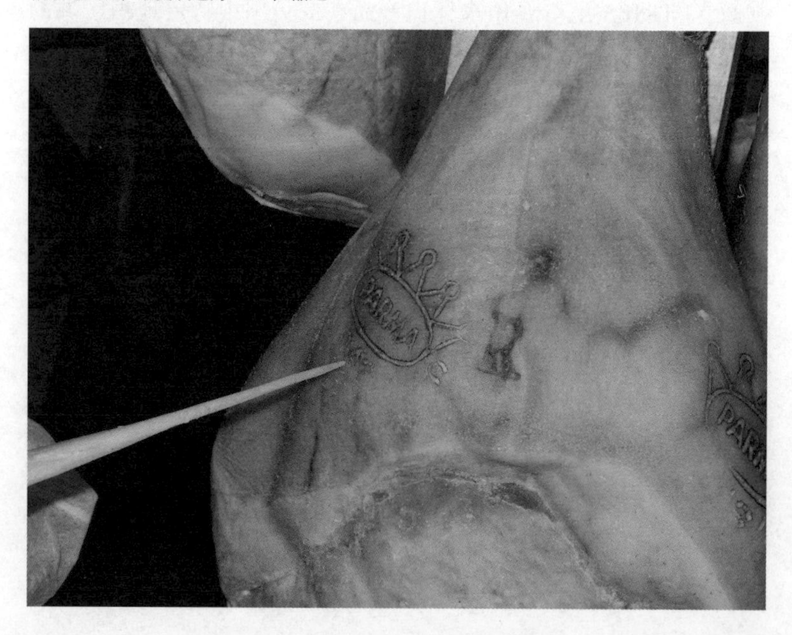

吸引素食者。根据羊奶干酪生产者协会的说法，在奶酪制作中使用蔬菜提取的促凝结的成分，例如菜蓟和无花果汁，在古罗马时代就已经很普遍了[3]。历史的先例以及与本地的联系似乎无可争议，并且得到在官方文件中频繁提及的支持，值得注意的是，这些文件的作者不是奶酪制造商，而是地方当局。

PGI 的定义不如 PDO 严格，像历史知名度这样的因素也会包括在内。例如，维亚罗内纳诺的大米、索伦托的柠檬和博洛尼亚的熟香肠都享有 PGI 的地位，它们的历史意义和名望是确定产品地位的关键因素。此外，生产或加工的所有阶段也并不需要都在 PGI 法规指示的地理区域内进行。

继 1997 年和 1998 年的一系列立法法案之后，2006 年欧盟理事会将 TSG（传统特色产品保证标志）定义为第三类且标准较不严格的类别，正如 1992 年的文件所概述的那样，该类标志产品不涉及任何特定原产地：

> 农产品或食品应使用传统原料生产，或者以传统成分或反映传统生产和/或加工类型的生产和/或加工方式为特征。对于农产品或食品特征是由于其产地或地理来源形成的情况，不进行注册。[4]

PDO、PGI 以及 TSG 产品，只有生产者协会可以提交注册请求。到目前为止，在意大利，仅马苏里拉奶酪和比萨制造商分别于 1998 年和 2010 年获得了 TSG 待遇。还有诸如“手工巧克力协会”（Antico Cioccolato Artigianale）和“散养土鸡协会”（Gallo Ruspante）之类的生产协会也提交了申请，很有可能其他产品的生产协会也会跟上。意大利和欧盟南部其他成员国利用欧盟的三重认证标准提高农产品价值，并将与食品有关的传统和地方习俗转变为公开辩论和国家政治中的相关主题。葡萄酒生产系统也在相同的指导原则下发生着类似的情况。但统一的欧盟法规颁布之前各国已经有具体的实践在进行，因此具体情况不尽相同。

尽管那不勒斯比萨获得了 TSG 待遇，但比萨正在全世界范围内以多样性和创造性的方式被普遍制作

钟楼之下：什么样的食物是意式的？

这些相对较新的趋势似乎产生并加强了意大利文化中一种强有力的元素——乡土观念（campanilismo）。这个深沉的意大利语表达，是指人们对于围绕在当地钟楼（campanile，是campanilismo一词的起源，代表着当地的骄傲）之下的那个小村庄的热爱、自豪和依恋。乡土观念自然也会通过食物表达出来。城市、小镇甚至小村子或山区的村庄都拥有自己独特的传统，或者仅与紧邻的地区共享一些传统，这些代表着手工技艺和乡村文明的传统正在经历明显的变化，有些正在逐渐消失。

我祖父母生活的村庄里的钟楼，位于阿布鲁佐大区托西亚

葡萄酒的分类

欧盟的地理标志体系最早可追溯到法国于1855年建立的对波尔多地区酿酒师进行排名的体系。随着时间的推移，“法定原产地命名”（Appellation d’Origine Contrôlée）作为法定类别在20世纪30年代正式确立。模仿法国的做法，意大利政府于1963年颁布了一项法律引入了DOC（Denominazione d’Origine Controllata，“法定原产地命名”）和DOCG（Denominazione d’Origine Controllata e Garantita，“法定保证原产地命名”）体系，在机械化生产增加了产量而很少关注质量的时候来突出并保护品质最佳的葡萄酒，建立规则以确定谁有权以及如何决定新的DOC酒种。生产法规界定了葡萄酒的产地、具体品种（或品类，因为一个名称下可能包含多种版本）、颜色、葡萄品种、最低酒精含量、每公顷土地葡萄和葡萄酒的最大产量、基本的感官特性、发酵特征（在木桶中发酵或其他方式，并可能在密封罐中）、所需的最短陈化时间和用于标识特定子区域（如“经典”或“上等”）的特殊名称。DOCG葡萄酒必须符合比DOC法规更严格的标准。主要区别之一是DOCG规则规定的产量更低。法规中对产量的限制，可能在提高葡萄酒质量方面比其他规定都更有效，这也需要对所有DOCG葡萄酒进行深入的化学分析。

第一款DOC葡萄酒是托斯卡纳大区桑吉米亚诺产的“威尔玛琪亚”（Vermaccia），1966年确认；第一款DOCG酒是1980年确认的布鲁内罗（Brunello），产自托斯卡纳的蒙塔奇诺。1992年建立了第三类葡萄酒分类标识IGT（Indicazione Geografica Tipica，“典型地理标志”）。IGT法规要求使用授权的葡萄品种，其中大多数规定只使用一种葡萄品种，或与其他认可葡萄混合使用时所占的比例至少为85%。

IGT酒具有特定的标识地区，其中大多数区域大于DOC和DOCG法规中指定的区域。有些是区域性的，例如托斯卡纳和西西里，另一些则限定于某条山谷或某个丘陵地区。对消费者而言，IGT葡萄酒主要指的是质量可接受且价格极具竞争力的酒，这种标识也使许多地方葡萄酒比常规餐酒地位更高，后者可以来自意大利的任何地方，可以在任何地方装瓶甚至散装出售。实际上，意大利仍然是世界上最重要的散装葡萄酒生产国之一。

从一开始，一些对葡萄品种和技术试验特别感兴趣的创新葡萄酒生产商就感到这些规定过于严格。早在1968年，位于托斯卡纳南部的马莱玛地区，罗凯达（Incisa della Rocchetta）侯爵就在酿酒师贾科莫·塔基斯（Giacomo Tachis）的帮助下生产了西施佳雅（Sassicaia）葡萄酒，至今仍被许多人认为是意大利最好的葡萄酒之一。1971年，安蒂诺力（Antinori）家族在托斯卡纳再次推出了天娜红

（Tignanello）葡萄酒。尽管这些葡萄酒被官方归类为餐酒，但它们在英语世界中被称为上等托斯卡纳葡萄酒（Supertuscans），在全球享有盛誉。随着时间的推移，上述酒与奥纳亚（Ornellaia）或古道探索干红（Guado al Tasso）等其他品种一起，能够在国际市场上与地位崇高的波尔多葡萄酒一较高下。

尽管这些创新趋势得到了广泛认可，但1986年的一桩丑闻使意大利葡萄酒行业遭受了多年的打击。有毒物质甲醇被添加到一些皮埃蒙特产的葡萄酒中以提高酒精含量，在伦巴第、利古里亚和皮埃蒙特引起中毒和几例失明，并造成数人丧生。尽管意大利政府采取了许多紧急措施以图挽救，但人们对葡萄酒生产的普遍印象已经大打折扣。葡萄酒消费量跌至历史低点，许多意大利人（至少在一段时间内）都转而去喝啤酒。国际市场上的意大利葡萄酒也饱受质疑，间接经济损失难以估量。但与此同时，这一事件也迫使酒厂提高产量并更加关注食品安全、消费者认知度和认证程序等问题，从而使意大利葡萄酒再次获得了全球声誉。

意大利饮食文化的多样性和复杂性可以追溯到半岛上的文明起源。地中海气候对意大利生产和美食的影响取决于距海岸线的距离和海拔高度。在半干旱平原和南部低丘陵地区之间的降水变化很大，后者降雨量极为有限，甚至一年中有五至七个月完全没有降雨，而意大利中部和北部的丘陵与平原则更为湿润。亚平宁山脉和阿尔卑斯山脚下地区的湿度更大，降水更多[5]。不同的土壤、水文和气候特征影响了人们的习俗、社会结构和其他文化特征。农民、牧民和渔民分别发展出适应其环境的做法的同时，还将从其他地方学来的习俗和技艺应用于原本的生活。

我们必须谨记，当今的环境状况及其相关的问题是人与周围自然在四千年中长期和短期互动的结果，这种互动在不同时间造成、加速或抵消了农业开发、森林砍伐、水资源管理造成的土壤退化。尽管亚平宁半岛广大地区普遍气候温和，但农业产出往往不足，特别是在人口增长时期。这样就使得人口会主动迁移到粮食产出能满足需求的地区，就像在古罗马时期那样，或者通过应用新技术、新工艺，采用贸易以及后来的工业化方式来增加农业产出。进一步的结果就是，在意大利人们生产并至今仍保持着令人眼花缭乱的产品多样性，现在这些产品已成为当地身份的重要组成部分。我清楚地记得，很多现在我喜欢的东西是小时候没听说过的，包括曼托瓦的南瓜饺子、上阿迪杰的熏肉或普利亚的布拉塔奶酪。同时，罗马的朋友对我童年在阿布鲁佐度假时习以为常的小羊肉烤串或辣香肠（将碎猪肉和猪油加入辣椒，装在猪膀胱中）一无所知，虽然阿布鲁佐距罗马仅160公里。

由于这种多样性，人们都在思考究竟如何才能对“意大利美食”进行整体上的定义，或者是否有这种可能。历史学家吉罗拉莫·阿纳尔迪（Girolamo Arnaldi）在其关于外国入侵的书中引用诗人马里奥·卢兹（Mario Luzi）的话说：“意大利是一种

普利亚的布拉塔奶酪

幻想，的确是海市蜃楼，是一种极端脆弱的民族性所汇聚成的愿望。”[6] 是否有一些食材、菜肴、文化态度和实践可以被称为“意式”的？传统上连贯清晰的意大利烹饪特色是否存在，或者只是相互联系但又彼此独立的地方传统的集合？

当 2011 年意大利庆祝其成为主权国家 150 周年时，这些问题成为公众辩论和媒体关注的焦点，虽然在许多人看来连“统一的主权国家”这个目标都没有实现或完全不切实际。许多根深蒂固的问题继续影响着关于民族认同的政治论述，重要的组织和政党即便不是要彻头彻尾地分裂国家，也是要争取更大的地方自治权。虽然大多数周年纪念活动都以国旗、宪法和国歌等元素为重点，但饮食方面也得到了一些关注，特别是组织了一些活动来纪念烹饪书作者阿尔图西的贡献。阿尔图西于 1891 年出版了《厨房中的科学与健康饮食的艺术》。正如我们在第四章中所讨论的那样，这本烹饪书被认为首次蕴涵了意大利文化统一的可能性，虽然不涉及任何具体的政治议程。阿尔图西将复杂多样的意大利美食看作一个整体，但这个整体需要具有凝聚力的方式和统一的语言。实际上，在介绍性章节之后和正文开始之前，阿尔图西给

阿尔图西的半身像，立在佛罗伦萨附近的圣米尼阿多公墓

出了术语表，“属于托斯卡纳方言，不是每个人都理解”[7]。当时，常见的词如 lardo（“猪油”）、matterello（“擀面杖”）、mestolo（“大勺”）和 tagliere（“砧板”）等仍需要给出解释。该书出版几十年后，法西斯政权宣传机器利用该书塑造并强化“意大利美食”的身份特征，将其作为民族特色和自豪感的组成部分之一，并因多样性和地区特色而更加丰富。

当然，随着时间的流逝，意大利人对民族美食清单中应该包括哪些菜肴和食材的共识已经改变。在统一 150 周年之际，流行的葡萄酒和食品杂志《大红虾》邀请读者选出他们认为最重要的意大利食物。在线调查显示，帕马森芝士是提及率最高的产品（53.5%），其次分别是特级初榨橄榄油（43.8%）、那不勒斯比萨（43.2%）和水牛芝士（40%）。出乎意料的是，大米（37.4%）似乎比面包（36.7%）和意大利面（34.1%）更“意式”，后者与意大利米兰的圣诞节甜点特产——米兰式圣诞蛋糕所占的百分比相同，但这种蛋糕在“一战”后能进行工业化生产时才开始在全意流行。《大红虾》汇总出的前 15 名中还包括佛罗伦萨式牛排、热那亚式香蒜酱、千层面、阿玛德里奇意面（典型的罗马菜式，意大利面配蒜味烤猪脸肉、羊奶酪和番茄）、熟香肠和巴罗洛（Barolo）葡萄酒[8]。这份清单不太具有科学研究价值，因为是由食品杂志的读者选出的，更具体地说仅由那些可以在线访问的读者做出的选择，因此结果似乎偏向北方口味。

无论如何，该清单反映了意大利美食浓郁的地方特色，即使

米兰式圣诞蛋糕，米兰特色圣诞甜品

阿玛德里奇意面

只是特定地方的特色菜，也会被认为是民族传统。某些食物（例如香蒜酱和水牛芝士）直到最近才在全国范围内拥有知名度，证明意大利美食一向没有固定或稳定的标准。而某些食品被认为是“意式”的，恰恰是因为它们与当地文化身份、手工技能和传统的紧密联系，即使这些元素在很大程度上受到固有认知和营销的影响。回顾阿尔图西的书，里面甚至没有提到马苏里拉奶酪和阿玛德里奇意面，唯一能在书中找到的是热那亚风格的酱汁，用到了酸豆和鸡蛋，搭配煮熟的鱼类，而那不勒斯比萨那时则是点缀着杏仁、鸡蛋和意大利乳清干酪的甜点。

意大利人及其食品传统

自 19 世纪第一个十年末期以来，有关意大利饮食定义的实践和观念发生了变化，且仍将继续变化。同时政府也在通过行政努力、通过对欧盟地理区域立法的热烈拥护来进行定义和管理。同理，如何定义“传统”、哪些附加条件是可接受的，也必然会随着时间的推移而变化。那么，更有趣的问题也许不是哪种产品或菜肴是传统的，而是意大利人的传统究竟是什么，为什么某些元素最终被认为是传统的？最关键的问题是为什么意大利人在半个多世纪前经济腾飞的时候几乎完全抛弃了传统，但在 21 世纪初又重新对传统倍加珍视？为什么“地道”“手工”“纯正”等价值在当代有关食物的文化讨论中如此重要？为什么特定地点与当地传统之间的联系如此重要？这种广泛存在的兴趣在各个层次（从本地到区域乃至国家）之间是如何相互影响的？

我要说的是意大利人与其他许多民族一样，往往会通过关注自身的过去（包括物质方面）以应对眼前的焦虑和烦恼。不仅在意大利，在整个西欧、日本以及最近的美国和澳大利亚，人们对烹饪传统、本地产品和手工美食都重新焕发出巨大的兴趣。其他国家紧随其后，例如巴西、墨西哥和哥斯达黎加，那里仍在不断扩大的上层阶级对食品传统的文化重要性显示出了更多的关注[9]。直到几年前，发展中国家的许多人还认为本地的食材和菜肴是令人尴尬的，不够高雅，时时提醒着农村的现实生活和在国家现代化过程中往往处于边缘位置的群体的身份。意大利就经过了这样的发展道路，在20世纪50年代后期经历了从乡村到城市环境的迅速转变，以及从贫穷到繁荣、从落后到现代、从粗陋到精致的大都会等广泛的转变（正如我们将会看到的，这与实际保留的多元文化主义并不一致）。直到20世纪80年代末期，那段令人不舒服的过去似乎已经遥不可及，意大利人才带着某种怀旧的情绪回首，对他们曾经迫切想要甩在身后的食物和传统发出了空前的赞赏，但这些食物和传统有些已经面临着彻底消失的危险。

在过去的20年中，许多发展到后工业阶段的社会对当地的饮食习俗以及食品生产者的手工技能和专门知识的喜爱日益增加。“风土”最初是法国提出的概念，指的是将食物或葡萄酒的感官品质与土壤、气候和生产的地理环境联系起来，现在这一概念已经走出了法国的国门。包括欠发达国家在内的全世界的生产者都越来越意识到，生产和销售“独特”的食品可以帮助他们获取更高的附加值，减缓在国际市场中经受的投机困扰和巨大的价格波动。如果一款咖啡豆来自特定产区，产量有限，具有可识别的感官特征并根据精细的规则进行生产，便可以在全球市场上标出高价——只要让国际消费者了解它们的存在及其独特性。特定产区的可可豆受到饮食专家、糕点大厨和消息灵通的消费者的高度评价。在意大利，以其风味、形状和烹饪多功能性著称的番茄品种巴奇诺（Pachino）或圣马萨诺，现在的行情要比其他不知名的品种高得多。特种产品的贸易量和重要性不断增长。在超市、饭店和家庭餐桌上肉眼可见的这一趋势被媒体、营销商和政客推波助澜，并顺理成章地反映在旅游业潮流中。这些产品之所以能蓬勃发展，恰恰是因为在产地以外能找到足够多的买家，不管是国内还是国外。然而，尽管这些变化可以给乡村经济带来积极影响，但不可否认的是，参与世界范围内的人员、金钱、商品和信息的流转也经常会造成社会关系的紧张甚至破坏。

当代意大利人大多数生活在城市中，与食品制造业几乎没有直接联系，倾向于认为当地传统食品是深深扎根于乡村和历史悠久的手工活动中的。由于担心在工业化、全球化和公司财团的冲击下传统消失，这些产品得到的支持和喜爱日益增加。正如我们在第六章中所讨论的那样，人们对有机产品、农贸市场、公平贸

易的关注，以及“慢食运动”的成功推广，表明了消费者想要了解食物来自何处、如何产生以及如何来到自家的餐桌。但对许多有消费能力的意大利城市居民而言，乡村不过是他们周末郊游度假时如画的背景板，点缀着几座“农家乐”，他们可以在这里度过一段悠闲的时光，在一种可控的、无威胁的联系之下享受放松、平静和身体的舒展。艰苦的土地耕作以及困扰农业的经济和结构问题，鲜少成为他们印象中休闲的乡村生活的一部分。现在和过去，乡村的生产活动都是围绕城市消费展开的。从中世纪开始，一些最昂贵、最抢手的特色食品就不以其种植或生产的乡村的地名来命名，而是与历史上这种食材售卖的主要市场或者产地以外的商人和消费者了解到它们的城镇相联系。例如我们熟悉的卡斯德卢奇奥的扁豆、瓦莱拉诺的栗子、拉古萨诺的奶酪（来自拉古萨镇）、摩德纳和雷焦艾米莉亚的传统香醋，实际上这些产品无一产自它们的品名所指的地理区域内。这种命名现象是城乡联系的结果，导致无论在 13 世纪还是在今天，意大利城市都常常处于主导甚至剥削周围农村的地位。

对本地特色和手工食品的重新发现，强调了易于识别且易于进行保护的单位，例如城市或特定农村地区。这是欧盟立法和其他形式的保护体系所采用的地理标志背后的根本机制。

无论如何，当代意大利人对地方身份的保留和捍卫可以采取各种形式，并在不同的层面上起作用：一个人既可以为自己镇上独特的菜肴感到自豪，也会为城镇所在的地区特产感到自豪，同理，还有城镇和地区所隶属的大区的特产，甚至更广范围内的地

理分区如“北部”和“南部”——南北差异仍然在意大利的文化和政治讨论中占有重要分量。

地区食品

虽然对特定地区、城市甚至乡村的食物的依恋可以追溯到几个世纪以前，但直到最近才按照地区对饮食传统、食材和菜肴进行讨论[10]。对在过去的20年中已经习惯于按地区对意大利食品进行分类的外国消费者而言，这听起来有些奇怪。几个世纪以来，托斯卡纳和西西里岛等某些地区已在意大利文化中得到明确识别，具有清晰而易识别的特征。在1948年意大利宪法中，大区已经与市、省、中心城市和国家一起被列为构成意大利共和国的五个要素。1946年全民公投决定了意大利王室统治的结束和共和时代的开始，该宪法的相当一部分（第114条至第133条）专门对地方自治及与中央政府的关系做出了规定。共和国的缔造者们将这部分内容写进新国家的基本原则中，从而强调了这一问题的重要性。宪法第5条规定：“意大利共和国不可分割。国家承认并促进地方自治，并在依赖国家的服务中实施行政权力下放的最充分措施。共和国根据自治情况和权力下放的要求调整其立法原则和方法。”

在法西斯政府20年的集中管理之后，战后意大利的政客们发现实行自治并不容易。在法西斯体制下，由罗马直接任命的“市

政长官”替代了选举产生的市长。当 1948 年宪法通过时，文本中已经提到了 20 个大区的名字，但只有其中 4 个大区是当时真正已经建立的：西西里岛大区、撒丁岛大区、特伦蒂诺－上阿迪杰大区、瓦莱·达奥斯塔大区，1963 年建立了第五个大区弗留利－威尼斯·朱利亚。这些地区都拥有一定程度的自治权，因为它们都有特殊的历史，目前也有一些复杂难解的问题，通常与少数族裔和边界谈判有关。宪法认定的其余 15 个大区处于“正常状态”，但也直到 1970 年后才作为实际的行政实体陆续建立起来，此后这些地区的立法和监管权力得到了增强。大区行政涵盖旅游、农业、渔业、林业和食品安全等事务，所有这些事务均由中央政府农业、食品、林业政策部（该部曾于 1993 年被暂时废除，后为代表意大利参与欧盟谈判，包括关于建立食品地理标志的谈判等，于 1999 年恢复）协调负责。

尽管存在的时间还不算很长，但这些大区由于立法范围的扩大，在意大利人的日常生活中逐渐占据了重要的意义。随着时间的推移，大区的影响力也在文化和社会层面上得到了体现，包括美食和饮食传统。“地方美食”这种表达在意大利和其他国家都已经很普遍，即便有时难以准确定义。这些地区的习俗是什么？它们是否不同于城镇的做法，是否把下属各个城镇的习俗全部包括在内？是否有可能确定一组特定的烹饪特点、食材或技艺，以清楚地将菜肴或做法标记为区域传统？

地方特色烹饪书现在很受欢迎，有关意大利美食的食谱合集通常按地区排列。这种编排方式建立了清晰的组织原则，易于查找，有助于理解令人眼花缭乱的文化和物质多样性。对意大利人来说，这种分类非常实用，可用于识别不为人所知或至少不属于自己的传统的菜肴和产品。第一本采用这种编排结构的是1909年出版的维多利奥·阿涅蒂（Vittorio Agnetti）的《新式烹饪：大区特色菜肴》（*La nuova cucina delle specialità regionali*），但书中的分类并未涵盖当今所有的20个大区，而某些大区也仅由其主要城市代表[11]。因此，尽管阿涅蒂专门写了针对皮埃蒙特、伦巴第、艾米利亚－罗马涅和托斯卡纳的章节，但他用威尼斯市替代了威内托大区，用罗马代表整个拉丁姆地区，用那不勒斯代表整个南部——尽管也划出了专门针对西西里岛和撒丁岛的子章节。该书整体上表明了意大利的美食与其居民一样具备多样性，从"有点像德国人的弗留利居民"，到"有点像阿拉伯人的西西里人"，因此这里的饮食也"因为多样和美味，比流行的法国菜高级多了"[12]。当新统一的意大利王国努力在国际政治中占有一席之地时，阿涅蒂的动机更多是出于民族自豪感，而不是探索全意饮食的愿望。对待地方特色饮食的这种态度在法西斯当权期间开始盛行，1931年由意大利旅游俱乐部出版了《意大利美食指南》[13]。

如其第五章所述，该书的目的不是介绍食谱，而是为旅行者和游客提供信息以及宣传意大利产品，作为一项"良好的民族主义活动"[14]。该指南涉及的大区划分与1948年版宪法非常相似，并列出了每个大区各省的特产、菜肴和葡萄酒，以及很多城市的特定产品。在20世纪50年代末"经济奇迹"席卷意大利之前，该书一直是了解意大利粮食生产和美食的宝贵工具书。

无论是20世纪初的书籍还是当代的食谱，都没有触及区域性美食的定义问题，使用大类进行编排的菜肴和食材其实可以通过更具体的产地来识别。例如讨论托斯卡纳的书籍、文章或电视节目经常提到托斯卡纳海鲜汤，这是用葡萄酒、番茄和药草一起烹煮鱼类和贝类的一道菜，是利沃诺（托斯卡纳主要城市之一）的典型菜肴。海鲜汤被归类为托斯卡纳菜，是否与同属托斯卡纳但传统截然不同的其他市镇特色菜（例如鲁尼佳纳或基安蒂）共享一些特征？除了属于同一行政辖区以外，这些具有巨大文化差异的城镇是如何相互联系在一起的？在某些情况下，新兴的区域身份叠加到各种现实中，已经成功地获得新的生命力。如今人们普遍认为像拉丁姆的阿玛德里奇意面之类的菜是区域性的，尤其是其他地区的人。关于这道意面的起源，争论很激烈：它属于罗马、阿玛德里奇镇，还是拉丁姆地区？毕竟许多小酒馆的厨师来自拉丁姆。其他特色菜如酸甜炖菜以及填馅炸米球都来自西西里，现在被广泛认为来自这个大区而非具体哪个城镇。因为这两种食品都来源于曾经在中世纪占领该地区的穆斯林，因此岛上的具体起源之处反而被忽略了。但西西里地区并非所有的穆斯林菜都是如此：蒸粗麦粉仍被认为是西西里西部特别是特拉帕尼省的特色。

北方和南方

除了大区之外，意大利文化中还有更宽泛的地理区分在发挥着作用，从美食到政治都得到了体现。这些划分中最重要的方式就是分为“北方”和“南方”，大众观念中的接受度也最广。这种南北差异最初源于意大利统一时两个地区之间鲜明的社会差异和无法忽视的经济鸿沟。这些分歧后来演变成了意大利王国和后来的共和国都需要解决的重大问题。从 20 世纪 50 年代末期开始，意大利南部人口向北部城市大规模迁移，试图摆脱其贫困和发展滞后的困境。特别是米兰、都灵和热那亚之间的工业三角区，给南部人口带来了稳定的工作和现代化的生活希望。北方突然之间涌入了不同文化背景的工人，带来了异域他乡的食品以及相关的习惯、烹饪技巧和闻所未闻的菜肴。大部分来自农村的新移民常常被描述为生活粗枝大叶、未受过教育、嗓门大且不讲卫生，但本地人也注意到了他们的慷慨和社群意识。移民们的食物被认为是丰富多样、滋味浓厚的，与家庭生活息息相关，但与此同时也令人隐隐感到威胁。正是这种含混不清的感觉形成了一种宽泛的印象，能够在任何层面上与任何问题挂钩。

今天，在密集移民的时代过去几十年之后，曾经的新移民在很大程度上已被目的地社区文化吸纳，但北方和南方之间的区别仍然存在，成为一种普遍和明显存在的分野。尤其是在流行文化和媒体中，演员角色经常被赋予各种刻板印象。卢卡·米尼耶罗（Luca Miniero）的票房大片《欢迎来南方》（*Benvenuti al sud*，2010），是法国热门电影《欢迎来北方》（*Bienvenue chez les Ch'tis*，2008）的意大利翻版，讲述了米兰一名邮局经理调任那不勒斯南部海岸小镇的故事。小镇风景秀丽，但北方经理却无法适应当地的生活方式，一系列的误解为这部轻松的喜剧提供了丰富的笑料。当然，食物在强调南北差异上也起了巨大作用。“北方人”的生活更现代，社会结构围绕工作和核心小家庭进行组织。除了坚守戈贡佐拉奶酪之类的传统产品外，北方人对包括寿司在内的各种国际性的食品都持开放的心态，影片中出现的石蕊试纸法就反映了烹饪的创新性。在南方，有子女的年轻夫妇仍与父母同住，族长控制着整体的生活，食物种类丰富而传统（例如用巧克力和猪血制成的涂抹酱），几乎总是手工制作，进餐节奏缓慢，注重社区联系和共享。随着时间的推移，北方经理逐渐了解了这些习俗背后真正的价值，并在乡村中找到了自己的位置。尽管叙事的力量可以引导观众超越刻板印象去思考更深层次的问题，但大多数喜剧效果实际上就是利用刻板印象产生的。电影的成功催生了续集《欢迎来北方》（*Benvenuti al nord*，2012）的拍摄，由同一位电影制片人卢卡·米尼耶罗制作，通过派遣一名南部邮局工作人员到北方来的情节制造笑料，重现了自 20 世纪 50 年代以来许多以刻板印象为笑点的情节。但这并不意味着所有意大利电影都采用这种方法。例如弗朗切斯科·罗西（Francesco Rosi）的伟大作品《基督停留在埃博利》（*Cristo si è fermato a*

Eboli，1979），讲述了法西斯当政期间一名知识分子从北方被流放到一个南部小村庄，对当时的文化差异和社会变化提供了更为细致和现实的描述。近年来，来自南方的年轻电影制片人正以挑剔而又珍惜的眼光审视自己的家乡文化，影片通常采用讽刺和超现实主义的风格，设法取得奇异的梦幻般的效果。这些电影几乎暗示着，只有直面当代南方戏剧性的社会矛盾和看似疯狂的问题，观众才有可能超越种种刻板印象而理解它。罗科·帕帕雷奥（Rocco Papaleo）的《巴西利卡塔艳阳下》（*Basilicata Coast to Coast*，2010）就是一个有趣的例子，它描述了四名年轻人穿越巴西利卡塔地区的一次旅行，该地区至今仍然是意大利欠发达

戈贡佐拉奶酪，意大利最有名的奶酪品种之一

地区之一。在徒步旅行过程中，主角们发现了这片土地上的物产和传统菜肴，例如煎蛋饼面包、干辣椒和杂碎肉卷（用内脏和羊肠做成的肉卷）。爱德华多·德·安吉利斯（Eduardo de Angelis）从2011年开始撰写的《马苏里拉奶酪的故事》（*Mozzarella Stories*）则专注于那不勒斯南部地区的马苏里拉水牛奶酪产业，突出了困扰产业的政治和经济问题，从有组织犯罪到腐败以及竞争对手的影响。这些电影拒绝怀旧，并关注当地传统和手工技艺的发展变化，在全球化时代它们受到了威胁，同时也变得更有价值。

由于历史、经济和文化的原因，地区性美食基本上是混合产品，正如烹饪专家维琴佐·博纳西西（Vincenzo Buonassisi）在1983年美国意大利餐馆协会（Gruppo Ristoratori Italiani，GRI）大会上所肯定的那样。他对所有与会者说：

> 在意大利，已不再有真正独立的地方美食。这是一个浪漫的美国概念，而不是现代现实。在现代意大利的现实中，地区性的烹饪信息在各个地区之间沟通交流。[15]

总之，意大利的烹饪特点是否被理解为仅仅是地方性的且零散的，还是可以将其识别为国家和意式的元素？食品历史学家马西莫·蒙塔纳里（Massimo Montanari）在他的《厨房中的意大利》（*L'identità italiana in cucina*）一书中探讨了这个问题。他

认为，自中世纪晚期城市生活重获生机以来，通常来自附近乡村和下层阶级的一系列与食物相关的口味、风格、做法和偏好，在城市中的上层阶级之间被采用、改良并传播，已经远离其本身的发源地：

> 社会的上层阶级、贵族和资产阶级一直生活在“意大利”层面，涵盖了位于半岛和岛屿上的许多小国的政治和行政边界。也就是说，某种程度上“意大利”已经存在。这是一个由生活方式、日常习惯和精神态度构成的意大利。[16]

蒙塔纳里认为，从历史角度来讲，寻找能够包含所有元素和消除差异的严格统一的模型并不合理：多样性正是意大利美食的基本特征之一[17]。

食品和社区

传统食品和习俗受到越来越多的赞赏和喜爱，并没有被排除在影响着当代物质文化诸多方面的全球化潮流之外，而且也并不是所有的影响都是负面的。得益于需求的增加和价格的提高，即使生产者必须面对全球市场的风云诡谲，国际贸易也仍然对改善甚至挽救濒临消失的食材或菜肴起了一些作用。一些简单的二分法，如全球化与地方化、同质性与多样性以及普遍性与特殊性，过于粗疏了。在食品问题上，在许多情况下，地方特点恰恰是大型贸易和交流网络共同作用的历史结果，它正是在其他不同的地方背景下被识别并定义为“地方的”。意大利食品历史学家阿尔贝托·卡帕蒂（Alberto Capatti）和马西莫·蒙塔纳里指出：

> 在烹饪传统的背景下，人们可以认为，身份与所属的特定地点有关，并且涉及特定地点的产品和食谱，这一点不言而喻。这样的思考方式可能会导致人们忘记身份——或者主要是身份——也可以被定义为差异，即与他者的差异。就美食而言，很明显的一点是，当某种食品或食谱与不同的体系和文化接触的那一刻，“地方”身份是作为交换的功能而被建立的。[18]

遵循这种方法，两位历史学家认为有必要将“身份”的根源从生产环节转移到交换环节，强调地域、阶级和文化之间的交错影响。如果我们采用这种视角，就不能再把“地方身份”只当作固有和静态因素来考虑，而应看作一种文化和社会建构，由不同人群、他们所生活的地点以及当地权力形态之间的互动发展而来。由于地方和全球都处在永恒发展之中，因此我们应当放弃幼稚的观点，即将“地方”视为与生物多样性和异质性联系在一起的天然原始性，并以此作为对抗全球同质化力量的最后手段[19]。

在意大利，关于地方身份和传统的辩论已经表明，任何试图定义和保护与食品相关的产品和做法的尝试都面临着潜在的困难，这些尝试通常被利用为反对经济标准化、环境过度开发和将地方文化商品化的工具。饮食习惯、地道产品和手工艺是否真的那么古老，或者只是在最近才与历史建立联系，或者压根就没有建立联系，这都没关系。它们通常被看作悠久历史的当代表达，但同时又被描述为濒临消失，需要欣赏和保护。

捍卫和促进当地与传统的食物及饮食习惯，有助于重新树立和增强人们的社区认同感，但这种意识很容易被操纵以谋取政治利益。情感牌是非常好用的招数，它是地方激进主义与地区、国家和国际各层面的政治利益的集结，分歧日益扩大的意大利激进派和保守派两边都会加以利用。"风土"这个新鲜的概念将食物的风味和品质视为与领土及其居民产生联系的直接因素，它能促进强调多元性和融合的跨文化对话，但也会成为排外心态的武器和用于保护领土免遭移民渗透的保守派立场。地方社区一般来说非常重视饮食传统，这些传统具有情感上的主宰性并受到所有参与者的热情拥护。这些与食物有关的辩论是根据特定情况产生的，呼吁个人、社区和相关利益集团创建新的且不断发展的本地身份。食物与身体和物质生存有着密切联系，是这些文化过程的完美锚点，可以轻易地勾连到广泛的社会和政治项目中[20]。不管是作为愉悦的消费、潜在的危险还是令人厌恶的东西，食物被看待和摄取的过程其实是一组有力的隐喻，映射着关于接受或拒绝多元文化主义以及外来移民的政治讨论。食物可以使人们体验到融合与排斥的物质现实，比任何理性的讨论都更加直接和令人信服。

我们回顾了若干个世纪以来塑造意大利饮食发展的历史变化，从农业生产初期一直到目前最流行的趋势。显而易见的是，不同的人口、多样化的习惯以及令人眼花缭乱的产品和菜肴相互作用，塑造了当地特色，将人们在特定地方的饮食与经济结构和权力关系联系起来。传统和真实性是许多人生活经验的重要组成部分[21]。因此，不能将其视为虚假的、人为的或可有可无的，

意大利饺子通常被看作艾米利亚－罗马涅大区的美食

实际上，它们构成了可以在社会和政治运动中发挥强大作用的因素。

除了餐桌上的乐趣、食材的风味和厨师的技能以外，“进餐”意味着更多内涵。饮食可以帮助我们了解个人和社区、文化和社会，这也是本书的目标。我希望当人们再次造访意大利时，会对当地的风景、人民和将要遇到的所有奇妙美食都有全新的感受。

注 释

导言　意大利饮食：在神话和刻板印象之外

[1] David Kamp, *The United States of Arugula: How We Became a Gourmet Nation* (New York, 2006).

[2] Frances Mayes, *Under the Tuscan Sun* (New York, 1997), p. 192.

[3] Ibid., pp. 120–21.

[4] François de Salignac de la Mothe-Fénelon, *Telemachus, Son of Ulysses*, trans. Patrick Riley [1699] (Cambridge, 1994), p. 131.

[5] Mayes, *Under the Tuscan Sun*, p. 189.

[6] Vito Teti, *Il colore del cibo* (Rome, 1999), pp. 33–45.

[7] Barbara Haber, 'The Mediterranean Diet: A View from History', *American Journal of Clinical Nutrition*, 10 (1997), pp. 1053s–7s.

[8] Marion Nestle, 'Mediterranean Diets: Historical and Research Overview', *American Journal of Clinical Nutrition*, 61 (1995), pp. 1313s–20s.

[9] Patricia Crotty, 'The Mediterranean Diet as a Food Guide: The Problem of Culture and History', *Nutrition Today*, xxxIII/6 (1998), pp. 227–32.

[10] Intergovernmental Committee for the Safeguarding of the Intangible Cultural Heritage, Fifth session Nairobi, Kenya November 2010, Nomination File No. 00394 for inscription on the Representative List of the Intangible Cultural Heritage in 2010, p. 7.

[11] Massimo Mazzotti, 'Enlightened Mills: Mechanizing Olive Oil Production in Mediterranean Europe', *Technology and Culture*, XLV/2 (2004), pp. 277–304; Anne Meneley, 'Like an Extra Virgin', *American Anthropologist*, CIX/4 (2007), pp. 678–87; Tom Mueller, *Extra Virginity: The Sublime and Scandalous World of Olive Oil* (New York, 2012).

[12] *New Yorker* (11 and 18 July 2011), p. CV3.

[13] Barbara Kirshenblatt-Gimblett, 'Theorizing Heritage', *Ethnomusicology*, XXXIX/3 (1995), p. 369.

[14] Eric Hobsbawm and Terence Ranger, eds, *The Invention of Tradition* (Cambridge, 1983), p. 1.

[15] Information on the *presidia* can be found at www.slowfoodfoundation.com.

[16] Alison Leitch, 'The Social Life of Lardo: Slow Food in Fast Times', *Asian Pacific Journal of Anthropology*, I/1 (2000), pp. 103–28; Fabio Parasecoli, 'Postrevolutionary Chowhounds: Food, Globalization, and the Italian Left', *Gastronomica*, III/3 (2003), pp. 29–39.

[17] Alberto Capatti and Massimo Montanari, *Italian Cuisine: A Cultural History* (New York, 2003), p. xiv.

[18] Peter Garnsey, *Food and Society in Classical Antiquity* (Cambridge, 1999), p. 5.

第一章　地中海之滨

[1] Marcel Mazoyer and Laurence Roudart, *A History of World Agriculture: From the Neolithic Age to the Current Crisis* (New York, 2006), pp. 71–100; Ian Morris, *Why the West Rules – for Now: The Patterns of History and What They Reveal about the Future* (New York, 2011), pp. 89–105.

[2] Jared Diamond, *Guns, Germs, and Steel* (New York, 1997), p. 124.

[3] Ron Pinhasi, Joaquim Fort and Albert Ammerman, 'Tracing the Origin and Spread of Agriculture in Europe', *PLOS Biology*, III/12 (2005), p. e410.

[4] C. Hunt, C. Malone, J. Sevink and S. Stoddart, 'Environment, Soils and Early Agriculture in Apennine Central Italy,' *World Archaeology*, XXII/1 (1990), pp. 34–44; T. Douglas Price, ed., *Europe's First Farmers* (Cambridge, 2000).

[5] Emilio Sereni, *History of the Italian Agricultural Landscape* (Princeton, NJ, 1997), p. 17.

[6] John Robb and Doortje Van Hove, 'Gardening, Foraging and Herding: Neolithic Land Use and Social Territories in Southern Italy', *Antiquity*, 77 (2003), pp. 241–54.

[7] Umberto Albarella, Antonio Tagliacozzo, Keith Dobney and Peter Rowley-Conwy, 'Pig Hunting and Husbandry in Prehistoric Italy: A Contribution to the Domestication Debate', *Proceedings of the Prehistoric Society*, 72 (2006), pp. 193–227.

[8] Fernand Braudel, *Memory and the Mediterranean* (New York, 2001), pp. 111, 139–41.

[9] Maria Bernabò Brea, Andrea Cardarelli and Mauro Cremaschi, eds, *Le terre- mare, la più antica civiltà padana* (Milan, 1997).

[10] Mauro Cremaschi, Chiara Pizzi and Veruska Valsecchi, 'Water Management and Land Use in the Terramare and a Possible Climatic Co-factor in their Abandonment: The Case Study of the Terramara of Poviglio Santa Rosa (Northern Italy)', *Quaternary International*, CLI/1 (2006), pp. 87–98.

[11] Sabatino Moscati, *Così nacque l'Italia: profili di popoli riscoperti* (Turin, 1998).

[12] Robert Leighton, *Sicily before History: An Archaeological Survey from the Paleolithic to the Iron Age* (Ithaca, 1999), pp. 203–6.

[13] Robert Leighton, 'Later Prehistoric Settlement Patterns in Sicily: Old Paradigms and New Surveys', *European Journal of Archaeology*, VIII/3 (2005), pp. 261–87.

[14] Anna Grazia Russu, 'Power and Social Structure in Nuragic Sardinia', *Eliten in der Bronzezeit-Ergebnisse Zweier Kolloquien in Mainz und Athen-Teil*, 1 (1999), pp. 197–221, plates 17–22; Gary Webster, *Duos Nuraghes: A Bronze Age Settlement in Sardinia*: vol. i: *The Interpretive Archaeology, Bar International Series 949* (Oxford, 2001), pp. 43, 48.

[15] J. M. Roberts, *The Penguin History of the World* (London, 1995): pp. 85–90.

[16] Morris, *Why the West Rules*, pp. 215–20.

[17] Braudel, *Memory*, p. 179.

[18] Massimo Pallottino, *The Etruscans* (Bloomington, 1975), p. 75.

[19] Robert Beekes, 'The Prehistory of the Lydians, the Origin of the Etruscans, Troy and Aeneas', *Biblioteca Orientalis*, LIX/3–4 (2002), pp. 205–41.

[20] Alessandro Achilli et al., 'Mitochondrial DNA Variation of Modern Tuscans Supports the Near Eastern Origin of Etruscans', *American Journal of Human Genetics*, LXXX/4 (2007), pp. 759–68; Cristiano Vernesi et al., 'The Etruscans: A Population-Genetic Study', *American Journal of Human Genetics*, LXXIV/4 (2004), pp. 694–704.

[21] Marco Pellecchia et al., "The Mystery of Etruscan Origins: Novel Clues from Bos Taurus Mitochondrial DNA', *Proceedings of the Royal Society B*, CCLXXIV/1614 (2007), pp. 1175–9.

[22] Braudel, *Memory*, p. 201; Massimo Pallottino, *A History of Earliest Italy* (Ann Arbor, MI, 1991), p. 53.

[23] Jodi Magness, 'A Near Eastern Ethnic Element among the Etruscan Elite?', *Etruscan Studies*, VIII/4 (2001), pp. 80–82.

[24] Mauro Cristofani, 'Economia e societa', in *Rasenna: storia e civiltà degli Etruschi*, ed. Massimo Pallottino et al. (Milan 1986), pp. 79–156.

[25] Daphne Nash Briggs, 'Metals, Salt, and Slaves: Economic Links between Gaul and Italy from the Eighth to the Late Sixth Centuries BC', *Oxford Journal of Archaeology*, XXII/3 (2003), pp. 243–59.

[26] Diodorus Siculus, *Bibliotheca Historica* 5.40.3–5.

[27] Catullus, *Poems* 39.11; Virgil, *Georgics* 2.194.

[28] Anthony Tuck, 'The Etruscan Seated Banquet: Villanovan Ritual and Etruscan Iconography', *American Journal of Archaeology*, XCVIII/4 (1994), pp. 617–28.

[29] Lisa Pieraccini, 'Families, Feasting, and Funerals: Funerary Ritual at Ancient Caere', *Etruscan Studies*, 7 (2000), Article 3.

[30] Jocelyn Penny Small, 'Eat, Drink, and Be Merry: Etruscan Banquets', in *Murlo and the Etruscans: Art and Society in Ancient Etruria*, ed. Richard Daniel De Puma and Jocelyn Penny Small (Madison, WI, 1994), pp. 85–94.

[31] Daphne Nash Briggs, 'Servants at a Rich Man's Feast: Early Etruscan Household Slaves and Their Procurement', *Etruscan Studies*, 9 (2002), Article 14; Giovanni Camporeale, 'Vita private', in *Rasenna: storia e civiltà degli Etruschi*, ed. Massimo Pallottino et al. (Milan, 1986), pp. 239–308.

[32] Gregory Warden, 'Ritual and Representation on a Campana Dinos in Boston', *Etruscan Studies*, 11 (2008), Article 8.

[33] Adrian Paul Harrison and E. M. Bartels, 'A Modern Appraisal of Ancient Etruscan Herbal Practices', *American Journal of Pharmacology and Toxicology*, I/1 (2006), pp. 21–4; Gianni Race, *La cucina del mondo classico* (Napoli, 1999), pp. 143–6.

[34] Jean and Eve Gran-Aymerich, 'Les Etrusques en Gaule et en Iberie: Du Mythe a la Realite des Dernieres Decouvertes', *Etruscan Studies*, 9 (2002), Article 17.

[35] Braudel, *Memory*, p. 181.

[36] Leighton, *Sicily*, p. 230.

[37] Braudel, *Memory*, p. 192.

[38] Valerio Manfredi, *I greci d'Occidente* (Milan, 1996), p. 72.

[39] Pliny, *Naturalis Historia* 18.5; Varro, *De Re Rustica* 1.1.10.

[40] Columella, *De Re Rustica* 1.1.13; Braudel, *Memory*, p. 196; Columella, *De Re Rustica* 12.39.1–2.

[41] Pliny the Elder, *Historia Naturalis* 18.51.188.

[42] Braudel, *Memory*, p.191; Susan and Andrew Sherratt, 'The Growth of the Mediterranean Economy in the Early First Millennium BC', *World Archaeology*, XXIV/3 (1993), pp. 361–78.

[43] Richard J. Clifford, 'Phoenician Religion', *Bulletin of the American Schools of Oriental Research,* 279 (1990), p. 58.

[44] Antonella Spanò Giammellaro, 'The Phoenicians and the Carthaginians: The Early Mediterranean Diet', in *Food: A Culinary History from Antiquity to the Present*, ed. Jean-Louis Flandrin and Massimo Montanari (New York, 1999), pp. 55–64.

[45] Sherratt and Sherratt, 'The Growth of the Mediterranean Economy'; Sally Grainger, 'A New Approach to Roman Fish Sauce', *Petits Propos Culinaires*, 83 (2007), pp. 92–111.

[46] David S. Reese, 'Whale Bones and Shell Purple-dye at Motya (Western Sicily, Italy)', *Oxford Journal of Archaeology*, XXIV/2 (2005), pp. 107–14.

[47] Robert Roesti, 'The Declining Economic Role of the Mediterranean Tuna Fishery', *American Journal of Economics and Sociology*, XXV/1 (1966), pp. 77–90; Rob Van Ginkel, 'Killing Giants of the Sea: Contentious Heritage and the Politics of Culture', *Journal of Mediterranean Studies*, XV/1 (2005), pp. 71–98.

[48] Hesiod, *Works and Days* 306–13, 458–64, 586–96, 609–14.

[49] Peter Garnsey, *Food and Society in Classical Antiquity* (Cambridge, 1999), p. 2.

[50] Marie-Claire Amouretti, 'Urban and Rural Diets in Greece', in *Food: A Culinary History from Antiquity to the Present*, ed. Jean-Louis Flandrin and Massimo Montanari (New York, 1999), pp. 79–89; Garnsey, *Food*, pp. 6, 65.

[51] Massimo Montanari, 'Food Systems and Models of Civilization', in *Food: A Culinary History from Antiquity to the Present*, ed. Jean-Louis Flandrin and Massimo Montanari (New York, 1999), pp. 55–64.

[52] Andrew Dalby, *Siren Feasts: A History of Food and Gastronomy in Greece* (London, 1996), p. 6.

[53] Pauline Schmitt-Pantel, 'Greek Meals: A Civic Ritual', in *Food: A Culinary History from Antiquity to the Present*, ed. Jean-Louis Flandrin and Massimo Montanari (New

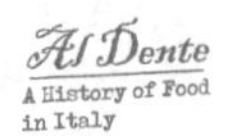

York, 1999), pp. 90–95.

[54] Robert I. Curtis, 'Professional Cooking, Kitchens, and Service Work', in *A Cultural History of Food in Antiquity*, ed. Fabio Parasecoli and Peter Scholliers (London, 2012), pp. 113–32.

[55] Massimo Vetta, 'The Culture of the Symposium', in *Food: A Culinary History from Antiquity to the Present*, ed. Jean-Louis Flandrin and Massimo Montanari, (New York, 1999), pp. 96–105.

[56] Domenico Musti, *L'economia in Grecia* (Bari, 1999), pp. 88–94.

[57] Manfredi, *I greci*, pp. 18–19, 99.

[58] Ibid., pp. 214, 221, 229.

[59] Leighton, *Sicily*, pp. 234–42.

[60] Sereni, *History*, p. 22.

[61] Franco De Angelis, 'Trade and Agriculture at Megara Hyblaia', *Oxford Journal of Archaeology*, XXI/3 (2002), pp. 299–310; Franco De Angelis, 'Going against the Grain in Sicilian Greek Economics', *Greece and Rome*, LIII/1 (2006), pp. 29–47; Robin Osborne, 'Pots, Trade, and the Archaic Greek Economy', *Antiquity*, 70 (1996), pp. 31–44.

[62] Plato, *Gorgias* 518b; Athenaeus, *Ne Deipnosophists* 325f.

[63] Dalby, *Siren Feasts*, p. 110.

[64] Race, *La cucina*, p. 51.

[65] Chadwick, *The Celts*, p. 30.

[66] Ibid., p. 41.

[67] Venceslas Kruta and Valerio M. Manfredi, *I Celti in Italia* (Milan, 1999), p. 51.

[68] Ibid., p. 11.

[69] Chadwick, *The Celts*, pp. 46, 141.

[70] Peter J. Reynolds, 'Rural Life and Farming', in *The Celtic World*, ed. Miranda Green (New York, 1995), pp. 176–209.

[71] Kruta and Manfredi, *I Celti*, p. 10.

[72] Paolo Galloni, *Storia e cultura della caccia: dalla preistoria a oggi* (Bari, 2000), pp. 86–8.

[73] Mark Kurlansky, *Salt: A World History* (New York, 2002), p. 65.

[74] Ibid., p. 93.

[75] Kruta and Manfredi, *I Celti*, p. 59.

[76] Antonietta Dosi and François Schnell, *Le abitudini alimentari dei Romani* (Rome,

1992), p. 13.

[77] Kimberly B. Flint-Hamilton, 'Legumes in Ancient Greece and Rome: Food, Medicine, or Poison?', *Hesperia: The Journal of the American School of Classical Studies at Athens*, LXVIII/3 (1999), pp. 371–85.

[78] Paul Halstead, 'Food Production', in *A Cultural History of Food in Antiquity*, ed. Fabio Parasecoli and Peter Scholliers (London, 2012), pp. 21–39.

[79] Dosi and Schnell, *Le abitudini*, p. 17.

[80] Florence Dupont, 'The Grammar of Roman Food', in *Food: A Culinary History from Antiquity to the Present*, ed. Jean-Louis Flandrin and Massimo Montanari (New York, 1999), pp. 113–27.

[81] Valerie Huet, 'Le sacrifice disparu: les reliefs de boucherie', *Food and History*, V/1 (2007), pp. 197–223; Nicholas Tran, 'Le statut de travail des bouchers dans l'Occident romain de la fin de la Republique et du Haut-Empire', *Food and History*, v/1 (2007), pp. 151–67.

[82] Galloni, *Storia*, pp. 71–4.

[83] Brian Fagan, *Fish on Friday: Feasting, Fasting, and the Discovery of the New World* (New York, 2006), p. 7.

[84] Race, *La cucina*, pp. 221–30.

[85] Claire De Ruyt, 'Les produits vendus au macellum', *Food and History*, V/1 (2007), pp. 135–50.

[86] Nicole Belayche, 'Religion et consommation de la viande dans le monde romain: des réalités voilées', *Food and History*, V/1 (2007), pp. 29–43; John Scheid, 'Le statut de la viande à Rome', *Food and History*, V/1 (2007), pp. 19–28.

[87] Steven J. R. Ellis, 'Eating and Drinking Out', in *A Cultural History of Food in Antiquity*, ed. Fabio Parasecoli and Peter Scholliers (London, 2012), pp. 111–12.

[88] Robin Nadeau, 'Stratégies de survie et rituels festifs dans le monde gréco-romain', in *Profusion et pénurie: les hommes face à leurs besoins alimentaires*, ed. Martin Bruegel (Rennes, 2009), pp. 55–69.

[89] Antonietta Dosi and François Schnell, *I Romani in cucina* (Rome, 1992), pp. 93–121.

[90] Dosi Antonietta and François Schnell, *Pasti e vasellame da tavola* (Rome, 1992), p. 12.

[91] Dosi and Schnell, *I Romani*, pp. 108–15.

[92] J.H.C. Williams, *Beyond the Rubicon: Romans and Gauls in Republican Italy* (Oxford,

2001).

[93] Emilio Sereni, 'Agricoltura e mondo rurale', in *Storia d'Italia: I caratteri originali*, vol. i, eds Ruggiero Romano and Corrado Vivanti (Turin, 1989), pp. 143–5.

[94] Ellen Churchill Semple, 'Geographic Factors in the Ancient Mediterranean Grain Trade', *Annals of the Association of American Geographers*, 11 (1921), p. 73.

[95] Paul Erdkamp, *The Grain Market in the Roman Empire: A Social, Political and Economic Study* (Cambridge, 2005).

[96] Dosi and Schnell, *Le abitudini*, pp. 43–7.

[97] Paul Erdkamp, *Hunger and the Sword: Warfare and Food Supply in Roman Republican Wars* (*264–30* BC) (Amsterdam, 1998).

[98] Dalby, *Siren Feasts*, p. 198.

[99] James Innes Miller, *The Spice Trade of the Roman Empire, 29 BC to AD 641* [1969] (Oxford, 1998).

[100] Garnsey, *Food*, p. 23.

[101] Horace, *Satires* 2.6.77–115.

[102] Stéphane Solier, 'Manières de tyran à la table de la satire latine: l'institutionnal isation de l'excès dans la convivialité romaine', *Food and History*, IV/2 (2006), pp. 91–111.

[103] Christophe Badel, 'Ivresse et ivrognerie à Rome (iie s av. J.-C. - IIIe s ap. J.-C.)', *Food and History*, IV/2 (2006), pp. 75–89.

[104] Dosi and Schnell, *Le abitudini*, pp. 113–18.

[105] Elizabeth Ann Pollard, 'Pliny's Natural History and the Flavian Templum Pacis: Botanical Imperialism in First-Century CE Rome', *Journal of World History*, XX/3 (2009), p. 311.

[106] Deborah Ruscillo, 'When Gluttony Ruled!', *Archaeology*, LIV/6 (2001), pp. 20–24; John H. D'Arms, 'The Culinary Reality of Roman Upper-class Convivia: Integrating Texts and Images', *Comparative Studies in Society and History*, XLVI/3 (2004), pp. 428–50.

[107] Konrad I. Vössing, 'Family and Domesticity', in *A Cultural History of Food in Antiquity*, ed. Fabio Parasecoli and Peter Scholliers (London, 2012), pp. 133–43.

[108] Dosi and Schnell, *Pasti*, pp. 24–6.

[109] Roy Strong, *Feast: A History of Grand Eating* (Orlando, 2002), p. 29.

[110] Petronius, *Satyricon*, pp. 31–70.

[111] Christopher Grocock, Sally Grainger and Dan Shadrake, *Apicius: A Critical Edition with an Introduction and English Translation* (Totnes, 2006).

[112] Curtis, 'Professional Cooking', pp. 113–32.

[113] Apicius, *Cooking and Dining in Imperial Rome*, trans. Joseph Dommers Vehling (Chicago, 1936), available at www.gutenberg.org.

[114] Robin Nadeau, 'Body and Soul', in *A Cultural History of Food in Antiquity*, ed. Parasecoli and Scholliers, pp. 145–62.

[115] Garnsey, *Food*, p. 110.

[116] Gillian Feeley-Harnik, *Ne Lord's Table: Ne Meaning of Food in Early Judaism and Christianity* (Washington and London, 1994), pp. 153–64.

[117] Wim Broekaert and Arjan Zuiderhoek, 'Food Systems in Classic Antiquity', in *A Cultural History of Food in Antiquity*, ed. Parasecoli and Scholliers, pp. 75–93.

[118] Paul Erdkamp, 'Food Security, Safety, and Crises', in *A Cultural History of Food in Antiquity*, ed. Parasecoli and Scholliers, pp. 57–74.

[119] Wim Broekaert and Arjan Zuiderhoek, 'Food and Politics in Classic Antiquity', in *A Cultural History of Food in Antiquity*, ed. Parasecoli and Scholliers, pp. 41–55; Garnsey, *Food*, pp. 30–33.

[120] Broekaert and Zuiderhoek, 'Food Systems', p. 48.

[121] Steven J. R. Ellis, 'The Pompeian Bar: Archaeology and the Role of Food and Drink Outlets in an Ancient Community', *Food and History*, II/1 (2004), pp. 41–58.

[122] Dosi and Schnell, *Pasti*, pp. 36–58.

第二章　入侵者

[1] Jairus Banaji, *Agrarian Change in Late Antiquity: Gold, Labour, and Aristocratic Dominance* (Oxford, 2007).

[2] Lin Foxhall, 'The Dependent Tenant: Land Leasing and Labour in Italy and Greece,' *Journal of Roman Studies*, 80 (1990), pp. 97–114.

[3] Emilio Sereni, 'Agricoltura e mondo rurale', in *Storia d'Italia: I caratteri originali*, vol. I, ed. Ruggiero Romano and Corrado Vivanti (Turin, 1989), pp. 146–8.

[4] Paolo Galloni, *Storia e cultura della caccia: dalla preistoria a oggi* (Bari, 2000), pp. 74–84.

[5] Girolamo Arnaldi, *Italy and Its Invaders* (Cambridge, MA, 2005), p. 15.

[6] Massimo Montanari, *Convivio* (Bari, 1989), p. 208.

[7] Emilio Sereni, *History of the Italian Agricultural Landscape* (Princeton, NJ, 1997), pp. 58–61.

[8] Alfio Cortonesi, 'Food Production', in *A Cultural History of Food: In the Medieval Age*,

ed. Fabio Parasecoli and Peter Scholliers (Oxford, 2012), p. 22.

[9] Galloni, *Storia*, pp. 93–109.

[10] Lars Brownworth, *Lost to the West* (New York, 2009), pp. 67–113.

[11] Arnaldi, *Italy*, p. 28.

[12] Peter Charanis, 'Ethnic Changes in the Byzantine Empire in the Seventh Century', *Dumbarton Oaks Papers*, 13 (1959), pp. 23–44.

[13] Lynn White, 'The Byzantinization of Sicily', *American Historical Review*, XLII/1 (1936), pp. 1–21.

[14] Ann Wharton Epstein, 'The Problem of Provincialism: Byzantine Monasteries in Cappadocia and Monks in South Italy', *Journal of the Warburg and Courtauld Institutes*, 42 (1979), pp. 28–46.

[15] Giovanni Haussmann, 'Il suolo d'Italia nella storia', in *Storia d'Italia: I caratteri original*, vol. I, ed. Ruggiero Romano and Corrado Vivanti (Turin, 1989), p. 79.

[16] St Benedict, *Rule* 35.

[17] St Benedict, *Rule* 39.

[18] St Benedict, *Rule* 40.

[19] Brian Fagan, *Fish on Friday: Feasting, Fasting, and the Discovery of the New World* (New York, 2006), p. 23.

[20] Andrew Dalby, *Siren Feasts: A History of Food and Gastronomy in Greece* (London, 1996), p. 197.

[21] Neil Christie, 'Byzantine Liguria: An Imperial Province against the Longobards, AD 568–643', *Papers of the British School at Rome*, 58 (1990), pp. 229–71.

[22] Peter Sarris, 'Aristocrats, Peasants and the Transformation of Rural Society, *c*. 400–800', *Journal of Agrarian Change*, IX/1 (2009), p. 15.

[23] Thomas Brown and Neil Christie, 'Was There a Byzantine Model of Settlement in Italy?', *Melanges de l'École francaise de Rome. Moyen-Age, Temps modernes*, CI/2 (1989), pp. 377–99.

[24] Pere Benito, 'Food Systems', in *A Cultural History of Food: In the Medieval Age*, ed. Fabio Parasecoli and Peter Scholliers (Oxford, 2012), p. 52.

[25] Daron Acemoglu and James A. Robinson, *Why Nations Fail: The Origin of Power, Prosperity, and Poverty* (New York, 2012), pp. 151–2.

[26] Armand O. Citarella, 'Patterns in Medieval Trade: The Commerce of Amalfi before the Crusades', *Journal of Economic History*, XXVIII/4 (1968), pp. 531–55; Barbara M.

Kreutz, 'Ghost Ships and Phantom Cargoes: Reconstructing Early Amalfitan Trade', *Journal of Medieval History*, 20 (1994), pp. 347–57; Patricia Skinner, *Family Power in Southern Italy: The Duchy of Gaeta and Its Neighbors, 850–1139* (Cambridge, MA, 1995).

[27] Marios Costambeys, 'Settlement, Taxation and the Condition of the Peasantry in Post-Roman Central Italy', *Journal of Agrarian Change*, IX/I (2009), pp. 92–119.

[28] Lynn White Jr, 'Indic Elements in the Iconography of Petrarch's Trionfo Della Morte', *Speculum*, 49 (1974), pp. 204–5; ANASB, 'Le origini del bufalo', www.anasb.it.

[29] André Guillou, 'Production and Profits in the Byzantine Province of Italy (Tenth to Eleventh Centuries): An Expanding Society', *Dumbarton Oaks Papers*, 28 (1974), p. 92.

[30] John L. Teall, 'The Grain Supply of the Byzantine Empire, 330–1025', *Dumbarton Oaks Papers*, 13 (1959), pp. 137–8.

[31] Dalby, *Siren Feasts*, pp. 189–99.

[32] Anthony Bryer, 'Byzantine Agricultural Implements: The Evidence of Medieval Illustrations of Hesiod's "Works and Days" ', *Annual of the British School at Athens*, 81 (1986), pp. 45–80.

[33] Sereni, *History*, p. 49.

[34] Arnaldi, *Italy*, p. 59.

[35] Einhard, *Vita Karoli Magni*, (Hannover and Lipsia, 1905), p. 24, available at http://archive.org/stream.

[36] Galloni, *Storia*, pp. 109–24.

[37] Yann Grappe, *Sulle Tracce del Gusto: Storia e cultura del vino nel Medievo* (Bari, 2006), pp. 6–10.

[38] Sereni, *History*, p. 69.

[39] Massimo Montanari, 'Production Structures and Food Systems in the Early Middle Ages', in *Food: A Culinary History from Antiquity to the Present*, ed. Jean-Louis Flandrin and Massimo Montanari (New York, 1999), pp. 168–77.

[40] Montanari, *Convivio*, p. 255.

[41] Giuliano Pinto, 'Food Safety', in *A Cultural History of Food: In the Medieval Age*, ed. Parasecoli and Scholliers, pp. 57–64.

[42] Fagan, *Fish*, pp. 10–11.

[43] Anthimus, *De observatione ciborum epistula ad Neudericum, regem Francorum*.

Bibliotheca scriptorum Graecorum et Romanorum Teubneriana, ed. Valentin Rose (Lipsia, 1877).

[44] *The Holy Rule of St Benedict*, trans. Rev. Boniface Verheyen, OSB (Atchison, KS, 1949).

[45] Andrew Watson, *Agricultural Innovation in the Early Islamic World* (Cambridge, 1983); Michael Decker, 'Plants and Progress: Rethinking the Islamic Agricultural Revolution', *Journal of World History*, XX/2 (2009), pp. 197–206.

[46] Clifford A. Wright, *A Mediterranean Feast* (New York, 1999).

[47] Charles Perry, 'Sicilian Cheese in Medieval Arab Recipes', *Gastronomica*, I/1 (2001), pp. 76–7.

[48] Manuela Marìn, 'Beyond Taste', in *A Taste of Nyme: Culinary Cultures of the Middle East*, ed. Sami Zubaida and Richard Tapper (London, 2000), pp. 205–14.

[49] Lilia Zaouali, *Medieval Cuisine of the Islamic World* (Berkeley, CA, 2007).

[50] Janet L. Abu-Lughod, *Before European Hegemony: Ne World System,* AD *1250–1350* (New York and Oxford, 1989); George F. Hourani, *Arab Seafaring in the Indian Ocean and In Ancient and Early Medieval Times* (Princeton, NJ, 1995).

[51] Arnaldi, *Italy*, p. 71.

[52] Francesco Gabrieli, 'Greeks and Arabs in the Central Mediterranean Area', *Dumbarton Oaks Papers*, 18 (1964), pp. 57–65.

[53] Mohamed Ouerfelli, 'Production et commerce du sucre en Sicile au xve siècle', *Food and History*, I/1 (2003), p. 105.

[54] David Abulafia, 'Pisan Commercial Colonies and Consulates in Twelfth-century Sicily', *English Historical Review*, XCIII/366 (1978), pp. 68–81.

[55] David Abulafia, 'The Crown and the Economy under Roger II and his Successors', *Dumbarton Oaks Papers*, 37 (1983), pp. 1–14.

第三章　重生

[1] Giovanni Ceccarelli, Alberto Grandi and Stefano Magagnoli, 'The "Taste" of Typicality', *Food and History*, VIII/2 (2010), pp. 45–76.

[2] Giovanni Boccaccio, *The Decameron*, Eighth Day, Novella 3; Pina Palma, 'Hermits, Husband and Lovers: Moderation and Excesses at the Table in the *Decameron*', *Food and History*, IV/2 (2006), pp. 151–62.

[3] Emilio Sereni, *History of the Italian Agricultural Landscape* (Princeton, NJ, 1997), p.

114.

[4] Ibid., pp. 81–6.

[5] Ibid., pp. 99, 110.

[6] Pere Benito, 'Food Systems', in *A Cultural History of Food: In the Medieval Age*, ed. Fabio Parasecoli and Peter Scholliers (Oxford, 2012), p. 42.

[7] Eric E. Dursteler, 'Food and Politics', in *A Cultural History of Food: In the Renaissance*, ed. Fabio Parasecoli and Peter Scholliers (London, 2012), pp. 84–5.

[8] Silvano Serventi and Françoise Sabban, *Pasta: Ne Story of a Universal Food* (New York, 2002), pp. 9–62.

[9] Evelyn Welch, *Shopping in the Renaissance: Consumer Cultures in Italy 1400–1600* (New Haven and London, 2005), pp. 70–103.

[10] Federica Badiali, *Cucina medioevale italiana* (Bologna, 1999); Allen J. Grieco, 'Body and Soul', in *A Cultural History of Food: In the Medieval Age*, ed. Parasecoli and Scholliers, pp. 143–9.

[11] Yann Grappe, *Sulle Tracce del Gusto: Storia e cultura del vino nel Medievo* (Bari, 2006), pp. 71–7.

[12] Mohamed Ouerfelli, 'Production et commerce du sucre en Sicile au xve siècle', *Food and History*, I/1 (2003), pp. 105–6.

[13] Giuseppe Sperduti, *Riccardo di San Germano: La Cronaca* (Cassino, 1995), pp. 138–45.

[14] Joshua Starr, 'The Mass Conversion of Jews in Southern Italy (1290–1293)', *Speculum*, XXI/2 (1946), pp. 203–11; Nadia Zeldes, 'Legal Status of Jewish Converts to Christianity in Southern Italy and Provence', *California Italian Studies Journal*, I/1(2010), available at http://escholarship.org.

[15] Sereni, *History*, p. 126.

[16] Daron Acemoglu and James A. Robinson, *Why Nations Fail: Ne Origin of Power, Prosperity, and Poverty* (New York, 2012), pp. 155–6; E. Ashtor, 'Profits from Trade with the Levant in the Fifteenth Century', *Bulletin of the School of Oriental and African Studies*, XXXVIII/2 (1975), pp. 250–75.

[17] Sereni, *History*, p. 97.

[18] Ibid., pp. 133–9.

[19] Welch, *Shopping*, pp. 2–11.

[20] Ibid., pp. 32–55.

[21] Lino Turrini, *La cucina ai tempi dei Gonzaga* (Milan, 2002).

[22] Jeremy Parzen, 'Please Play with Your Food: An Incomplete Survey of Culinary Wonders in Italian Renaissance Cookery', *Gastronomica*, IV/4 (2004), pp. 25–33.

[23] Muriel Badet, 'Piero di Cosimo: d'une iconographie à l'autre. Rapt, repas de noce et pique-nique pour l'Enlèvement d'Hippodamie', *Food and History*, IV/1 (2006), pp. 147–67; John Varriano, 'At Supper with Leonardo', *Gastronomica*, VIII/3 (2008), pp. 75–9; John Varriano, *Tastes and Temptations: Food and Art in Renaissance Italy* (Berkeley, CA, 2011); Gillian Riley, 'Food in Painting', in *A Cultural History of Food: In the Renaissance*, ed. Fabio Parasecoli and Peter Scholliers (London, 2012), pp. 171–82.

[24] Antonella Campanini, 'La table sous contrôle: Les banquets et l'excès alimentaire dans le cadre des lois somptuaires en Italie entre le Moyen Âge et la Renaissance', *Food and History*, IV/2 (2006), pp. 131–50.

[25] Ken Albala, *Food in Early Modern Europe* (Westport, CT, 2003), pp. 107–12.

[26] Massimo Montanari, *Convivio* (Bari, 1989), pp. 363–8.

[27] Darra Goldstein, 'Implements of Eating', in *Feeding Desire: Design and the Tools of the Table, 1500–2005*, ed. Sarah D. Coffin, Ellen Lupton, Darra Goldstein and Barbara Bloemink (New York, 2006), p. 118.

[28] Daniele Alexandre-Bidon, 'La cigale et la fourmi: Céramique et conservation des aliments et des médicaments (Moyen Age–XVI siècle)', in *Profusion et Pénurie: les hommes face à leurs besoins alimentaires*, ed. Martin Bruegel (Rennes, 2009), pp. 71–84.

[29] Wendy Watson, *Italian Renaissance Ceramics* (Philadelphia, 2006).

[30] Catherine Hess, George Saliba and Linda Komaroff, *Ne Arts of Fire: Islamic Influences on Glass and Ceramics of the Italian Renaissance* (Los Angeles, 2004).

[31] Aldo Bova, *L'avventura del vetro dal Rinascimento al Novecento tra Venezia e mondi lontani* (Geneva, 2010).

[32] Jutta-Annette Page, *Beyond Venice: Glass in Venetian Style, 1500–1750* (Manchester, VT, 2004).

[33] Margaret Gallucci and Paolo Rossi, *Benvenuto Cellini: Sculptor, Goldsmith, Writer* (Cambridge, 2004).

[34] Albala, *Food*, pp. 115–21.

[35] Ariel Toaff, *Mangiare alla giudia* (Bologna, 2000), p. 67.

［36］Jean François Revel, *Culture and Cuisine: A Journey through the History of Food* (New York, 1982), pp. 117–20.

［37］Giovanna Giusti Galardi, *Dolci a corte: dipinti ed altro* (Livorno, 2001).

［38］Grappe, *Sulle Tracce*, pp. 13–14; Luisa Cogliati Arano, *The Medieval Health Handbook: Tacuinum Sanitatis* (New York, 1976).

［39］Montanari, *Convivio*, pp. 267–8.

［40］Luciano Mauro and Paola Valitutti, *Il Giardino della Minerva* (Salerno, 2011).

［41］Kenneth D. Keele, 'Leonardo da Vinci's Studies of the Alimentary Tract', *Journal of the History of Medicine*, XXVII/2 (1972), pp. 133–44.

［42］Ken Albala, *Eating Right in the Renaissance* (Berkeley and Los Angeles, 2002), pp. 14–47.

［43］Alberto Capatti and Massimo Montanari, *Italian Cuisine: A Cultural History* (New York, 2003), p. 9; Nancy Harmon Jenkins, 'Two Ways of Looking at Maestro Martino', *Gastronomica*, VII/2 (2007), pp. 97–103; Maestro Martino, *The Art of Cooking: The First Modern Cookery Book* (Berkeley and Los Angeles, 2005).

［44］Laura Giannetti, 'Italian Renaissance Food-Fashioning or The Triumph of Greens', *California Italian Studies*, I/2 (2010), available at http://escholarship.org; Giovanna Bosi, Anna Maria Mercuri, Chiara Guarnieri and Marta Bandini Mazzanti, 'Luxury Food and Ornamental Plants at the 15th Century AD Renaissance Court of the Este Family (Ferrara, Northern Italy)', *Vegetation History and Archaeobotany*, XVIII/5 (2009), pp. 389–402.

［45］David Gentilcore, *Pomodoro: A History of the Tomato in Italy* (New York, 2010), p. 32.

［46］John Varriano, 'Fruits and Vegetables as Sexual Metaphor in Late Renaissance Rome', *Gastronomica*, V/4 (2005), pp. 8–14.

［47］Montanari, *Convivio*, p. 504.

［48］Maestro Martino, *Ne Art of Cooking*, p. 17; Jenkins, 'Two Ways', p. 97.

［49］Cristoforo di Messisbugo, *Banchetti, compositioni di vivande et apparecchio generale* (Ferrara, 1549), p. 20. Available at http://books.google.com.

［50］*Ne Opera of Bartolomeo Scappi (1570)*, trans. Terence Scully (Toronto, 2008); June di Schino and Furio Luccichenti, *Il cuoco segreto dei papi – Bartolomeo Scappi e la Confraternita dei cuochi e dei pasticceri* (Rome, 2008).

［51］Bartolomeo Scappi, *Opera* (Venezia, 1570), p. 2. Available at http://archive.org.

[52] Capatti and Montanari, *Italian Cuisine*, p. 13.

[53] Albala, *Food*, pp. 122–33.

[54] Ibid., pp. 89–99.

[55] Alison A. Smith, 'Family and Domesticity', in *A Cultural History of Food: In the Renaissance*, ed. Parasecoli and Scholliers, p. 138.

[56] Serventi and Sabban, *Pasta*, pp. 63–90.

[57] Claudia Roden, *Ne Book of Jewish Food* (New York, 1998), p. 479.

[58] Toaff, *Mangiare*, p. 17.

[59] Henry Kamen, 'The Mediterranean and the Expulsion of Spanish Jews in 1492', *Past and Present*, CXIX/1 (1988), pp. 30–55.

[60] Joyce Goldstein, *Cucina Ebraica* (San Francisco, 1998); Edda Servi Machlin, *Classic Italian Jewish Cooking: Traditional Recipes and Menus* (New York, 2005).

[61] Lucia Frattarelli Fischer and Stefano Villani, ' "People of Every Mixture" : Immigration, Tolerance and Religious Conflicts in Early Modern Livorno', in *Immigration and Emigration in Historical Perspective*, ed. Ann Katherine Isaacs (Pisa, 2007), pp. 93–107; Matthias B. Lehmann, 'A Livornese "Port Jew" and the Sephardim of the Ottoman Empire', *Jewish Social Studies*, XI/2 (2005), pp. 51–76.

[62] Howard Adelman, 'Rabbis and Reality: Public Activities of Jewish Women in Italy during the Renaissance and Catholic Restoration', *Jewish History*, V/1 (1991), pp. 27–40.

[63] Toaff, *Mangiare*, pp. 26–7.

[64] Maurizio Sentieri and Zazzu Guido, *I semi dell'Eldorado* (Bari, 1992); Alfred Crosby, *The Columbian Exchange: Biological and Cultural Consequences of 1492* (Westport, CT, 1972).

[65] Valérie Boudier, 'Appropriation et représentation des animaux du Nouveau Monde chez deux artistes nord italiens de la fin du xvie siècle. Le cas du dindon', *Food History*, VII/1 (2009), pp. 79–102.

[66] Salvatore Marchese, *Benedetta patata: Una storia del '700, un trattato e 50 ricette* (Padova, 1999).

[67] Gentilcore, *Pomodoro*, p. 4.

[68] Dursteler, 'Food and Politics', p. 93.

[69] Massimo Montanari, *Nuovo Convivio* (Bari, 1991), p. 183.

第四章 分裂与统一

[1] Brian Fagan, *The Little Ice Age: How Climate Made History, 1300–1850* (New York, 2001).

[2] Emilio Sereni, *History of the Italian Agricultural Landscape* (Princeton, NJ, 1997), p. 187.

[3] Ibid, pp. 189–98.

[4] Ariel Toaff, *Mangiare alla giudia* (Bologna, 2000), p. 82.

[5] Ibid., pp. 74–5.

[6] Bartolomeo Stefani, *L'arte del ben cucinare ed instruire i meno periti in questa lodevole professione: dove anche s'insegna a far pasticci, sapori, salse, gelatine, torte, ed altro* (Mantova, 1662), p. 137. Available at www.academiabarilla.it.

[7] Ken Albala, *Food in Early Modern Europe* (Westport, CT, 2003), pp. 133–6.

[8] John Dickie, *Delizia: Ne Epic History of the Italians and Neir Food* (New York, 2008), pp. 139–43.

[9] Alberto Capatti and Massimo Montanari, *Italian Cuisine: A Cultural History* (New York, 2003), p. 21.

[10] Antonio Latini, *Lo scalco alla moderna. Overo l'arte di ben disporre li conviti* (Napoli, 1693), intro., p. 2, available at www.academiabarilla.it.

[11] David Gentilcore, *Pomodoro: A History of the Tomato in Italy* (New York, 2010), p. 48.

[12] Albala, *Food*, pp. 13–8.

[13] Giacomo Castelvetro, *The Fruit, Herbs, and Vegetables of Italy*, trans. Gillian Riley (London, 1989), p. 49.

[14] Castelvetro, *The Fruit*, p. 65.

[15] Massimo Montanari, *Nuovo Convivio* (Bari, 1991), pp. 355–6.

[16] Ibid., p. 358.

[17] Piero Camporesi, 'La cucina borghese dell'Ottocento fra tradizione e rinnovamento', in *La terra e la luna* (Garzanti, 1995), p. 233.

[18] Sereni, *History*, p. 221.

[19] Silvano Serventi and Françoise Sabban, *Pasta: Ne Story of a Universal Food* (New York, 2002), pp. 91–115.

[20] Toaff, *Mangiare*, p. 111.

[21] Mark Pendergrast, *Uncommon Grounds: Ne History of Coffee and How It Transformed*

Our World (New York, 1999); Bennett A. Weinberg and Bonnie K. Bealer, *The World of Caffeine: Ne Science and Culture of the World's Most Popular Drug* (New York and London, 2002).

[22] Sophie D. Coe, *America's First Cuisines* (Austin, 1994), p. 55.

[23] Montanari, *Nuovo Convivio*, pp. 315–16.

[24] Piero Camporesi, *Exotic Brew: Ne Art of Living in the Age of Enlightenment* (Malden, MA, 1998), p. 40.

[25] Ibid., p. 48.

[26] Montanari, *Nuovo Convivio*, p. 335.

[27] Gentilcore, *Pomodoro*, p. 53.

[28] Albala, *Food*, pp. 139–40.

[29] Alberto Capatti, 'Il Buon Paese', in *Introduzione alla Guida Gastronomica Italiana 1931* (Milan, 2003), p. 6.

[30] Vincenzo Corrado, *Il Credenziere di Buon Gusto* (Napoli, 1778), p. ix.

[31] Maria Attilia Fabbri Dall'Oglio and Alessandro Fortis, *Il gastrononomo errante Giacomo Casanova* (Rome, 1998).

[32] Louis Chevalier de Jaucourt, 'Cuisine', in *Encyclopédie ou Dictionnaire raisonné des sciences, des arts et des métiers*, vol. IV (Paris, 1754), p. 538.

[33] Renato Mariani-Costantini and Aldo Mariani-Costantini, 'An Outline of the History of Pellagra in Italy', *Journal of Anthropological Sciences*, 85 (2007), pp. 163–71.

[34] Athos Bellettini, 'Aspetti e problemi della ripresa demografica nell'Italia del Settecento', *Società e Storia*, 6 (1979), pp. 817–38.

[35] Vera Zamagni, *Economic History of Italy, 1860–1990: Recovery after Decline* (Oxford, 1993), pp. 118–19.

[36] Alberto Capatti, Alberto De Bernardi and Angelo Varni, 'Introduzione', in *Storia d'Italia, Annali 13: L'alimentazione*, p. XXXV.

[37] 'La falange noi siam de' mietitori, / E falciamo le messi a lor signori. / Ben venga il Sol cocente, il Sol di giugno / Che ci arde il sangue, ci annerisce il grugno / E ci arroventa la falce nel pugno, Quando falciam le messi a lor signori... / I nostri figlioletti non han pane, / E chi sa? Forse moriran domane, /I nvidiando il pranzo al vostro cane... / E noi falciamo le messi a lor signori. / Ebbre di sole ognun di noi barcolla; / Acqua ed aceto, un tozzo e una cipolla / Ci disseta, ci allena, ci satolla. / Falciam, falciam le messi a quei signori.' Mario Rapisardi, *Versi: scelti e riveduti da esso* (Milan, 1888), p. 167.

[38] Francesco Taddei, 'Il cibo nell'Italia mezzadrile fra Ottocento and Novecento', in *Storia d'Italia, Annali 13: L'alimentazione*, ed. Alberto De Bernardi, Alberto Varni and Angelo Capatti (Turin, 1998), p. 32.

[39] Giovanni Verga, *Cavalleria Rusticana and Other Stories*, trans. G. H. McWilliam (Harmondsworth, 1999), p. 169.

[40] Alberto Caracciolo, *L'Inchiesta Agraria Jacini* (Turin, 1973).

[41] Maria Luisa Betri, 'L'alimentazione popolare nell'Italia dell'Ottocento', in *Storia d'Italia, Annali 13: L'alimentazione*, ed. De Bernardi, Varni and Capatti, p. 7.

[42] Giuliano Malizia, *La cucina romana e ebraico-romanesca* (Rome, 2001).

[43] Carol Helstosky, *Garlic and Oil: Food and Politics in Italy* (Oxford, 2004), p. 22; Alfredo Niceforo, *Italiani del Nord, italiani del Sud* (Turin, 1901); Vito Teti, *La razza maledetta: origini del pregiudizio antimeridionale* (Rome, 2011).

[44] Betri, 'L'alimentazione', p. 19.

[45] Paolo Sorcinelli, *Gli Italiani e il cibo: dalla polenta ai cracker* (Milan, 1999), p. 47.

[46] Giorgio Pedrocco, 'La conservazione del cibo: dal sale all'industria agro- alimentare', in *Storia d'Italia, Annali 13: L'alimentazione*, ed. De Bernardi, Varni and Capatti, pp. 401–19.

[47] Ibid., pp. 423–6.

[48] Serventi and Sabban, *Pasta*, pp. 162–9.

[49] Stefano Somogyi, 'L'alimentazione nell'Italia unita', in *Storia d'Italia*, vol. V/1: *I documenti*, ed. Lellia Cracco Ruggini and Giorgio Cracco (Turin, 1973), pp. 841–87.

[50] Francesco Chiapparino, 'L'industria alimentare dall'Unità al period fra le due guerre', in *Storia d'Italia, Annali 13: L'alimentazione*, ed. De Bernardi, Varni and Capatti, pp. 231–50.

[51] Ada Lonni, 'Dall'alterazione all'adulterazione: le sofisticazioni alimentari nella società industriale', in *Storia d'Italia, Annali 13: L'alimentazione*, ed. De Bernardi, Varni and Capatti, pp. 531–84.

[52] Giorgio Pedrocco, 'Viticultura e enologia in Italia nel xix secolo', in *La vite e il vino: storia e diritto (secoli XI–XIX)*, ed. Maria Da Passano, Antonello Mattone, Franca Mele and Pinuccia F. Simbula (Rome, 2000), pp. 613–27.

[53] Hugh Johnson, *Story of Wine* (London, 1989), p. 308.

[54] Domenico Quirico, *Naja: storia del servizio di leva in Italia* (Milan, 2008).

[55] Assunta Trova, 'L'approvvigionamento alimentare dell'esercito italiano', *Storia d'Italia,*

Annali 13: L'alimentazione, ed. De Bernardi, Varni and Capatti, pp. 495–530.
[56] Helstosky, *Garlic*, p. 31.
[57] Sorcinelli, *Gli italiani*, pp. 59–62.
[58] Pellegrino Artusi, *La scienza in cucina e l'arte di mangiar bene* [1891] (Florence, 1998), p. 93.
[59] Artusi, *La scienza*, p. 168.
[60] Eugenia Tognotti, 'Alcolismo e pensiero medico nell'Italia liberale', in *La vite e il vino: storia e diritto (secoli XI–XIX)*, ed. Maria Da Passano, Antonello Mattone, Franca Mele and Pinuccia F. Simbula (Rome, 2000), pp. 1237–48.
[61] Sorcinelli, *Gli italiani*, pp. 50–52.
[62] Penelope Francks, 'From Peasant to Entrepreneur in Italy and Japan', *Journal of Peasant Studies*, XXII/4 (1995), pp. 699–709.
[63] Elizabeth D. Whitaker, 'Bread and Work: Pellagra and Economic Transformation in Turn-of-the-century Italy', *Anthropological Quarterly*, LXV/2 (1992), pp. 80–90.

第五章　从世界大战到经济奇迹

[1] Paolo Sorcinelli, *Gli Italiani e il cibo: dalla polenta ai cracker* (Milan, 1999), p. 168.
[2] Carol Helstosky, *Garlic and Oil: Food and Politics in Italy* (Oxford, 2004), p. 40.
[3] Riccardo Bachi, *L'alimentazione e la politica annonaria* (Bari, 1926).
[4] Giovanna Tagliati, 'Olindo Guerrini gastronomo: Le rime romagnole de E' Viazze L'arte di utilizzare gli avanzi della mensa', *Storia e Futuro*, 20 (2009), available at www.storiaefuturo.com.
[5] Olindo Guerrini, *L'arte di utilizzare gli avanzi della mensa* [1917] (Padova, 1993), p. 57.
[6] Vera Zamagni, 'L'evoluzione dei consumi tra tradizione e innovazione', in *Storia d'Italia, Annali 13: L'alimentazione*, ed. Alberto De Bernardi, Alberto Varni and Angelo Capatti (Turin, 1998), p. 185.
[7] 但这些啤酒的销量在 1927 年以后上涨势头放缓，因为当时的法西斯政府要求在啤酒酿造中使用至少 15%的大米以增加当地大米的消费量，限制谷物的进口。
[8] Helstosky, *Garlic*, p. 51.
[9] Pasquale Lucio Scandizzo, 'L'agricoltura e lo sviluppo economico', in *L'Italia Agricola nel XX secolo: Storia e scenari* (Corigliano Calabro, 2000), p. 16.
[10] Amate il pane, cuore della casa, profumo della mensa, gioia del focolare. Rispettate

il pane, sudore della fronte, orgoglio del lavoro, poema di sacrificio. Onorate il pane, gloria dei campi, fragranza della terra, festa della vita. Non sciupate il pane, ricchezza della patria, il più soave dono di Dio, il più santo premio alla fatica umana (Benito Mussolini, *Il popolo d'Italia*, 25 March 1928, p. 15).

[11] Simonetta Falasca Zamponi, *Lo spettacolo del fascismo* (Rome, 2003), pp. 226–42.

[12] Ernesto Laura, *Le stagioni dell'aquila: storia dell'Istituto Luce* (Rome, 2000).

[13] The historical archives of the Istituto Luce are now available online at www.archivioluce.com.

[14] Helstosky, *Garlic*, pp. 100–02.

[15] Sorcinelli, *Gli Italiani*, pp. 200–01.

[16] Stephen C. Bruner, 'Leopoldo Franchetti and Italian Settlement in Eritrea: Emigration, Welfare Colonialism and the Southern Question', *European History Quarterly*, XXXIX/1 (2009), pp. 71–94.

[17] Kate Ferris, ' "Fare di ogni famiglia italiana un fortilizio" : The League of Nations' Economic Sanctions and Everyday Life in Venice', *Journal of Modern Italian Studies*, XI/2 (2006), pp. 117–42.

[18] 'Mai come in quest'ora delicatissima, in cui tutto ciò che è forza morale attiva e fattiva acquista, sulla via del sacrificio, un potere trascendentale, la vostra missione di massaie ha avuto la suprema importanza che si riconnette, nel modo più diverso, cogli attuali urgenti interessi della Nazione. Perché specialmente da voi, massaie, che delle vostre attività e delle vostre possibilità spirituali fate il fulcro della vita familiare, si vuole che parta l'esempio capace di portare irre-sistibilmente anche gli indifferenti, anche gli incoscienti alla rigida osservanza della regola di parsimonia che ci siamo imposte e nella quale persevereremo fino al giorno della vittoria!' (Frida, 'Cucina Antisanzionista', *Cucina Italiana*, December 1935, p. 9.)

[19] Perry R. Wilson, 'Cooking the Patriotic Omelette: Women and the Italian Fascist Ruralization Campaign', *European History Quarterly*, XXVII/4 (1993), pp. 351–47; Paul Corner, 'Women in Fascist Italy: Changing Family Roles in the Transition from an Agricultural to an Industrial Society', *European History Quarterly*, XXIII/1 (1997), pp. 51–68.

[20] Jeffrey T. Schnapp, 'The Romance of Caffeine and Aluminum', *Critical Inquiry*, xxviii/1(2001), pp. 244–69; Jonathan Morris, 'Making Italian Espresso, Making Espresso Italian', *Food and History*, VIII/2 (2010), pp. 155–84.

[21] ‘Il caffe non e necessario alla nostra razza dinamica, attiva, svegliatissima, quin-di niente affatto bisognosa di eccitanti o stimolanti in genere . . . Il caffe non rappresenta per noi una necessità ma una ghiottoneria, un’abitudine, un pregiudizio che sia la panacea di molti mali o l’indispensabile aiuto di quel lavoro che non ci sgomenta mai neppure se snervante o continuo o identico a se stesso, quel lavoro che per essere da noi integralmente e sanamente compiuto non ha bisogno delle pause al banco degli espressi’ (Eleonora della Pura, ‘Vini tipici e frutta invece di caffè’, *La cucina italiana*, June 1939, p. 164).

[22] Gian Franco Vené, *Mille lire al mese: vita quotidiana della famiglia nell’Italia Fascista* (Milan, 1988).

[23] Gianni Isola, *Abbassa la tua radio per favore . . . Storia dell’ascolto radiofonico nell’italia fascista* (Florence, 1990).

[24] Adam Ardvisson, ‘Between Fascism and the American Dream: Advertising in Interwar Italy’, *Social Science History*, xxv/2 (2001), p. 176.

[25] Giampaolo Gallo, Renato Covino and Roberto Monicchia, ‘Crescita, crisi, riorganizzazione: l’industria alimentare dal dopoguerra a oggi’, in *Storia d’italia, Annali 13: L’alimentazione*, ed. De Bernardi, Varni and Capatti, p. 172.

[26] Alberto Capatti, ‘La nascita delle associazioni vegetariane in Italia’, *Food and History*, II/1 (2004), pp. 167–90.

[27] Ada Bonfiglio Krassich, *Almanacco della cucina 1937: La cucina economica e sana: consigli preziosi per la massaia* (Milan, 1936), p. 25.

[28] Bonfiglio Krassich, *Almanacco*, p. 34.

[29] Steve Siporin, ‘From Kashrut to Cucina Ebraica: The Recasting of Italian Jewish Foodways’, *Journal of American Folklore*, CVII/424 (1994), pp. 268–81.

[30] Agnese Portincasa, ‘Il Touring Club Italiano e la Guida Gastronomica d’Italia. Creazione, circolazione del modello e tracce della sua evoluzione (1931–1984)’, *Food and History*, VI/1 (2008), pp. 83–116.

[31] Touring Club Italiano, *Guida Gastronomica d’Italia* (Milan, 1931); Massimo Montanari, ‘Gastronomia e Cultura’, in *Introduzione alla Guida Gastronomica Italiana 1931* (Milan, 2003), pp. 4–5.

[32] Alberto Capatti, *L’osteria nuova: una storia italiana del XX secolo* (Bra, 2000), p. 65.

[33] Alberto Capatti, ‘Il Buon Paese’, in *Introduzione alla Guida Gastronomica Italiana 1931* (Milan, 2003), p. 16.

[34] Federazione Nazionale Fascista Pubblici Esercizi, *Trattorie d'Italia 1939* (Rome, 1939).

[35] Capatti, *L'osteria*, pp. 34–5.

[36] Ibid., pp. 19–22.

[37] Hans Barth, *Osteria: Guida spirituale delle osterie italiane da Verona a Capri* (Florence, 1921).

[38] Filippo Tommaso Marinetti and Fillia [Luigi Colombo], *La cucina futurista* (Milan 1932), pp. 28–30.

[39] Ibid., p. 5.

[40] Ibid., pp. 218–19.

[41] Enrico Cesaretti, 'Recipes for the Future: Traces of Past Utopias in the Futurist Cookbook', *European Legacy*, XIV/7 (2009), pp. 841–56.

[42] Marinetti and Fillia, *La cucina futurista*, p. 146.

[43] Maria Paola Moroni Salvatori, 'Ragguaglio bibliografico sui ricettari del primo Novecento', in *Storia d'Italia, Annali 13: L'alimentazione*, ed. De Bernardi, Varni and Capatti, p. 900.

[44] Pietro Luminati, *La Borsa Nera* (Rome, 1945).

[45] Pierpaolo Luzzato Fegiz, *Alimentazione e Prezzi in tempo di Guerra, 1942–43* (Trieste, 1948).

[46] Sorcinelli, *Gli italiani*, p. 137.

[47] Rinaldo Chidichimo, 'Un secolo di agricoltura italiana: uno sguardo d'insieme', in *L'Italia Agricola nel XX secolo: Storia e scenari*, ed. Società Italiana degli Agricoltori (Corigliano Calabro, 2000), p. 5.

[48] Paul Ginsborg, *A History of Contemporary Italy: Society and Politics 1943–1988* (New York, 2003), pp. 121–40.

[49] Scandizzo, 'L'agricoltura', pp. 30–31.

[50] Cao Pinna, 'Le classi povere', in *Atti della commissione parlamentare di inchiesta sulla miseria in Italia e sui mezzi per combatterla*, vol. II (Rome, 1954).

[51] Sorcinelli, *Gli italiani*, p. 212.

[52] Viviana Lapertosa, *Dalla fame all'abbondanza: Gli italiani e il cibo nel cinema dal dopoguerra ad oggi* (Turin, 2002).

[53] Fabio Carlini, Donata Dinoia and Maurizio Gusso, *C'è il boom o non c'è. Immagini*

dell'Italia del miracolo economico attraverso film dell'epoca (1958–1965) (Milan, 1998).

[54] Helstosky, *Garlic*, p. 127.

[55] Luisa Tasca, ' "The Average Housewife" in Post-World War II Italy', *Journal of Women's History*, XVI/2 (2004), pp. 92–115; Adam Arvidsson, 'The Therapy of Consumption Motivation Research and the New Italian Housewife, 1958–62', *Journal of Material Culture*, V/3 (2000), pp. 251–74.

[56] Scandizzo, 'L'agricoltura', p. 35.

[57] Paolo Malanima, 'Urbanisation and the Italian Economy During the Last Millennium', *European Review of Economic History*, 9 (2005), p. 106.

[58] Sorcinelli, *Gli italiani*, p. 219.

[59] Scandizzo, 'L'agricoltura', p. 22.

[60] Gianpaolo Fissore, 'Gli italiani e il cibo sul grande schermo dal secondo dopoguerra a oggi', in *Il cibo dell'altro: movimenti migratori e culture alimentari nella Torino del Novecento*, ed. Marcella Filippa (Rome, 2003), pp. 163–79.

[61] Mara Anastasia and Bruno Maida, 'I luoghi dello scambio', in *Il cibo dell'altro: movimenti migratori e culture alimentary nella Torino del Novecento*, ed. Marcella Filippa (Rome, 2003), pp. 3–52.

[62] Rachel E. Black, *Porta Palazzo: The Anthropology of an Italian Market* (Philadelphia, 2012).

[63] Paolo Sorcinelli, 'Identification Process at Work: Virtues of the Italian Working-class Diet in the First Half of the Twentieth Century', in *Food, Drink and Identity*, ed. Peter Scholliers (Oxford, 2001), p. 81.

[64] Istituto Italiano Alimenti Surgelati, *I surgelati: amici di famiglia* (Rome, 2011), p. 30.

[65] Gian Paolo Ceserani, *Storia della pubblicità in Italia* (Bari, 1988); Gianni Canova, *Dreams: i sogni degli italiani in 50 anni di pubblicità televisiva* (Milan, 2004); Gian Luigi Falabrino, *Storia della pubblicità in Italia dal 1945 a oggi* (Rome, 2007).

[66] Emanuela Scarpellini, 'Shopping American-style: The Arrival of the Supermarket in Postwar Italy', *Enterprise and Society*, V/4 (2004), pp. 625–68.

[67] Bernando Caprotti, *Falce e carrello: Le mani sulla spesa degli italiani* (Venezia, 2007).

[68] Morris, 'Making Italian Espresso', p. 164.

第六章 当下与未来

[1] Piero Camporesi, *La terra e la luna* (Garzanti, 1995), p. 339.

[2] Pasquale Lucio Scandizzo, 'L'agricoltura e lo sviluppo economico', in *L'Italia Agricola nel XX secolo: Storia e scenari* (Corigliano Calabro, 2000), p. 41.

[3] Ibid., p. 21.

[4] Aida Turrini, Anna Saba, Domenico Perrone, Eugenio Cialfa and Amleto D'Amicis, 'Food Consumption Patterns in Italy: the INN-CA Study 1994–1996', *European Journal of Clinical Nutrition*, LV/7 (2001), pp. 571–88.

[5] ISTAT, *Rapporto Annuale 2012: La situazione del Paese* (Rome, 2012).

[6] Fondazione Qualivita – Ismea, *Rapporto 2011 sulle produzioni agroalimentari italiane dop igp stg* (Siena, 2012).

[7] Monica Giulietti, 'Buyer and Seller Power in Grocery Retailing: Evidence from Italy', *Revista de Economía del Rosario*, X/2 (2007), pp. 109–25.

[8] Ulf Johansson and Steve Burt, 'The Buying of Private Brands and Manufacturer Brands in Grocery Retailing: a Comparative Study of Buying Processes in the UK, Sweden and Italy', *Journal of Marketing Management*, XX/7–8 (2004), pp. 799–824.

[9] Lucio Sicca, *Lo straniero nel piatto* (Milan, 2002).

[10] Rachel Eden Black, *Porta Palazzo: The Anthropology of an Italian Market* (Philadelphia, 2012), pp. 93–118.

[11] Riccardo Vecchio, 'Local Food at Italian Farmers' Markets: Three Case Studies', *International Journal of Sociology of Agriculture and Food*, XVII/2 (2010), pp. 122–39.

[12] Anna Carbone, Marco Gaito and Saverio Senni, 'Consumer Attitudes toward Ethical Food: Evidence from Social Farming in Italy', *Journal of Food Products Marketing*, XV/3 (2009), pp. 337–50.

[13] Paolo C. Conti, *La leggenda del buon cibo italiano* (Rome, 2006), pp. 102–12.

[14] Maria Paola Ferretti and Paolo Magaudda, 'The Slow Pace of Institutional Change in the Italian Food System', *Appetite*, LXVII/2 (2006), pp. 161–9; Bente Halkier, Lotte Holm, Mafalda Domingues, Paolo Magaudda, Annemette Nielsen and Laura Terragni, 'Trusting, Complex, Quality-conscious or Unprotected?' *Journal of Consumer Culture*, VII/3 (2007), pp. 379–402; Roberta Sassatelli and Alan Scott, 'Novel Food, New Markets and Trust Regimes: Responses to the Erosion of Consumers' Confidence in Austria, Italy and the UK', *European Societies*, III/2 (2001), pp. 213–44; Andrew

Fearne, Susan Hornibrook and Sandra Dedman, 'The Management of Perceived Risk in the Food Supply Chain: A Comparative Study of Retailer-led Beef Quality Assurance Schemes in Germany and Italy', *International Food and Agribusiness Management Review*, IV/1 (2001), pp. 19–36.

[15] See http://gmofree-euroregions.regione.marche.it.

[16] Johanna Gibson, 'Markets in Tradition – Traditional Agricultural Communities in Italy and the Impact of GMOS', *Script-ed*, III/3 (2006), pp. 243–52.

[17] Ferruccio Trabalzi, 'Crossing Conventions in Localized Food Networks: Insights from Southern Italy', *Environment and Planning A*, XXXIX/2 (2007), pp. 283–300; Andrés Rodríguez-Pose and Maria Cristina Refolo, 'The Link Between Local Production Systems and Public and University Research in Italy', *Environment and Planning A*, XXXV/8 (2003), pp. 1477–92.

[18] Felice Adinolfi, Marcello De Rosa, Ferruccio Trabalzi, 'Dedicated and Generic Marketing Strategies: The Disconnection between Geographical Indications and Consumer Behavior in Italy', *British Food Journal*, CXIII/3 (2011), pp. 419–35.

[19] Conti, *La leggenda*, pp. 200–02.

[20] Directorate-General for Agriculture and Rural Development, *An Analysis of the EU Organic Sector* (Brussels, 2010).

[21] Achille Mingozzi and Rosa Maria Bertino, *Rapporto Bio Bank 2012: prosegue la corsa per accorciare la filiera* (Forlí, 2012). See www.biobank.it.

[22] Roberta Sonnino, 'Quality Food, Public Procurement, and Sustainable Development: The School Meal Revolution in Rome', *Environment and Planning A*, XLI/2 (2009), pp. 425–40; Stefano Bocchi, Roberto Spigarolo, Natale Marcomini and Valerio Sarti, 'Organic and Conventional Public Food Procurement for Youth in Italy', *Bioforsk Report*, III/42 (2008), pp. 1–45.

[23] Carole Counihan, *Around the Tuscan Table: Food, Family, and Gender in Twentieth-century Florence* (New York and London, 2004).

[24] Angelo Presenza, Antonio Minguzzi and Clara Petrillo, 'Managing Wine Tourism in Italy', *Journal of Tourism Consumption and Practice*, II/1 (2010), pp. 46–61.

[25] Filippo Ceccarelli, *Lo stomaco della Repubblica* (Milan, 2000).

[26] Fabio Parasecoli, 'Postrevolutionary Chowhounds: Food, Globalization, and the Italian Left', *Gastronomica*, III/3 (2003), pp. 29–39.

[27] Mara Miele and Jonathan Murdoch, 'The Practical Aesthetics of Traditional Cuisines:

Slow Food in Tuscany', *Sociologia Ruralis*, XLII/4 (2002), pp. 312–28; Costanza Nosi and Lorenzo Zanni, 'Moving From "Typical Products" to "Food-related services" : The Slow Food Case as a New Business Paradigm', *British Food Journal*, CVI/10–11 (2004), pp. 779–92.

[28] Corby Kummer, *The Pleasures of Slow Food: Celebrating Authentic Traditions, Flavors, and Recipes* (San Francisco, 2002).

[29] Heather Paxson, 'Slow Food in a Fat Society: Satisfying Ethical Appetites', *Gastronomica*, V/2 (2005), pp. 14–18; Narie Sarita Gaytàn, 'Globalizing Resistance: Slow Food and New Local Imaginaries', *Food, Culture and Society*, VII/2 (2004), pp. 97–116.

[30] Carlo Petrini, ed., *Slow Food: Collected Thoughts on Taste, Tradition, and the Honest Pleasures of Food* (White River Junction, VT, 2001); Carlo Petrini, *Slow Food: The Case of Taste* (New York, 2003); Carlo Petrini and Gigi Padovani, *Slow Food Revolution* (New York, 2006).

[31] Janet Chrzan, 'Slow Food: What, Why, and to Where?', *Food, Culture and Society*, VII/2 (2004), pp. 117–32.

[32] Rachel Laudan, 'Slow Food: The French Terroir Strategy, and Culinary Modernism', *Food, Culture and Society*, VII/2 (2004), pp. 133–44.

第七章　意大利食品的全球化

[1] Jeffrey M. Pilcher, *Food in World History* (New York, 2006), p. 87.

[2] David Gentilcore, *Pomodoro: A History of the Tomato in Italy* (New York, 2010), p. 100; Ercole Sori, *L'emigrazione italiana dall'unità alla seconda guerra mondiale* (Bologna, 1980).

[3] Alberto Pecorini, 'The Italian as an Agricultural Laborer', *Annals of the American Academy of Political and Social Science*, XXXIII/2 (1909), p. 158.

[4] Ibid., p. 159.

[5] Nancy Tregre Wilson, *Louisiana's Food, Recipes, and Folkways* (Gretna, LA, 2005).

[6] Joel Denker, *The World on a Plate: A Tour through the History of America's Ethnic Cuisines* (Boulder, CO, 2003), pp. 14–20.

[7] Dick Rosano, *Wine Heritage: The Story of Italian American Vintners* (San Francisco, 2000); Simone Cinotto, *Terra soffice uva nera: Vitivinicoltori piemontesi in California*

prima e dopo il Proibizionismo (Turin, 2008).
[8] Carol Helstosky, *Garlic and Oil: Food and Politics in Italy* (Oxford, 2004), p. 28.
[9] Gentilcore, *Pomodoro*, p. 114.
[10] Julia Lovejoy Cuniberti, *Practical Italian Recipes for American Kitchens* (Gazette Printing Company, 1918), p. 27, available at http://books.google.com.
[11] Donna Gabaccia, *We Are What We Eat: Ethnic Food and the Making of Americans* (Cambridge, MA, 1998), p. 52.
[12] Hasia Diner, *Hungering for America: Italian, Irish, and Jewish Foodways in the Age of Migration* (Cambridge, MA, 2001), p. 64.
[13] Naomi Guttman and Roberta L. Krueger, 'Utica Greens: Central New York's Italian–American Specialty', *Gastronomica*, IX/3 (2009), pp. 62–7.
[14] Maddalena Tirabassi, *Il Faro di Beacon Street: Social Workers e immigrate negli Stati Uniti, 1910–1939* (Milan, 1990).
[15] Jane Ziegelman, *97 Orchard: An Edible History of Five Immigrant Families in One New York Tenement* (New York, 2010), pp. 183–227.
[16] Fernando Devoto, Gianfausto Rosoli and Diego Armus, *La inmigración italiana en la Argentina* (Buenos Aires, 2000); Fernando Devoto, *La Historia de los Italianos en la Argentina* (Buenos Aires, 2008); Franco Cenni, *Italianos no Brasil: 'Andiamo in Merica'* (São Paulo, 2002).
[17] Paola Corti, 'Emigrazione e consuetudini alimentari', in *Storia d'Italia, Annali 13: L'alimentazione*, ed. Alberto De Bernardi, Alberto Varni and Angelo Capatti (Turin, 1998), pp. 696–702.
[18] Diner, *Hungering*, pp. 48–83.
[19] Roberta James, 'The Reliable Beauty of Aroma: Staples of Food and Cultural Production among Italian Australians', *Australian Journal of Anthropology*, XV/1 (2004), pp. 23–39; Harvey Levenstein, *Paradox of Plenty: A Social History of Eating in Modern America* (Berkeley and Los Angeles, 2003), p. 29.
[20] Simone Cinotto, 'La cucina diasporica: il cibo come segno di identita culturale', in *Storia d'Italia, Annali 24: Migrazioni*, ed. Alberto De Bernardi, Alberto Varni and Angelo Capatti (Turin, 2009), pp. 653–72.
[21] Lara Pascali, 'Two Stoves, Two Refrigerators, Due Cucine: The Italian Immigrant Home with Two Kitchens', *Gender, Place and Culture*, XIII/6 (2006), pp. 685–95.
[22] Leen Beyers, 'Creating Home: Food, Ethnicity and Gender among Italians in Belgium

since 1946', *Food, Culture and Society*, XI/1 (2008), pp. 7–27.

[23] Maren Möhring, 'Staging and Consuming the Italian Lifestyle: The Gelateria and the Pizzeria-Ristorante in Post-war Germany', *Food and History*, VII/2 (2009), pp. 181–202.

[24] Jonathan Morris, 'Imprenditoria italiana in Gran Bretagna Il consumo del caffè "stile italiano" , *Italia Contemporanea*, 241 (2005), pp. 540–52.

[25] Taken from http://japaneats.tv.

[26] Rossella Ceccarini, *Pizza and Pizza Chefs in Japan: A Case of Culinary Globalization* (Leiden, 2011); Corky White, 'Italian Food: Japan's Unlikely Culinary Passion', *The Atlantic* (6 October 2010), available at www.theatlantic.com.

[27] Robbie Swinnerton, 'Italian Cucina Meets 21st-century Tokyo', *Japan Times* online (18 June 2004), available at www.japantimes.co.jp.

[28] Luigi Cembalo, Gianni Cicia, Teresa Del Giudice, Riccardo Scarpa and Carolina Tagliafierro, 'Beyond Agropiracy: The Case of Italian Pasta in the United States Retail Market', *Agribusiness*, XXIV/3 (2008), pp. 403–13.

[29] Gabaccia, *We Are What We Eat*, p. 150.

[30] John F. Mariani, *How Italian Food Conquered the World* (New York, 2011), pp. 44–5.

[31] Hasimu Huliyeti, Sergio Marchesini and Maurizio Canavari, 'Chinese Distribution Practitioners' Attitudes towards Italian Quality Foods', *Journal of Chinese Economic and Foreign Trade Studies*, I/3 (2008), pp. 214–31.

[32] Davide Girardelli, 'Commodified Identities: The Myth of Italian Food in the United States', *Journal of Communication Inquiry*, XXVIII/4 (2004), pp. 307–24.

[33] itchefs, GVCI, 'IDIC 2010: An Unforgettable Day in the Name of Tagliatelle al Ragù Bolognese', www.itchefs-gvci.com.

[34] Dwayne Woods, 'Pockets of Resistance to Globalization: The Case of the Lega Nord', *Patterns of Prejudice*, XLIII/2(2009), pp. 161–77.

[35] Laura Chadwick, *The Celts* (London, 1997), p. 19.

[36] Michael Dietler, 'Our Ancestors the Gauls: Archaeology, Ethnic Nationalism, and the Manipulation of Celtic Identity in Modern Europe', *American Anthropologist,* New Series, XCVI/3 (1994), p. 584.

[37] E. Ma, 'La polenta uncia contro il "cous cous" ', *La Provincia di Como* (7 February 2004).

[38] 'Straniera la polenta uncia: L'accusa arriva dallo chef', *La Provincia di Como* (1

Feburary 2010), available at www.laprovinciadicomo.it.

[39] Flavia Krause-Jackson, 'Tuscan Town Accused of Culinary Racism for Kebab Ban', www.bloomberg.com, 27 January 2009.

[40] Maria Sorbi, ' "Coprifuoco" notturno per kebab e gelati', www.ilgiornale.it, 22 April 2009.

[41] Matthew Fort, 'McDonald's Launch McItaly', *The Guardian* (28 January 2010).

[42] Ibid.

[43] Carlo Petrini, 'Lettera al panino McItaly', *La Repubblica* (3 February 2010).

[44] 'Gualtiero Marchesi firma due nuovi panini per Mcdonald's', www.italianfood-net.com, 11 October 2011.

[45] Luca Zaia, *Adottare la terra (per non morire di fame)* (Milan, 2010), p. 9.

[46] Ibid., p. 20.

[47] Ibid., p. 57.

[48] Rosario Scarpato, 'Pizza: An Organic Free Range. Tale in Four Slices', *Divine*, 20 (2001), pp. 30–41.

[49] European Union Commission, 'Commission Regulation (EU) no 97/2010', *Official Journal of the European Union*, VI/2 (2010), pp. L34/7–16.

[50] Ian Fisher, 'Is Cuisine Still Italian Even if the Chef Isn't?', *New York Times* (7 April 2008).

[51] Pina Sozio, 'Fornelli d'Italia', *Gambero Rosso*, XIX/221 (2010), pp. 86–91.

[52] Marco Delogu, 'Due Migrazioni', *Sguardi online*, 54 (2007), available at www.nital.it; Marco Delogu, *Pastori*, vol. II (Rome, 2009).

[53] Lorenzo Cairoli, 'Pigneto: Etnico senza trucchi', *Gambero Rosso*, XIX/220 (2010), pp. 76–83.

[54] Jonathan Leake, 'Global Warming Threatens to Rob Italy of Pasta', *Sunday Times* (15 November 2009), p. 9.

[55] Rudy Ruitenberg, 'Italian Grain Imports Rise 11% on Soft-Wheat, Barley Purchases, Group Says', www.bloomberg.com, 13 August 2010.

[56] Barilla, *FAQs* (2010), available at www.barillaus.com.

[57] Coldiretti, 'Rosarno: Coldiretti, nei campi oltre 90mila extracomunitari regolari', *NewsColdiretti* (24 January 2010), available at www.coldiretti.it.

[58] Giuseppe Salvaggiulo, 'La rivolta nera di Rosarno', *La Stampa* (8 January 2010).

[59] Massimo Ferrara, 'Food, Migration, and Identity: Halal Food and Muslim Immigrants

in Italy', masters thesis, Center for Global and International Studies, University of Kansas, 2011, pp. 25–6.

[60] Pierpaolo Mudu, 'The People's Food: The Ingredients of "Ethnic" Hierarchies and the Development of Chinese Restaurants in Rome', *GeoJournal*, 68 (2007), pp. 195–210.

第八章 城镇和大区构成的民族：意式乡土观念

[1] Emilio Faccioli, ed., *Arte della cucina. Libri di ricette, testi sopra lo scalco, i trinciante e i vini. Dal XIV al* XIX *secolo*, vol. I (Milan, 1966), p. 143.

[2] Faccioli, *Arte*, p. 146.

[3] Pecorino Toscano DOP, *Viaggio nella storia* [Travel history] (2008), available at www.pecorinotoscanodop.it.

[4] European Union Council, 'Council Regulation (EC) no 510/2006', *Official Journal* L 93, XXXI/3 (2006), pp. 12–25.

[5] Giovanni Haussmann, 'Il suolo d'Italia nella storia', in *Storia d'Italia: I caratteri originali*, vol. I, ed. Ruggiero Romano and Corrado Vivanti (Turin, 1989), p. 66.

[6] Girolamo Arnaldi, *Italy and It's Invaders* (Cambridge, MA, 2005), p. vii.

[7] Pellegrino Artusi, *La scienza in cucina e l'arte di mangiare bene* [1891] (Florence, 1998), p. 29.

[8] '150 anni di sapori', *Gambero Rosso*, XX/228 (2011), pp. 23–36.

[9] Julio Paz Cafferata and Carlos Pomareda, *Indicaciones geograficas y denominaciones de origen en Centroamerica: situacion y perspectivas* (Geneva, 2009); Leonardo Granados and Carols Álvarez, 'Viabilidad de establecer el sistema de denominaciones de origen de los productos agroalimentarios en Costa Rica', *Agronomía Costarricense*, XXVI/1 (2002), pp. 63–72.

[10] Vito Teti, *Il colore del cibo* (Rome, 1999), pp. 107–114.

[11] Vittorio Agnetti, *La nuova cucina delle specialità regionali* (Milan, 1909).

[12] Ibid., pp. 5–6.

[13] Touring Club Italiano, *Guida Gastronomica d'Italia* (Milan, 1931).

[14] Ibid., p. 5.

[15] John F. Mariani, *How Italian Food Conquered the World* (New York, 2011), p. 163.

[16] Massimo Montanari, *L'identità Italiana in Cucina* (Rome, 2010), p. vii.

[17] Ibid., p. 17.

[18] Alberto Capatti and Massimo Montanari, *Italian Cuisine: A Cultural History* (New

York, 2003), p. xiv.

[19] Michael Hardt and Antonio Negri, *Empire* (Cambridge, MA, 2001), pp. 44–5.

[20] Davide Panagia, *The Political Life of Sensation* (Durham, NC, and London, 2009).

[21] Regina Bendix, *In Search of Authenticity: The Formation of Folklore Studies* (Madison, WI, 1997); Meredith Abarca, 'Authentic or Not, It's Original', *Food and Foodways*, XII/1 (2004), pp. 1–25.

参考文献

Abarca, Meredith, 'Authentic or Not, it's Original', *Food and Foodways*, XII/1 (2004), pp. 1–25.

Abulafia, David, 'Pisan Commercial Colonies and Consulates in Twelfth-century Sicily', *English Historical Review*, XCIII/366 (1978), pp. 68–81.

——, 'The Crown and the Economy under Roger II and his Successors', *Dumbarton Oaks Papers*, 37 (1983), pp. 1–14.

Abu-Lughod, Janet, *Before European Hegemony: The World System, AD 1250–1350* (New York and Oxford, 1989).

Acemoglu, Daron, and James A. Robinson, *Why Nations Fail: The Origin of Power, Prosperity, and Poverty* (New York, 2012).

Achilli, Alessandro et al., 'Mitochondrial DNA Variation of Modern Tuscans Supports the Near Eastern Origin of Etruscans', *American Journal of Human Genetics*, LXXX/4 (2007), pp. 759–68.

Adelman, Howard, 'Rabbis and Reality: Public Activities of Jewish Women in Italy during the Renaissance and Catholic Restoration', *Jewish History*, v/1 (1991), pp. 27–40.

Adinolfi, Felice, Marcello De Rosa and Ferruccio Trabalzi, 'Dedicated and Generic Marketing Strategies: The Disconnection between Geographical Indications and Consumer Behavior in Italy', *British Food Journal*, CXIII/3 (2011), pp. 419–35.

Agnetti, Vittorio, *La nuova cucina delle specialità regionali* (Milan, 1909). Available at www.academiabarilla.it.

Albala, Ken, *Eating Right in the Renaissance* (Berkeley and Los Angeles, 2002).

——, *Food in Early Modern Europe* (Westport, CT, 2003).

Albarella, Umberto, Antonio Tagliacozzo, Keith Dobney and Peter Rowley-Conwy, 'Pig Hunting and Husbandry in Prehistoric Italy: A Contribution to the Domestication Debate', *Proceedings of the Prehistoric Society*, 72 (2006), pp. 193–227.

Alexandre-Bidon, Daniele, 'La cigale et la fourmi: Céramique et conservation des aliments et des médicaments (Moyen Age–XVI siècle)', in *Profusion et Pénurie: Les hommes face à leurs besoins alimentaires*, ed. Martin Bruegel (Rennes, 2009), pp. 71–84.

Amouretti, Marie-Claire, 'Urban and Rural Diets in Greece', in *Food: A Culinary History from Antiquity to the Present*, ed. Jean-Louis Flandrin and Massimo Montanari (New York, 1999), pp. 79–89.

Anastasia, Mara, and Bruno Maida, 'I luoghi dello scambio', in *Il cibo dell'altro: movimenti migratori e culture alimentary nella Torino del Novecento*, ed. Marcella Filippa (Roma, 2003), pp. 3–52.

Ardvisson, Adam, 'Between Fascism and the American Dream: Advertising in Interwar Italy', *Social Science History*, XXV/2 (2001), pp. 151–84.

——, 'The Therapy of Consumption Motivation Research and the New Italian Housewife, 1958–62', *Journal of Material Culture*, V/3 (2000), pp. 251–74.

Arnaldi, Girolamo, *Italy and Its Invaders* (Cambridge, MA, 2005).

Artusi, Pellegrino, *La scienza in cucina e l'arte di mangiare bene* [1891] (Firenze, 1998).

Ashtor, E., 'Profits from Trade with the Levant in the Fifteenth Century', *Bulletin of the School of Oriental and African Studies*, XXXVIII/2 (1975), pp. 250–75.

Bachi, Riccardo, *L'alimentazione e la politica annonaria* (Bari, 1926).

Badel, Christophe, 'Ivresse et ivrognerie a Rome (iie s av. J.-C.– IIIE s ap. J.-C.)', *Food and History*, IV/2 (2006), pp. 75–89.

Badet, Muriel, 'Piero di Cosimo: d'une iconographie a l'autre. Rapt, repas de noce et pique-nique pour l'Enlevement d'Hippodamie', *Food and History*, IV/1 (2006), pp. 147–67.

Badiali, Federica, *Cucina mediaevale italiana* (Bologna, 1999).

Banaji, Jairus, *Agrarian Change in Late Antiquity: Gold, Labour, and Aristocratic Dominance* (Oxford, 2007).

Barker, Graeme, *The Agricultural Revolution in Prehistory: Why Did Foragers Become Farmers?* (Oxford, 2006).

Barth, Hans, *Osteria: Guida spirituale delle osterie italiane da Verona a Capri* (Firenze, 1921).

Beekes, Robert, 'The Prehistory of the Lydians, the Origin of the Etruscans, Troy and Aeneas', *Biblioteca Orientalis*, LIX/3–4 (2002), pp. 205–41.

Belayche, Nicole, 'Religion et consommation de la viande dans le monde romain: des réalités voilées', *Food and History*, V/1 (2007), pp. 29–43.

Bellettini, Athos, 'Aspetti e problemi della ripresa demografica nell'Italia del Settecento', *Società e Storia*, 6 (1979), pp. 817–38.

Bendix, Regina, *In Search of Authenticity: The Formation of Folklore Studies* (Madison, WI, 1997).

Benito, Pere, 'Food Systems', in *A Cultural History of Food: In the Medieval Age*, ed. Fabio Parasecoli and Peter Scholliers (Oxford, 2012), pp. 37–56.

Bernabò Brea, Maria, Andrea Cardarelli and Mauro Cremaschi, eds, *Le terremare, la più antica civiltà padana* (Milan, 1997).

Betri, Maria Luisa, 'L'alimentazione popolare nell'Italia dell'Ottocento', in *Storia d'Italia, Annali 13: L'alimentazione*, ed. Alberto De Bernardi, Alberto Varni and Angelo Capatti (Torino, 1998), pp. 7–38.

Beyers, Leen, 'Creating Home: Food, Ethnicity and Gender among Italians in Belgium since 1946', *Food, Culture and Society*, XI/1 (2008), pp. 7–27.

Black, Rachel Eden, *Porta Palazzo: The Anthropology of an Italian Market* (Philadelphia, 2012).

Bocchi, Stefano, Roberto Spigarolo, Natale Marcomini and Valerio Sarti, 'Organic and Conventional Public Food Procurement for Youth in Italy', *Bioforsk Report*, III/42 (2008), pp. 1–45.

Bosi, Giovanna, Anna Maria Mercuri, Chiara Guarnieri and Marta Bandini Mazzanti, 'Luxury Food and Ornamental Plants at the 15th-century AD Renaissance Court of the Este Family (Ferrara, Northern Italy)', *Vegetation History and Archaeobotany*, XVIII/5 (2009), pp. 389–402.

Boudier, Valérie, 'Appropriation et représentation des animaux du Nouveau Monde chez deux artistes nord italiens de la fin du XVIe siècle: Le cas du dindon', *Food History*, VII/1 (2009), pp. 79–102.

Bova, Aldo, *L'avventura del vetro dal Rinascimento al Novecento tra Venezia e mondi lontani* (Geneva, 2010).

Braudel, Fernand, *Memory and the Mediterranean* (New York, 2001).

Briggs, Daphne Nash, 'Metals, Salt, and Slaves: Economic Links between Gaul and Italy from the Eighth to the Late Sixth Centuries BC', *Oxford Journal of Archaeology*, XXII/3 (2003), pp. 243–59.

——, 'Servants at a Rich Man's Feast: Early Etruscan Household Slaves and Their Procurement', *Etruscan Studies*, 9, Article 14 (2002). Available at: http://scholarworks.

umass.edu.

Broekaert, Wim, and Arjan Zuiderhoek, 'Food and Politics in Classic Antiquity', in *A Cultural History of Food in Antiquity*, ed. Fabio Parasecoli and Peter Scholliers (London, 2012), pp. 41–55.

——, 'Food Systems in Classic Antiquity', in *A Cultural History of Food in Antiquity*, ed. Fabio Parasecoli and Peter Scholliers (London, 2012), pp. 75–93.

Brothwell, Don, and Patricia Brothwell, *Food in Antiquity: A Survey of the Diet of Early Peoples* (Baltimore and London, 1998).

Brown, Thomas and Neil Christie, 'Was There a Byzantine Model of Settlement in Italy?', *Melanges de l'École française de Rome: Moyen-Age, Temps modernes*, CI/2 (1989), pp. 377–99.

Brownworth, Lars, *Lost to the West* (New York, 2009).

Bruegel, Martin, 'Pénurie et profusion: de la crise alimentaire à l'alimentation en crise', in *Profusion et penurie: les hommes face à leurs besoins alimentaires*, ed. Martin Bruegel (Rennes, 2009), pp. 9–34.

Bruner, Stephen C., 'Leopoldo Franchetti and Italian Settlement in Eritrea: Emigration, Welfare Colonialism and the Southern Question', *European History Quarterly*, XXXIX/1 (2009), pp. 71–94.

Bryer, Anthony, 'Byzantine Agricultural Implements: The Evidence of Medieval Illustrations in Hesiod's "Works and Days"', *Annual of the British School at Athens*, 81 (1986), pp. 45–80.

Cafferata, Julio Paz and Carlos Pomareda, *Indicaciones geograficas y denominaciones de origen en Centroamerica: situacion y perspectivas* (Geneva, 2009).

Cairoli, Lorenzo, 'Pigneto: Etnico senza trucchi', *Gambero Rosso*, XIX/220 (2010), pp. 76–83.

Campanini, Antonella, 'La table sous controle: Les banquets et l'exces alimentaire dans le cadre des lois somptuaires en Italie entre le Moyen Age et la Renaissance', *Food and History*, IV/2 (2006), pp. 131–50.

Camporeale, Giovanni, 'Vita privata', in *Rasenna: storia e civiltà degli Etruschi*, ed. Massimo Pallottino et al. (Milan, 1986), pp. 239–308.

Camporesi, Piero, *Exotic Brew: The Art of Living in the Age of Enlightenment* (Malden, MA, 1998).

——, 'La cucina borghese dell'Ottocento fra tradizione e rinnovamento', in *La terra e la luna* (Garzanti, 1995), pp. 209–72.

Canova, Gianni, *Dreams: i sogni degli italiani in 50 anni di pubblicità televisiva* (Milan,

2004).

Capatti, Alberto, 'Il Buon Paese', in *Introduzione alla Guida Gastronomica Italiana 1931* (Milan, 2003), pp. 6–31.

——, 'La nascita delle associazioni vegetariane in Italia', *Food and History*, II/1 (2004), pp. 167–90.

——, *L'osteria nuova: una storia italiana del xx secolo* (Bra, 2000).

Capatti, Alberto, Alberto de Bernardi and Angelo Varni, 'Introduzione', in *Storia d'Italia, Annali 13: L'alimentazione* (Torino, 1998), pp. xvii–xiv.

Capatti, Alberto, and Massimo Montanari, *Italian Cuisine: A Cultural History* (New York, 2003).

Caprotti, Bernando, *Falce e carrello: Le mani sulla spesa degli italiani* (Venezia, 2007).

Carbone, Anna, Marco Gaito and Saverio Senni, 'Consumer Attitudes toward Ethical Food: Evidence from Social Farming in Italy', *Journal of Food Products Marketing*, XV/3 (2009), pp. 337–50.

Carlini, Fabio, Donata Dinoia and Maurizio Gusso, *C'è il boom o non c'è: Immagini dell'Italia del miracolo economico attraverso film dell'epoca (1958–1965)* (Milan, 1998).

Ceccarelli, Filippo, *Lo stomaco della Repubblica* (Milan, 2000).

Ceccarelli, Giovanni, Alberto Grandi and Stefano Magagnoli, 'The "Taste" of Typicality', *Food and History*, VIII/2 (2010), pp. 45–76.

Ceccarini, Rossella, *Pizza and Pizza Chefs in Japan: A Case of Culinary Globalization* (Leiden, 2011).

Cembalo, Luigi, Gianni Cicia, Teresa Del Giudice, Riccardo Scarpa and Carolina Tagliafierro, 'Beyond Agropiracy: The Case of Italian Pasta in the United States Retail Market', *Agribusiness*, XXIV/3 (2008), pp. 403–13.

Cenni, Franco, *Italianos no Brasil: 'Andiamo in Merica'* (São Paulo, 2002) .

Cesaretti, Enrico, 'Recipes for the Future: Traces of Past Utopias in The Futurist. Cookbook', *The European Legacy*, xIv/7 (2009), pp. 841–56 .

Ceserani, Gian Paolo, *Storia della pubblicità in Italia* (Bari, 1988) .

Chadwick, Nora, *The Celts* (London, 1997).

Charanis, Peter, 'Ethnic Changes in the Byzantine Empire in the Seventh Century', *Dumbarton Oaks Papers*, 13 (1959), pp. 23–44.

Chiapparino, Francesco, 'L'industria alimentare dall'Unità al period fra le due guerre', in *Storia d'Italia, Annali 13: L'alimentazione*, ed. Alberto De Bernardi, Alberto Varni and Angelo Capatti (Torino, 1998), pp. 206–68.

Chidichimo, Rinaldo, 'Un secolo di agricoltura italiana: uno sguardo d'insieme', in *L'Italia Agricola nel xx secolo: Storia e scenari*, ed. Società Italiana degli Agricoltori (Corigliano Calabro, 2000), pp. 3–7.

Christie, Neil, 'Byzantine Liguria: An Imperial Province against the Longobards, AD 568–643', *Papers of the British School at Rome*, 83 (1990), pp. 229–71.

Chrzan, Janet, 'Slow Food: What, Why, and to Where?', *Food, Culture and Society*, VII/2 (2004), pp. 117–32.

Churchill Semple, Ellen, 'Geographic Factors in the Ancient Mediterranean Grain Trade', *Annals of the Association of American Geographers*, 11 (1921), pp. 47–74.

Cinotto, Simone, 'La cucina diasporica: il cibo come segno di identità culturale', in *Storia d'Italia, Annali 24: Migrazioni*, ed. Alberto De Bernardi, Alberto Varni and Angelo Capatti (Turin, 2009), pp. 653–72.

——, *Terra soffice uva nera: Vitivinicoltori piemontesi in California prima e dopo il Proibizionismo* (Turin, 2008).

Citarella, Armand O., 'Patterns in Medieval Trade: The Commerce of Amalfi before the Crusades', *The Journal of Economic History*, XXVIII/4 (1968), pp. 531–55.

Clifford, Richard J., 'Phoenician Religion', *Bulletin of the American Schools of Oriental Research*, 279 (1990), pp. 55–64.

Coe, Sophie D., *America's First Cuisines* (Austin, 1994).

Cogliati Arano, Luisa, *The Medieval Health Handbook: Tacuinum Sanitatis* (New York, 1976).

Conti, Paolo C., *La leggenda del buon cibo italiano* (Rome, 2006).

Corner, Paul, 'Women in Fascist Italy: Changing Family Roles in the Transition from an Agricultural to an Industrial Society', *European History Quarterly*, XXIII/1 (1997), pp. 51–68.

Corrado, Vincenzo, *Il Credenziere di Buon Gusto* (Naples, 1778).

Corti, Paola, 'Emigrazione e consuetudini alimentary, in *Storia d'Italia*, *Annali 13: L'alimentazione*, ed. Alberto De Bernardi, Alberto Varni and Angelo Capatti (Turin, 1998), pp. 681–719.

Cortonesi, Alfio, 'Food Production', in *A Cultural History of Food: In the Medieval Age*, ed. Fabio Parasecoli and Peter Scholliers (Oxford, 2012), pp. 19–36 .

Costambeys, Marios, 'Settlement, Taxation and the Condition of the Peasantry in Post-Roman Central Italy', *Journal of Agrarian Change*, IX/1 (2009), pp. 92–119.

Counihan, Carole, *Around the Tuscan Table: Food, Family, and Gender in Twentieth-century Florence* (New York and London, 2004).

Cremaschi, Mauro, Chiara Pizzi and Veruska Valsecchi, 'Water Management and Land Use in the Terramare and a Possible Climatic Co-factor in their Abandonment: The Case Study of the Terramara of Poviglio Santa Rosa (Northern Italy)', *Quaternary International*, CLI/1 (2006), pp. 87–98.

Cristofani, Mauro, 'Economia e società', in Massimo Pallottino et al., *Rasenna: Storia e civiltà degli Etruschi* (Milan, 1986), pp. 79–156.

Crosby, Alfred, *The Columbian Exchange: Biological and Cultural Consequences of 1492* (Westport, CT, 1972).

Crotty, Patricia, 'The Mediterranean Diet as a Food Guide: The Problem of Culture and History', *Nutrition Today*, XXXIII/6 (1998), pp. 227–32.

Curtis, Robert I., 'Professional Cooking, Kitchens, and Service Work', in *A Cultural History of Food in Antiquity*, ed. Fabio Parasecoli and Peter Scholliers (London, 2012), pp. 113–32.

Dalby, Andrew, *Siren Feasts: A History of Food and Gastronomy in Greece* (London, 1996).

D'Arms, John H., 'The Culinary Reality of Roman Upper-class Convivia: Integrating Texts and Images', *Comparative Studies in Society and History*, XLVI/3 (2004), pp. 428–50.

Davidson, James, *Courtesans and Fishcakes: The Consuming Passions of Classical Athens* (New York, 1997).

De Angelis, Franco, 'Going against the Grain in Sicilian Greek Economics', *Greece and Rome*, LIII/1 (2006), pp. 29–47.

——, 'Trade and Agriculture at Megara Hyblaia', *Oxford Journal of Archaeology*, XXI/3 (2002), pp. 299–310.

Decker, Michael, 'Plants and Progress: Rethinking the Islamic Agricultural Revolution', *Journal of World History*, XX/2 (2009), pp. 197–206.

Delogu, Marco, 'Due Migrazioni', *Sguardi online*, 54 (2007), available at www.nital.it.

——, *Pastori*, vol. ii (Roma, 2009).

Denker, Joel, *The World on a Plate: A Tour through the History of America's Ethnic Cuisines* (Boulder, CO, 2003).

De Ruyt, Claire, 'Les produits vendus au macellum', *Food and History*, V/1 (2007), pp. 135–50.

Devoto, Fernando, *La Historia de los Italianos en la Argentina* (Buenos Aires, 2008).

Devoto, Fernando, Gianfausto Rosoli and Diego Armus, *La inmigración italiana en la Argentina* (Buenos Aires, 2000).

Diamond, Jared, *Guns, Germs, and Steel* (New York, 1997).

Dickie, John, *Delizia: The Epic History of the Italians and Neir Food* (New York, 2008).

Dietler, Michael, 'Our Ancestors the Gauls: Archaeology, Ethnic Nationalism, and the Manipulation of Celtic Identity in Modern Europe', *American Anthropologist, New Series*, XCVI/3 (1994), pp. 584–605.

Diner, Hasia, *Hungering for America: Italian, Irish, and Jewish Foodways in the Age of Migration* (Cambridge, MA, 2001).

Directorate-General for Agriculture and Rural Development, *An Analysis of the EU Organic Sector* (Brussels, 2010) .

di Schino, June, and Furio Luccichenti, *Il cuoco segreto dei papi – Bartolomeo Scappi e la Confraternita dei cuochi e dei pasticceri* (Roma, 2008).

Dosi, Antonietta and François Schnell, *Le abitudini alimentari dei Romani* (Rome, 1992).

——, *Pasti e vasellame da tavola* (Rome, 1992).

——, *I Romani in cucina* (Rome, 1992).

Dupont, Florence, 'The Grammar of Roman Food', in *Food: A Culinary History from Antiquity to the Present*, ed. Jean-Louis Flandrin and Massimo Montanari (New York, 1999), pp. 113–27.

Dursteler, Eric E., 'Food and Politics', in *A Cultural History of Food: In the Renaissance*, ed. Fabio Parasecoli and Peter Scholliers (London, 2012), pp. 83–100.

Ellis, Steven J. R., 'Eating and Drinking Out', in *A Cultural History of Food in Antiquity*, ed. Fabio Parasecoli and Peter Scholliers (London, 2012), pp. 95–112.

——, 'The Pompeian Bar: Archaeology and the Role of Food and Drink Outlets in an Ancient Community', *Food and History*, II/1 (2004), pp. 41–58.

Erdkamp, Paul, 'Food Security, Safety, and Crises', in *A Cultural History of Food in Antiquity*, ed. Fabio Parasecoli and Peter Scholliers (London, 2012), pp. 57–74.

——, *The Grain Market in the Roman Empire: A Social, Political and Economic Study* (Cambridge, 2005).

——, *Hunger and the Sword: Warfare and Food Supply in Roman Republican Wars (264–30 BC)* (Amsterdam, 1998).

European Commission, 'Commission Regulation (EU) no 97/2010', *Official Journal of the European Union*, v/2 (2010), pp. L34 /7–16.

Faas, Patrick, *Around the Roman Table: Food and Feasting in Ancient Rome* (New York, 1994).

Fabbri Dall'Oglio, Maria Attilia, and Alessandro Fortis, *Il gastrononomo errante Giacomo Casanova* (Rome, 1998).

Fagan, Brian, *Fish on Friday: Feasting, Fasting, and the Discovery of the New World* (New York, 2006).

——, *The Little Ice Age: How Climate Made History, 1300–1850* (New York, 2001).

Falabrino, Gian Luigi, *Storia della pubblicità in Italia dal 1945 a oggi* (Rome, 2007).

Falasca Zamponi, Simonetta, *Lo Spettacolo del Fascismo* (Rome, 2003).

Fearne, Andrew, Susan Hornibrook and Sandra Dedman, 'The Management of Perceived Risk in the Food Supply Chain: A Comparative Study of Retailer-led Beef Quality Assurance Schemes in Germany and Italy', *International Food and Agribusiness Management Review*, IV/1 (2001), pp. 19–36.

Federazione Nazionale Fascista Pubblici Esercizi, *Trattorie d'Italia 1939* (Rome, 1939) .

Feeley-Harnik, Gillian, *The Lord's Table: The Meaning of Food in Early Judaism and Christianity* (Washington and London, 1994).

Fernàndez-Armesto, Felipe, *Near a Thousand Tables* (New York, 2002) .

Ferrara, Massimo, 'Food, Migration, and Identity: Halal Food and Muslim Immigrants in Italy', masters thesis, Center for Global and International Studies, University of Kansas, 2011.

Ferretti, Maria Paola, and Paolo Magaudda, 'The Slow Pace of Institutional Change in the Italian Food System', *Appetite*, LXVII/2 (2006), pp. 161–9.

Ferris, Kate, '"Fare di ogni famiglia italiana un fortilizio": The League of Nations' Economic Sanctions and Everyday Life in Venice', *Journal of Modern Italian Studies*, XI/2 (2006), pp. 117–42.

Fissore, Gianpaolo, 'Gli italiani e il cibo sul grande schermo dal secondo dopoguerra a oggi', in *Il cibo dell'altro: movimenti migratori e culture alimentari nella Torino del Novecento*, ed. Marcella Filippa (Rome, 2003), pp. 163–79.

Flint-Hamilton, Kimberly B., 'Legumes in Ancient Greece and Rome: Food, Medicine, or Poison?', *Hesperia: The Journal of the American School of Classical Studies at Athens*, LXVIII/3 (1999), pp. 371–85.

Fondazione Qualivita – Ismea, *Rapporto 2011 sulle produzioni agroalimentari italiane dop igp stg* (Siena, 2012).

Foxhall, Lin, 'The Dependent Tenant: Land Leasing and Labour in Italy and Greece', *The Journal of Roman Studies*, 80 (1990), pp. 97–114.

Francks, Penelope, 'From Peasant to Entrepreneur in Italy and Japan', *Journal of Peasant Studies*, XXII/4 (1995), pp. 699–709.

Frattarelli Fischer, Lucia, and Stefano Villani, '"People of Every Mixture": *Immigration and Emigration in Historical Perspective*, ed. Ann Katherine Isaacs (Pisa, 2007), pp. 93–107.

Gabaccia, Donna, *We Are What We Eat: Ethnic Food and the Making of Americans*

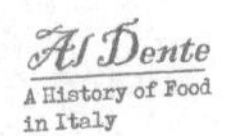

(Cambridge, MA, 1998).

Gabrieli, Francesco, 'Greeks and Arabs in the Central Mediterranean Area', *Dumbarton Oaks Papers*, 18 (1964), pp. 57–65.

Gallo, Giampaolo, Renato Covino and Roberto Monicchia, 'Crescita, crisi, riorganizzazione: l'industria alimentare dal dopoguerra a oggi', in *Storia d'italia, Annali 13: L'alimentazione*, ed. Alberto De Bernardi, Alberto Varni and Angelo Capatti (Turin, 1998), pp. 269–343.

Galloni, Paolo, *Storia e cultura della caccia: dalla preistoria a oggi* (Bari, 2000).

Gallucci, Margaret, and Paolo Rossi, *Benvenuto Cellini: Sculptor, Goldsmith, Writer* (Cambridge, 2004).

Garnsey, Peter, *Food and Society in Classical Antiquity* (Cambridge, 1999) .

Gaytàn, Narie Sarita, 'Globalizing Resistance: Slow Food and New Local Imaginaries', *Food, Culture and Society*, VII/2 (2004), pp. 97–116.

Gentilcore, David, *Pomodoro: A History of the Tomato in Italy* (New York, 2010) .

Giannetti, Laura, 'Italian Renaissance Food-fashioning or the Triumph of Greens', *California Italian Studies*, I/2 (2010), available at http://escholarship.org .

Gibson, Johanna, 'Markets in Tradition – Traditional Agricultural Communities in Italy and the Impact of GMOS', *Script-ed*, III/3 (2006), pp. 243–52 .

Ginsborg, Paul, *A History of Contemporary Italy: Society and Politics 1943–1988* (New York, 2003).

Girardelli, Davide, 'Commodified Identities: The Myth of Italian Food in the United States', *Journal of Communication Inquiry*, XXVIII/4 (2004), pp. 307–24.

Giulietti, Monica, 'Buyer and Seller Power in Grocery Retailing: Evidence from Italy', *Revista de Economía del Rosario*, X/2 (2007), pp. 109–25.

Giusti Galardi, Giovanna, *Dolci a corte: dipinti ed altro* (Livorno, 2001).

Goldstein, Darra, 'Implements of Eating', in *Feeding Desire: Design and the Tools of the Table, 1500–2005*, ed. Sarah D. Coffin, Ellen Lupton, Darra Goldstein and Barbara Bloemink (New York, 2006), pp. 115–63.

Goldstein, Joyce, *Cucina Ebraica* (San Francisco, 1998).

Grainger, Sally, 'A New Approach to Roman Fish Sauce', *Petits Propos Culinaires*, 83 (2007), pp. 92–111.

Granados, Leonardo, and Carlos Álvarez, 'Viabilidad de establecer el sistema de denominaciones de origen de los productos agroalimentarios en Costa Rica', *Agronomía Costarricense*, XXVI/1 (2002), pp. 63–72.

Gran-Aymerich, Jean, and Eve Gran-Aymerich, 'Les Etrusques en Gaule et en Ibérie: Du

Mythe à la Réalité des Dérnieres Decouvertes', *Etruscan Studies*, 9, Article 17 (2002), available at: http://scholarworks.umass.edu.

Grappe, Yann, *Sulle Tracce del Gusto: Storia e cultura del vino nel Medievo* (Bari, 2006).

Greif, Avner, 'On the Political Foundations of the Late Medieval Commercial Revolution: Genoa during the Twelfth and Thirteenth Centuries', *The Journal of Economic History*, LIV/2 (1994), pp. 271–87.

Grieco, Allen J., 'Body and Soul', in *A Cultural History of Food: In the Medieval Age*, ed. Fabio Parasecoli and Peter Scholliers (London, 2012), pp. 143–9.

Grocock, Christopher, Sally Grainger and Dan Shadrake, *Apicius: A Critical Edition with an Introduction and English Translation* (Totnes, 2006).

Guerrini, Olindo, *L'arte di utilizzare gli avanzi della mensa* [1917] (Padua, 1993) .

Guillou, André, 'Production and Profits in the Byzantine Province of Italy (Tenth to Eleventh Centuries): An Expanding Society', *Dumbarton Oaks Papers*, 28 (1974), pp. 89–109.

Guttman, Naomi, and Roberta L. Krueger, 'Utica Greens: Central New York's Italian–American Specialty', *Gastronomica*, IX /3 (2009), pp. 62–7.

Haber, Barbara, 'The Mediterranean Diet: A View From History', *American Journal of Clinical Nutrition*, 10 (1997), pp. 1053s–7s.

Halkier, Bente, Lotte Holm, Mafalda Domingues, Paolo Magaudda, Annemette Nielsen and Laura Terragni, 'Trusting, Complex, Quality Conscious or Unprotected?', *Journal of Consumer Culture*, VII/3 (2007), pp. 379–402.

Halstead, Paul, 'Food Production', in *A Cultural History of Food in Antiquity*, ed. Fabio Parasecoli and Peter Scholliers (London, 2012), pp. 21–39.

Hardt, Michael, and Antonio Negri, *Empire* (Cambridge, MA, 2001).

Harrison, Adrian Paul, and E. M. Bartels, 'A Modern Appraisal of Ancient Etruscan Herbal Practices', *American Journal of Pharmacology and Toxicology*, I/1 (2006), pp. 21–4.

Haussmann, Giovanni, 'Il suolo d'Italia nella storia', in *Storia d'Italia: I caratteri original*, vol. I, ed. Ruggiero Romano and Corrado Vivanti (Turin, 1989), pp. 61–132.

Helstosky, Carol, *Garlic and Oil: Food and Politics in Italy* (Oxford, 2004) .

Hess, Catherine, George Saliba and Linda Komaroff, *The Arts of Fire: Islamic Influences on Glass and Ceramics of the Italian Renaissance* (Los Angeles, 2004).

Hobsbawm, Eric, and Terence Ranger, eds, *The Invention of Tradition* (Cambridge, 1983).

Hourani, George F., *Arab Seafaring in the Indian Ocean and In Ancient and Early Medieval Times* (Princeton, NJ, 1995).

Huet, Valérie, 'Le sacrifice disparu: Les reliefs de boucherie', *Food and History*, V/1 (2007), pp. 197–223.

Huliyeti, Hasimu, Sergio Marchesini and Maurizio Canavari, 'Chinese Distribution Practitioners' Attitudes towards Italian Quality Foods', *Journal of Chinese Economic and Foreign Trade Studies*, I/3 (2008), pp. 214–31.

Hunt, C., C. Malone, J. Sevink and S. Stoddart, 'Environment, Soils and Early Agriculture in Apennine Central Italy', *World Archaeology*, XXII/1 (1990), pp. 34–44.

Isola, Gianni, *Abbassa la tua radio per favore ... Storia dell'ascolto radiofonico nell'italia fascista* (Firenze, 1990) .

ISTAT, *Rapporto Annuale 2012: La situazione del Paese* (Rome, 2012).

Istituto Italiano Alimenti Surgelati, *I surgelati: amici di famiglia* (Rome, 2011) .

James, Roberta, 'The Reliable Beauty of Aroma: Staples of Food and Cultural Production among Italian Australians', *Australian Journal of Anthropology*, XV/1 (2004), pp. 23–39.

Jaucourt, Louis, Chevalier de, 'Cuisine', in *Encyclopédie ou Dictionnaire raisonné des sciences, des arts et des métiers*, vol. IV (Paris, 1754), p. 538.

Jenkins, Nancy Harmon, 'Two Ways of Looking at Maestro Martino', *Gastronomica*, VII/2 (2007), pp. 97–103.

Johansson, Ulf, and Steve Burt, 'The Buying of Private Brands and Manufacturer Brands in Grocery Retailing: a Comparative Study of Buying Processes in the UK, Sweden and Italy', *Journal of Marketing Management*, XX/7–8 (2004), pp. 799–824.

Johnson, Hugh, *Story of Wine* (London, 1989).

Kamen, Henry, 'The Mediterranean and the Expulsion of Spanish Jews in 1492', *Past and Present*, CXIX/1 (1988), pp. 30–55.

Keele, Kenneth D., 'Leonardo da Vinci's Studies of the Alimentary Tract', *Journal of the History of Medicine*, XXVII/2 (1972), pp. 133–44.

Kirshenblatt-Gimblett, Barbara, 'Theorizing Heritage', *Ethnomusicology*, XXXIX/3 (1995), pp. 367–80.

Kreutz, Barbara M., 'Ghost Ships and Phantom Cargoes: Reconstructing Early Amalfitan Trade', *Journal of Medieval History*, 20 (1994), pp. 347–57.

Krondl, Michael, *The Taste of Conquest: The Rise and Fall of the Three Great Cities of Spice* (New York, 2007).

Kruta, Venceslas and Valerio M. Manfredi, *I Celti in Italia* (Milan, 1999) .

Kummer, Corby, *The Pleasures of Slow Food: Celebrating Authentic Traditions, Flavors, and Recipes* (San Francisco, 2002) .

Kurlansky, Mark, *Salt: A World History* (New York, 2002).

Lane, Frederic, 'The Mediterranean Spice Trade: Further Evidence of its Revival in the

Sixteenth Century', *Ne American Historical Review*, XLV/3 (1940), pp. 581–90.

Lapertosa, Viviana, *Dalla fame all'abbondanza: Gli italiani e il cibo nel cinema dal dopoguerra ad oggi* (Turin, 2002).

Latini, Antonio, *Lo scalco alla moderna. Overo l'arte di ben disporre li conviti* (Naples, 1693).

Laudan, Rachel, 'Slow Food: The French Terroir Strategy, and Culinary Modernism', *Food, Culture and Society*, VII/2 (2004), pp. 133–44.

Laura, Ernesto, *Le stagioni dell'aquila: storia dell'Istituto Luce* (Rome, 2000) .

Lehmann, Matthias B., 'A Livornese "Port Jew" and the Sephardim of the Ottoman Empire', *Jewish Social Studies*, XI/2 (2005), pp. 51–76.

Leighton, Robert, 'Later Prehistoric Settlement Patterns in Sicily: Old Paradigms and New Surveys', *European Journal of Archaeology*, VIII/3 (2005), pp. 261–87.

——, *Sicily before History: An Archaeological Survey from the Paleolithic to the Iron Age* (Ithaca, 1999).

Leitch, Alison, 'The Social Life of Lardo: Slow Food in Fast Times', *Asian Pacific Journal of Anthropology*, I/1 (2000), pp. 103–28.

Levenstein, Harvey, *Paradox of Plenty: A Social History of Eating in Modern America* (Berkeley and Los Angeles, 2003).

Lonni, Ada, 'Dall'alterazione all'adulterazione: le sofisticazioni alimentari nella società industriale', in *Storia d'Italia, Annali 13: L'alimentazione*, ed. Alberto De Bernardi, Alberto Varni and Angelo Capatti (Turin, 1998), pp. 531–84.

Luminati, Pietro, *La Borsa Nera* (Rome, 1945).

Luzzato Fegiz, Pierpaolo, *Alimentazione e Prezzi in tempo di Guerra, 1942–43* (Trieste, 1948).

Maestro Martino, *The Art of Cooking: The First of Modern Cookery Book* (Berkeley and Los Angeles, 2005).

Magness, Jodi, 'A Near Eastern Ethnic Element Among the Etruscan Elite?', *Etruscan Studies*, VIII/4 (2001), pp. 79–117.

Malanima, Paolo, 'Urbanisation and the Italian Economy during the Last Millennium', *European Review of Economic History*, 9 (2005), pp. 97–122.

Manfredi, Valerio M., *I greci d'Occidente* (Milan, 1996).

Marchese, Salvatore, *Benedetta patata: Una storia del '700, un trattato e 50 ricette* (Padu, 1999).

Mariani, John F., *How Italian Food Conquered the World* (New York, 2011) .

Mariani-Costantini, Renato, and Aldo Mariani-Costantini, 'An Outline of the History of

Pellagra in Italy', *Journal of Anthropological Sciences*, 85 (2007), pp. 163–71.

Marìn, Manuela, 'Beyond Taste', in *A Taste of Thyme: Culinary Cultures of the Middle East*, ed. Sami Zubaida and Richard Tapper (London, 2000), pp. 205–14.

Mauro, Luciano, and Paola Valitutti, *Il Giardino della Minerva* (Salerno, 2011) .

Mayes, Frances, *Under the Tuscan Sun* (New York, 1997).

Mazoyer, Marcel and Laurence Roudart, *A History of World Agriculture: From the Neolithic Age to the Current Crisis* (New York, 2006).

Mazzotti, Massimo, 'Enlightened Mills: Mechanizing Olive Oil Production in Mediterranean Europe', *Technology and Culture*, XLV/2 (2004), pp. 277–304.

Meneley, Anne, 'Like an Extra Virgin', *American Anthropologist*, CIX/4 (2007), pp. 678–87.

Miele, Mara and Jonathan Murdoch, 'The Practical Aesthetics of Traditional Cuisines: Slow Food in Tuscany', *Sociologia Ruralis*, XLII/4 (2002), pp. 312–28.

Miller, James Innes, *The Spice Trade of the Roman Empire, 29 BC to AD 641* [1969] (Oxford, 1998).

Mingozzi, Achille, and Rosa Maria Bertino, *Rapporto Bio Bank 2012: Prosegue la corsa per accorciare la filiera* (Forlí, 2012).

Mohring, Maren, 'Staging and Consuming the Italian Lifestyle: The Gelateria and the Pizzeria-Ristorante in Post-war Germany', *Food and History*, VII/2 (2009), pp. 181–202.

Monelli, Paolo, *Il Ghiottone Errante* (Milan, 1935) .

Montanari, Massimo, *Convivio* (Bari, 1989).

——, 'Food Systems and Models of Civilization', in *Food: A Culinary History from Antiquity to the Present*, ed. Jean-Louis Flandrin and Massimo Montanari (New York, 1999), pp. 55–64.

——, 'Gastronomia e Cultura', in *Introduzione alla Guida Gastronomica Italiana 1931* (Milan, 2003), pp. 4–5.

——, *L'identità Italiana in Cucina* (Rome, 2010).

——, *Nuovo Convivio* (Bari, 1991).

——, 'Production Structures and Food Systems in the Early Middle Ages Civilization', in *Food: A Culinary History from Antiquity to the Present*, ed. Jean-Louis Flandrin and Massimo Montanari (New York, 1999), pp. 168–77.

Moroni Salvatori, Maria Paola, 'Ragguaglio bibliografico sui ricettari del primo Novecento', in *Storia d'Italia, Annali 13: L'alimentazione*, ed. Alberto De Bernardi, Alberto Varni and Angelo Capatti (Turin, 1998), pp. 887–925.

Morris, Ian, *Why the West Rules – for Now: The Patterns of History and What They Reveal*

about the Future (New York, 2011).
Morris, Jonathan, 'Imprenditoria italiana in Gran Bretagna. Il consumo del caffè "stile italiano"', *Italia Contemporanea*, 241 (2005), pp. 540–52.
——, 'Making Italian Espresso, Making Espresso Italian', *Food and History*, VIII/2 (2010), pp. 155–84.
Moscati, Sabatino, *Così nacque l'Italia: profili di popoli riscoperti* (Turin, 1998).
Mudu, Pierpaolo, 'The People's Food: The Ingredients of "Ethnic" Hierarchies and the Development of Chinese Restaurants in Rome', *GeoJournal*, 68 (2007), pp. 195–210.
Mueller, Tom, *Extra Virginity: The Sublime and Scandalous World of Olive Oil* (New York, 2012).
Musti, Domenico, *L'economia in Grecia* (Bari, 1999).
Nadeau, Robin, 'Body and Soul', in *A Cultural History of Food in Antiquity*, ed. Fabio Parasecoli and Peter Scholliers (London, 2012), pp. 145–62.
——, 'Stratégies de survie et rituels festifs dans le monde gréco-romain', in *Profusion et pénurie: Les hommes face à leurs besoins alimentaires*, ed. Martin Bruegel (Rennes, 2009), pp. 55–69.
Nestle, Marion, 'Mediterranean Diets: Historical and Research Overview', *American Journal of Clinical Nutrition*, 61 (1995), pp. 1313s–20s.
Niceforo, Alfredo, *Italiani del Nord, italiani del Sud* (Turin, 1901).
Nosi, Costanza and Lorenzo Zanni, 'Moving from "Typical Products" to "Food- related Services": The Slow Food Case as a New Business Paradigm', *British Food Journal*, CVI/10–11 (2004), pp. 779–92.
Osborne, Robin, 'Pots, Trade, and the Archaic Greek Economy', *Antiquity*, 70 (1996), pp. 31–44.
Ouerfelli, Mohamed, 'Production et commerce du sucre en Sicile au xve siècle', *Food and History*, I/1 (2003), pp. 103–22.
Page, Jutta-Annette, *Beyond Venice: Glass in Venetian Style, 1500–1750* (Manchester, VT, 2004).
Pallottino, Massimo, *The Etruscans* (Bloomington, 1975).
——, *A History of Earliest Italy* (Ann Arbor, MI, 1991).
Palma, Pina, 'Hermits, Husband and Lovers: Moderation and Excesses at the Table in the *Decameron*', *Food and History*, IV/2 (2006), pp. 151–62.
Panagia, Davide, *The Political Life of Sensation* (Durham and London, 2009) .
Parasecoli, Fabio, 'Postrevolutionary Chowhounds: Food, Globalization, and the Italian Left', *Gastronomica*, III/3 (2003), pp. 29–39.

Parzen, Jeremy, 'Please Play with Your Food: An Incomplete Survey of Culinary Wonders in Italian Renaissance Cookery', *Gastronomica*, IV/4 (2004), pp. 25–33.

Pascali, Lara, 'Two Stoves, Two Refrigerators, Due Cucine: The Italian Immigrant Home with Two Kitchens', *Gender, Place and Culture*, XIII/6 (2006), pp. 685–95.

Paxson, Heather, 'Slow Food in a Fat Society: Satisfying Ethical Appetites', *Gastronomica*, V/2 (2005), pp. 14–18.

Pecorini, Alberto, 'The Italian as an Agricultural Laborer', *Annals of the American Academy of Political and Social Science*, XXXIII/2 (1909), pp. 156–66.

Pedrocco, Giorgio, 'La conservazione del cibo: dal sale all'industria agro-alimentare', in *Storia d'Italia, Annali 13: L'alimentazione*, ed. Alberto De Bernardi, Alberto Varni and Angelo Capatti (Torino, 1998), pp. 377–447.

——, 'Viticultura e enologia in Italia nel XIX secolo', in *La vite e il vino: storia e diritto (secoli XI–XIX)*, ed. Maria Da Passano, Antonello Mattone, Franca Mele and Pinuccia F. Simbula (Rome, 2000), pp. 613–27.

Pellecchia, Marco et al., 'The Mystery of Etruscan Origins: Novel Clues from Bos Taurus Mitochondrial DNA', *Proceedings of the Royal Society B*, CCLXXIV/1614 (2007), pp. 1175–9.

Pendergrast, Mark. *Uncommon Grounds: The History of Coffee and How It Transformed Our World* (New York, 1999).

Perry, Charles, 'Sicilian Cheese in Medieval Arab Recipes', *Gastronomica*, I/I (2001), pp. 76–7.

Petrini, Carlo, ed., *Slow Food: Collected Thoughts on Taste, Tradition, and the Honest Pleasures of Food* (White River Junction, VT, 2001).

——, *Slow Food: The Case of Taste* (New York, 2003).

Petrini, Carlo, and Gigi Padovani, *Slow Food Revolution* (New York, 2006) .

Pieraccini, Lisa, 'Families, Feasting, and Funerals: Funerary Ritual at Ancient Caere', *Etruscan Studies*, 7/Article 3 (2000), available at http://scholarworks.umass.edu .

Pilcher, Jeffrey M., *Food in World History* (New York, 2006).

Pinhasi, Ron, Joaquim Fort and Albert Ammerman, 'Tracing the Origin and Spread of Agriculture in Europe', *PLOS Biology*, III/12 (2005), e410, doi:10.1371/ journal. pbio.0030410.

Pinna, Cao, 'Le classi povere', in *Atti della commissione parlamentare di inchiesta sulla miseria in Italia e sui mezzi per combatterla*, vol. II (Rome, 1954).

Pinto, Giuliano, 'Food Safety', in *A Cultural History of Food: In the Medieval Age*, ed. Fabio Parasecoli and Peter Scholliers (London, 2012), pp. 57–72.

Pollard, Elizabeth Ann, 'Pliny's Natural History and the Flavian Templum Pacis: Botanical Imperialism in First-century CE Rome', *Journal of World History*, XX/3 (2009), pp. 309–38.

Portincasa, Agnese, 'Il Touring Club Italiano e la Guida Gastronomica d'Italia. Creazione, circolazione del modello e tracce della sua evoluzione (1931–1984)', *Food and History*, VI/1 (2008), pp. 83–116.

Presenza, Angelo, Antonio Minguzzi and Clara Petrillo, 'Managing Wine Tourism in Italy', *Journal of Tourism Consumption and Practice*, II/1 (2010), pp. 46–61.

Price, T. Douglas, ed., *Europe's First Farmers* (Cambridge, 2000).

Purcell, N., 'Wine and Wealth in Ancient Italy', *Journal of Roman Studies*, 75 (1985), pp. 1–19.

Quirico, Domenico, *Naja: Storia del servizio di leva in Italia* (Milan, 2008) .

Race, Gianni, *La cucina del mondo classic* (Naples, 1999).

Rapisardi, Mario, *Versi: scelti e riveduti da esso* (Milan, 1888) .

Rebora, Giovanni, *Culture of the Fork* (New York, 2001).

Reese, David S., 'Whale Bones and Shell Purple-dye at Motya (Western Sicily, Italy)', *Oxford Journal of Archaeology*, XXIV/2 (2005), pp. 107–14.

Revel, Jean François, *Culture and Cuisine: A Journey through the History of Food* (New York, 1982).

Reynolds, Peter J., 'Rural Life and Farming', in *The Celtic World*, ed. Miranda Green (New York, 1995), pp. 176–209.

Riley, Gillian, 'Food in Painting', in *A Cultural History of Food: In the Renaissance*, ed. Fabio Parasecoli and Peter Scholliers (London, 2012), pp. 171–82.

Robb, John, and Doortje Van Hove, 'Gardening, Foraging and Herding: Neolithic Land Use and Social Territories in Southern Italy', *Antiquity*, 77 (2003), pp. 241–54.

Roberts, J. M., *The Penguin History of the World* (London, 1995) .

Roden, Claudia, *The Book of Jewish Food* (New York, 1998).

Rodríguez-Pose, Andrés, and Maria Cristina Refolo, 'The Link between Local Production Systems and Public and University Research in Italy', *Environment and Planning A*, XXXV/8 (2003), pp. 1477–92.

Roesti, Robert, 'The Declining Economic Role of the Mediterranean Tuna Fishery', *American Journal of Economics and Sociology*, XXV/1 (1966), pp. 77–90 .

Rosano, Dick, *Wine Heritage: The Story of Italian American Vintners* (San Francisco, 2000).

Ruscillo, Deborah, 'When Gluttony Ruled!', *Archaeology*, LIV/6 (2001), pp. 20–24 .

Russu, Anna Grazia, 'Power and Social Structure in Nuragic Sardinia', *Eliten in der*

Bronzezeit-Ergebnisse Zweier Kolloquien in Mainz und Athen-Teil, 1 (1999), pp. 197–221, plates 17–22.

Sabatino Lopez, Roberto, 'Market Expansion: The Case of Genoa', *Ne Journal of Economic History*, XXIV/4 (1964), pp. 445–64.

Salignac de la Mothe-Fénelon, François de, *Telemachus*, *Son of Ulysses*, trans. Patrick Riley [1699] (Cambridge, 1994).

Sarris, Peter, 'Aristocrats, Peasants and the Transformation of Rural Society, *c*. 400–800', *Journal of Agrarian Change*, IX/1 (2009), pp. 3–22.

Sassatelli, Roberta, and Alan Scott, 'Novel Food, New Markets and Trust Regimes: Responses to the Erosion of Consumers' Confidence in Austria, Italy and the UK', *European Societies*, III/2 (2001), pp. 213–44.

Scandizzo, Pasquale Lucio, 'L'agricoltura e lo sviluppo economico', in *L'Italia Agricola nel XX secolo: Storia e scenari* (Corigliano Calabro, 2000), pp. 9–55.

Scarpato, Rosario, 'Pizza: An Organic Free Range: Tale in Four Slices', *Divine*, 20 (2001), pp. 30–41.

Scarpellini, Emanuela, 'Shopping American-style: The Arrival of the Supermarket in Postwar Italy', *Enterprise and Society*, V/4 (2004), pp. 625–68.

Scheid, John, 'Le statut de la viande à Rome', *Food and History*, V/1 (2007), pp. 19–28 .

Schmitt-Pantel, Pauline, 'Greek Meals: A Civic Ritual', in *Food: A Culinary History from Antiquity to the Present*, ed. Jean-Louis Flandrin and Massimo Montanari (New York, 1999), pp. 90–95.

Schnapp, Jeffrey T., 'The Romance of Caffeine and Aluminum', *Critical Inquiry*, XXVIII/1 (2001), pp. 244–69.

Sentieri, Maurizio, and Zazzu Guido, *I semi dell'Eldorado* (Bari, 1992).

Sereni, Emilio, 'Agricoltura e mondo rurale', in *Storia d'Italia: I caratteri originali*, vol. I, ed. Ruggiero Romano and Corrado Vivanti (Torino, 1989), pp. 133–252.

——, *History of the Italian Agricultural Landscape* (Princeton, NJ, 1997).

Serventi, Silvano, and Françoise Sabban, *Pasta: Ne Story of a Universal Food* (New York, 2002).

Servi Machlin, Edda, *Classic Italian Jewish Cooking: Traditional Recipes and Menus* (New York, 2005).

Sherratt, Susan, and Andrew Sherratt, 'The Growth of the Mediterranean Economy in the Early First Millennium BC', *World Archaeology*, XXIV/3 (1993), pp. 361–78.

Sicca, Lucio, *Lo straniero nel piatto* (Milan, 2002).

Siporin, Steve, 'From Kashrut to Cucina Ebraica: The Recasting of Italian Jewish Foodways', *The Journal of American Folklore*, CVII/424 (1994), pp. 268–81.

Skinner, Patricia, *Family Power in Southern Italy: The Duchy of Gaeta and Its Neighbors, 850–1139* (Cambridge, 1995).

Small, Jocelyn Penny, 'Eat, Drink, and Be Merry: Etruscan Banquets', in *Murlo and the Etruscans: Art and Society in Ancient Etruria*, ed. Richard Daniel De Puma and Jocelyn Penny Small (Madison, 1994), pp. 85–94.

Smith, Alison A., 'Family and Domesticity', in *A Cultural History of Food: In the Renaissance*, ed. Fabio Parasecoli and Peter Scholliers (London, 2012), pp. 135–50.

Solier, Stéphane, 'Manières de tyran à la table de la satire latine: l'institutionnalisation de l'excès dans la convivialité romaine', *Food and History*, IV/2 (2006), pp. 91–111.

Somogyi, Stefano, 'L'alimentazione nell'Italia unita', in *Storia d'Italia*, vol. V/1*: I documenti*, ed. Lellia Cracco Ruggini and Giorgio Cracco (Turin, 1973), pp. 841–87.

Sonnino, Roberta, 'Quality Food, Public Procurement, and Sustainable Development: The School Meal Revolution in Rome', *Environment and Planning A*, XLI/2 (2009), pp. 425–40.

Sorcinelli, Paolo, *Gli Italiani e il cibo: dalla polenta ai cracker* (Milan, 1999).

——, 'Identification Process at Work: Virtues of the Italian Working-class Diet in the First Half of the Twentieth Century', in *Food, Drink and Identity*, ed. Peter Scholliers (Oxford, 2001), pp. 81–97.

Sori, Ercole, *L'emigrazione italiana dall'unità alla seconda guerra mondiale* (Bologna, 1980).

Sozio, Pina, 'Fornclli d'Italia', *Gambero Rosso*, XIX/221 (2010), pp. 86–91 .

Spanò Giammellaro, Antonella, 'The Phoenicians and the Carthaginians: The Early Mediterranean Diet', in *Food: A Culinary History from Antiquity to the Present*, ed. Jean-Louis Flandrin and Massimo Montanari (New York, 1999), pp. 55–64.

Sperduti, Giuseppe, *Riccardo di San Germano: La Cronaca* (Cassino, 1995) .

Starr, Joshua, 'The Mass Conversion of Jews in Southern Italy (1290–1293)', *Speculum*, XXI/2 (1946), pp. 203–11.

Strong, Roy, *Feast: A History of Grand Eating* (Orlando, FL, 2002).

Taddei, Francesco, 'Il cibo nell'Italia mezzadrile fra Ottocento and Novecento', in *Storia d'Italia, Annali 13: L'alimentazione*, ed. Alberto De Bernardi, Alberto Varni and Angelo Capatti (Turin, 1998), pp. 25–38.

Tagliati, Giovanna, 'Olindo Guerrini gastronomo: Le rime romagnole de E' Viazze L'arte

di utilizzare gli avanzi della mensa', *Storia e Futuro*, 20 (2009), available at www.storiaefuturo.com.

Tasca, Luisa, 'The "Average Housewife" in Post-World War II Italy', *Journal of Women's History*, XVI/2 (2004), pp. 92–115.

Teall, John L., 'The Grain Supply of the Byzantine Empire, 330–1025', *Dumbarton Oaks Papers*, 13 (1959), pp. 87–139.

Teti, Vito, *Il colore del cibo* (Rome, 1999).

——, *La razza maledetta: origini del pregiudizio antimeridionale* (Rome, 2011).

Tirabassi, Maddalena, *Il Faro di Beacon Street. Social Workers e immigrate negli Stati Uniti (1910–1939)* (Milan, 1990).

Toaff, Ariel, *Mangiare alla giudia* (Bologna, 2000).

Tognotti, Eugenia, 'Alcolismo e pensiero medico nell'Italia liberale', in *La vite e il vino: storia e diritto (secoli XI–XIX)*, ed. Maria Da Passano, Antonello Mattone, Franca Mele and Pinuccia F. Simbula (Rome, 2000).

Touring Club Italiano, *Guida Gastronomica d'Italia* (Milan, 1931).

Trabalzi, Ferruccio, 'Crossing Conventions in Localized Food Networks: Insights from Southern Italy', *Environment and Planning A*, XXXIX/2 (2007), pp. 283–300.

Tran, Nicholas, 'Le statut de travail des bouchers dans l'Occident romain de la fin de la République et du Haut-Empire', *Food and History*, V/1 (2007), pp. 151–67.

Tregre Wilson, Nancy, *Louisiana's Food, Recipes, and Folkways* (Gretna, LA, 2005).

Trova, Assunta, 'L'approvvigionamento alimentare dell'esercito italiano', in *Storia d'Italia, Annali 13: L'alimentazione*, ed. Alberto De Bernardi, Alberto Varni and Angelo Capatti (Turin, 1998), pp. 495–530.

Tuck, Anthony, 'The Etruscan Seated Banquet: Villanovan Ritual and Etruscan Iconography', *American Journal of Archaeology*, XCVIII/4 (1994), pp. 617–28.

Turrini, Aida, Anna Saba, Domenico Perrone, Eugenio Cialfa and Amleto D'Amicis, 'Food Consumption Patterns in Italy: The INN-CA Study 1994–1996', *European Journal of Clinical Nutrition*, LV/7 (2001), pp. 571–88.

Turrini, Lino, *La cucina ai tempi dei Gonzaga* (Milan, 2002).

Van Ginkel, Rob, 'Killing Giants of the Sea: Contentious Heritage and the Politics of Culture', *Journal of Mediterranean Studies*, XV/1 (2005), pp. 71–98.

Varriano, John, 'At Supper with Leonardo', *Gastronomica*, VIII/3 (2008), pp. 75–9.

——, 'Fruits and Vegetables as Sexual Metaphor in Late Renaissance Rome', *Gastronomica*, V/4 (2005), pp. 8–14.

——, *Tastes and Temptations: Food and Art in Renaissance Italy* (Berkeley, CA, 2011) .

Vecchio, Riccardo, 'Local Food at Italian Farmers' Markets: Three Case Studies', *International Journal of Sociology of Agriculture and Food*, XVII/2 (2010), pp. 122–39.

Vené, Gian Franco, *Mille lire al mese: vita quotidiana della famiglia nell'Italia Fascista* (Milan, 1988).

Verga, Giovanni, *Cavalleria Rusticana and Other Stories*, trans. G. H. McWilliam (Harmondsworth, 1999).

Vernesi, Cristiano et al., 'The Etruscans: A Population-Genetic Study', *American Journal of Human Genetics*, LXXIV/4 (2004), pp. 694–704.

Vetta, Massimo, 'The Culture of the Symposium', in *Food: A Culinary History from Antiquity to the Present*, ed. Jean-Louis Flandrin and Massimo Montanari (New York, 1999), pp. 96–105.

Vössing, Konrad I., 'Family and Domesticity', in *A Cultural History of Food in Antiquity*, ed. Fabio Parasecoli and Peter Scholliers (London, 2012), pp. 133–43.

Warden, Gregory, 'Ritual and Representation on a Campana Dinos in Boston', *Etruscan Studies*, II/Article 8 (2008), available at http://scholarworks.umass.edu .

Watson, Andrew, *Agricultural Innovation in the Early Islamic World* (Cambridge, 1983).

Watson, Wendy, *Italian Renaissance Ceramics* (Philadelphia, 2006).

Webster, Gary, *Duos Nuraghes: A Bronze Age Settlement in Sardinia, vol. I: The Interpretive Archaeology, BAR International Series 949* (Oxford, 2001) .

Weinberg, Bennett A., and Bonnie K. Bealer, *The World of Caffeine: The Science and Culture of the World's Most Popular Drug* (New York and London, 2002).

Welch, Evelyn, *Shopping in the Renaissance: Consumer Cultures in Italy, 1400–1600* (New Haven and London, 2005).

Wharton Epstein, Ann, 'The Problem of Provincialism: Byzantine Monasteries in Cappadocia and Monks in South Italy', *Journal of the Warburg and Courtauld Institutes*, 42 (1979), pp. 28–46.

Whitaker, Elizabeth D., 'Bread and Work: Pellagra and Economic Transformation in Turn-of-the-century Italy', *Anthropological Quarter*, LXV/2 (1992), pp. 80–90.

White, Corky, 'Italian Food: Japan's Unlikely Culinary Passion', *The Atlantic* (6 October 2010), available at www.theatlantic.com.

White, Lynn, 'The Byzantinization of Sicily', *American Historical Review*, XLII/1 (1936), pp. 1–21.

White, Lynn Jr, 'Indic Elements in the Iconography of Petrarch's Trionfo Della Morte', *Speculum*, 49 (1974), pp. 201–21.

Williams, J.H.C., *Beyond the Rubicon: Romans and Gauls in Republican Italy* (Oxford, 2001).

Wilson, Perry R., 'Cooking the Patriotic Omelette: Women and the Italian Fascist Ruralization Campaign', *European History Quarterly*, XXVII/4 (1993), pp. 351–47.

Woods, Dwayne, 'Pockets of Resistance to Globalization: The Case of the Lega Nord', *Patterns of Prejudice*, XLIII/2 (2009), pp. 161–77.

Wright, Clifford A., *A Mediterranean Feast* (New York, 1999) .

Zaia, Luca, *Adottare la terra (per non morire di fame)* (Milan, 2010).

Zamagni, Vera, *Economic History of Italy, 1860–1990: Recovery after Decline* (Oxford, 1993).

——, 'L'evoluzione dei consumi tra tradizione e innovazione', in *Storia d'Italia*, *Annali 13: L'alimentazione*, ed. Alberto De Bernardi, Alberto Varni and Angelo Capatti (Turin, 1998), pp. 169–204.

Zaouali, Lilia, *Medieval Cuisine of the Islamic World* (Berkeley, CA, 2007).

Zeldes, Nadia, 'Legal Status of Jewish Converts to Christianity in Southern Italy and Provence', *California Italian Studies Journal*, I/1 (2010), available at http://escholarship.org.

Ziegelman, Jane, *97 Orchard: An Edible History of Five Immigrant Families in One New York Tenement* (New York, 2010)

致　谢

按照意大利人的习惯，我首先要感谢家人。母亲、祖母们和姨妈们，她们教会了我和姐妹们烹饪之道。她们即便要准备十几口人的饭菜（我可没有夸张），在灶间辛苦劳作，但仍能保持充沛的精神，每每使我大为惊异。在罗马时，家庭的周日餐会一直是我十分赞赏的传统，许多来过我家做客的外国朋友也都赞同我的态度。希望我的侄子弗拉维奥（Flavio）和侄女格拉齐亚（Grazia）会想要延续这个重要的传统。

我要特别感谢"新学校食品研究计划"（New School Food Studies Program）的作者之一安迪·史密斯（Andy Smith），他帮助我与出版商取得联系，他本人也是自律与专业精神的典范。这个计划给我提供了良好的工作环境，还有研究机构的支持和出色的同事，如在写作上给予我大量帮助的艾米·奥尔（Amy Orr），出色的编辑伊芙·图洛（Eve Turow）和图片编辑海伦·郭（Helen Kwok）。

还要感谢那些与我无私分享对意大利饮食热情的同学，他们来自"新学校"（New School）、美食科学大学（University of Gastronomic Sciences）、味道实验室（Gustolab）、《大红虾》杂志、博洛尼亚大学研究生院（ALMA Graduate School at the

University of Bologna)、伊利诺伊大学香槟－厄巴纳分校（University of Illinois Champaign-Urbana)、马萨诸塞大学阿默斯特分校（University of Massachusetts Amherst）和纽约大学（New York University)。他们中的许多人已经成为我亲密的朋友，也在时刻提醒着我当初为何放弃新闻行业来从事教学。他们提出的问题和表现出的好奇心一直在敦促我前进，使我在为人和为学方面都更加成熟。篇幅所限，我不在此处一一提及，但他们心中会明白。

《大红虾》的前同事们，尤其是在意大利饮食方面知识渊博的安娜丽莎·巴尔巴依（Annalisa Barbagli）和斯蒂法诺·博尼利（Stefano Bonilli)，在我还在写国际新闻的时候就对我寄予厚望，对我的职业生涯帮助莫大。

此书的编写仰赖于许多人的努力。多兰·里克斯（Doran Ricks）耐心地陪伴着我，忍受着我在撰写过程中的激动、恐慌、兴高采烈和疲劳的各种感受。索尼娅·马萨里（Sonia Massari)、皮尔·阿尔贝托·梅里（Pier Alberto Merli)、罗伯托·鲁多维科（Roberto Ludovico)、米切尔·戴维斯（Mitchell Davis)、丽莎·萨森（Lisa Sasson)、玛丽安·内斯托（Marion Nestle)、马克斯·贝加米（Max Bergami)、鲁多维卡·利昂（Ludovica Leone)、（Diana Mincyte)、彼得·阿萨罗（Peter Asaro)、珍妮特·切尔赞（Janet Chrzan)、瑞秋·布莱克（Rachel Black)、卡罗莱·康尼汉（Carole Counihan)、肯·阿尔巴拉（Ken Albala)、梅丽尔·罗索夫斯基（Meryl Rosowsky)、帕乌罗·德·阿布鲁（Paulo de Abreu e Lima）和罗伯塔·阿尔贝罗坦萨（Roberta Alberotanza）与我分享了许多灵感、欢笑和愉悦有趣的时刻，为我的研究提供了无与伦比的动力。

许多美食学者启发了我并影响着我的创作：阿琳·阿瓦基安（Arlene Avakian）、沃伦·贝拉斯科（Warren Belasco）、安妮·贝洛斯（Anne Bellows）、艾米·本特利（Amy Bentley）、珍妮弗·伯格（Jennifer Berg）、安东内拉·坎帕尼尼（Antonella Campanini）、阿尔贝托·卡帕蒂（Alberto Capatti）、西蒙妮·辛诺托（Simone Cinotto）、保罗·弗里德曼（Paul Freedman）、达拉·戈德斯坦（Darra Goldstein）、扬·格拉佩（Yann Grappe）、艾伦·格里科（Allen Grieco）、丽莎·赫德克（Lisa Heldke）、爱丽丝·朱丽叶（Alice Julier）、劳拉·林登菲尔德（Laura Lindenfeld）、泽维尔·麦地那（Xavier Medina）、马西莫·蒙塔纳里（Massimo Montanari）、比阿特丽斯·莫兰迪娜（Beatrice Morandina）、普里西拉·帕克斯特·弗格森（Priscilla Parkhurst Ferguson）、妮可·佩鲁罗（Nicola Perullo）、安德烈·皮罗尼（Andrea Pieroni）、克里斯里南杜·雷（Krishnendu Ray）、西格·卢梭（Signe Rousseau）、艾米·特鲁贝克（Amy Trubek）、凯拉·瓦扎娜·托姆皮斯（Kyla Wazana Tompkis）、哈里·维斯特（Harry West）、瑞克·威尔克（Rick Wilk）和赛奇·威廉姆斯-福森（Psyche Williams-Forson）。

与皮特·肖利尔斯（Peter Scholliers）和一群水平极高的历史学家共同编辑六卷本《食物文化史》（*Cultural History of*

Food）的经历，重新激发了我对饮食主题的热情，在从事其他方向不同的项目时也感到充满力量。

我很荣幸能够有这样奢侈的机会来选择符合个人特质和职业期望的道路。我会继续努力，谁又知道未来将把我们带向何方？

图片来源

本书作者和出版商谨向下列图表资源提供或复制使用许可表示感谢，其中一些艺术品同时列明了存放或展出的地点。

Photo AIMare: p. 11; The Ashmolean Museum, Oxford: p. 114; photo BKP: p. 142; photo Giovanni Dall'Orto: p. 126; I. DeFrancisci & Son catalogue, *c*. 1914: p. 283; from *Gourmet Traveler*, 88 (2010) p. 281; from Jean-Pierre Houël, *Voyage pittoresque des Isles de Sicile, de Malte et de Lipari* ... (Paris, 1782–7): p. 16; photo Jastrow: p. 22; photo Richard W. M. Jones: "导言", p. 13; photo Lewenstein: p. 115; photo LI1324: p. 122; photos Library of Congress, Washington, DC: pp. 169, 277, 279; photo MChew: p. 59; from Cristoforo Messisbugo, *Banchetti, compositioni di vivande, et apparecchio generale* (Ferrara, 1549): p. 120; Musée du Louvre, Paris: pp. 19, 22; Musei di Strada Nuova, Genoa: p. 139; Museo Archeologico Nazionale di Napoli: pp. 34, 42; photo National Archives and Records Administration, College Park: pp. 216, 218 (top), 224; photo New York Public Library: p. 274; Österreichische Nationalbibliothek, Vienna: p. 115; © Fabio Parasecoli: pp. 91, 110; private collections: pp. 147, 152; photos Doran Ricks: "导言", p. 4, pp. 29, 34, 42, 47, 64, 104, 130, 157, 244, 315; photo Bibi Saint-Pol: p. 19; San Zeno, Verona: p. 92; from Bartolomeo Scappi, *Opera* (Venice, 1574): p. 122; Statens Museum for Kunst, Copenhagen: p. 182; from François-Pierre La Varenne, *Le Vrai Cuisinier François* ... (The Hague, 1721): p. 162; photo courtesy Walters Art Museum, Baltimore: p. 111; photo YQEdTTOFOX3lfQ: p. 139.

Scott Brenner, the copyright holder of the image on p. 314, Ben Hanbury, copyright holder of the image on p. 323 (top), jules:stonesoup, the copyright holder of the image on p. 261, Megan Mallen, the copyright holder of the image on "导言", p. 19, tomislav medak, the copyright holder of the image on p. 320, and j. c. winkler, the copyright holder of the image on p. 273, have published these online under conditions imposed by a Creative Commons Attribution 2.0 Generic license; Marco Bernardini, the copy- right holder of the image on "导言", p. 6, Tom Chance, copyright holder of the image on p. 270 (top), cyclonebill, copyright holder of the image on p. 314, and stu_spivack, the copyright holder of the image on p. 323 (foot), have published these online under conditions imposed by a Creative Commons Attribution-Share Alike 2.0 Generic license; Cassinam, the copyright holder of the image on p. 167, and Shardan, the copyright holder of the image on "导言", p. 15, have published them online under conditions imposed by a Creative Commons Attribution-Share Alike 2.5 Generic license (the for- mer image, that on p.

167, is reproduced by kind permission of CC-BY-2.5); Andrea Pavanello, the copyright holder of the image on “导言”, p.9, has published it online under conditions imposed by a Creative Commons Attribution-ShareAlike 3.0 Italy license; Dedda71, copyright holder of the image on p. 80, and Matthias Süßen, the copyright holder of the image on p. 15, have published these online under conditions imposed by a Creative Commons Attribution 3.0 Unported license; Bruno Cordioli - Br1.com, the copyright holder of the image on p. 263, ElfQrin, copyright holder of the image on p. 296, Sebastian Fischer, the copyright holder of the image on p. 246, Pilise Gábor, the copyright holder of the image on p. 240 (photo © 2009), Hans Chr. R., the copyright holder of the image on p. 199, Andrea Marchisio, the copyright hold- er of the image on p. 253, Manfred Morgner, the copyright holder of the image on p. 257, Mattia Luigi Nappi, the copyright holder of the image on p. 173, Nerodiseppia, the copyright holder of the image on p. 339, Tom dl, the copyright holder of the image on “导言”, p. 2, and Waugsberg, the copyright holder of the image on p. 127, have published these online under conditions imposed by a Creative Commons Attribution- Share Alike 3.0 Unported license; Franzfoto, the copyright holder of the image on p. 83 (foot), Niels Elgaard Larsen, copyright holder of the image on p. 259, Niccolò Rigacci, copyright holder of the image on p. 83 (top), and Wildfeuer, the copyright holder of the image on p. 94, have published these online under conditions imposed by a Creative Commons Attribution-Share Alike 3.0 Unported, 2.5 Generic, 2.0 Generic and 1.0 Generic license.

AL DENTE: A History of Food in Italy
By Fabio Parasecoli
First published by Reaktion Books, London, UK, 2014, in the Foods and Nations Series.
Copyright © Fabio Parasecoli 2014
Simplified Chinese version © 2023 by China Renmin University Press.
All Rights Reserved.

图书在版编目（CIP）数据

亚平宁的韧性：意大利饮食史 /（意）法比奥·帕拉塞科利（Fabio Parasecoli）著；孙超群译 . -- 北京：中国人民大学出版社，2023.5

ISBN 978-7-300-31077-0

Ⅰ . ①亚…　Ⅱ . ①法… ②孙…　Ⅲ . ①饮食—文化史—意大利　Ⅳ . ①TS971.205.46

中国版本图书馆 CIP 数据核字（2022）第 183129 号

亚平宁的韧性

意大利饮食史

［意］法比奥·帕拉塞科利（Fabio Parasecoli）著

孙超群　译

Yapingning De Renxing

出版发行	中国人民大学出版社		
社　　址	北京中关村大街 31 号	**邮政编码**	100080
电　　话	010-62511242（总编室）		010-62511770（质管部）
	010-82501766（邮购部）		010-62514148（门市部）
	010-62515195（发行公司）		010-62515275（盗版举报）
网　　址	http://www.crup.com.cn		
经　　销	新华书店		
印　　刷	北京瑞禾彩色印刷有限公司		
规　　格	145mm × 210mm　32 开本	**版　　次**	2023 年 5 月第 1 版
印　　张	13.75 插页 4	**印　　次**	2023 年 5 月第 1 次印刷
字　　数	276 000	**定　　价**	148.00 元

版权所有　侵权必究　　印装差错　负责调换